U0851876

“十二五”国家重点出版物出版规划项目

高速铁路列车运行控制技术

——计算机联锁系统

段 武 主编

中国铁道出版社有限公司
CHINA RAILWAY PUBLISHING HOUSE CO., LTD.

内容简介

本书通过对计算机联锁系统技术攻关与创新工作的总结和凝炼，旨在从基础理论、硬件与软件结构、安全计算机平台、应用实例等方面进行深入浅出、全面系统的介绍，使我国从事高速铁路研究开发、工程实施、运营维护、使用管理等相关技术人员，能够更加深入地了解和掌握计算机联锁系统的基本结构、工作原理、关键技术和相关技术规范。

本书可供高速铁路相关技术人员、运用和管理人员学习，对各类院校相关专业师生也有重要的参考价值。

图书在版编目(CIP)数据

高速铁路列车运行控制技术：计算机联锁系统/段武主编. —北京：中国铁道出版社，2017.12（2021.3 重印）

ISBN 978-7-113-20819-6

Ⅰ.①高… Ⅱ.①段… Ⅲ.①高速铁路-列车-运行-控制系统 Ⅳ.①U284.48

中国版本图书馆 CIP 数据核字(2017)第 329301 号

书　　名：高速铁路列车运行控制技术——计算机联锁系统
作　　者：段　武

策　　划：崔忠文
责任编辑：崔忠文　　**电　话**：(010) 51873147　　**电子信箱**：357716058@qq.com
(021) 73147
封面设计：崔丽芳
责任校对：王　杰
责任印制：高春晓

出版发行：中国铁道出版社有限公司(100054，北京市西城区右安门西街 8 号)
网　　址：http://www.tdpress.com
印　　刷：国铁印务有限公司
版　　次：2017 年 12 月第 1 版　2021 年 3 月第 3 次印刷
开　　本：787 mm×1 092 mm　1/16　印张：13.75　字数：333 千
书　　号：ISBN 978-7-113-20819-6
定　　价：68.00 元

版权所有　侵权必究

凡购买铁道版图书，如有印制质量问题，请与本社读者服务部联系调换。电话：(010)51873174

打击盗版举报电话：(010)63549461

《高速铁路列车运行控制技术》
编写委员会

主　编　刘朝英

副主编　覃　燕

成　员（按姓氏笔画排序）

李文涛　李　凯　郑　升　袁湘鄂

莫志松　曹　玉　靳　俊

序

近年来，我国高速铁路快速发展，取得了举世瞩目的成就。高速铁路列车具有运行速度高、追踪间隔时间短的显著特点。为确保行车安全，必须采用高可靠、高安全的列车运行控制系统。

中国列车运行控制系统（简称CTCS）技术体系是充分吸取了国际列控系统的先进经验，并结合中国国情进行系统集成创新的成果，具有自主知识产权，其技术水平已跨入世界先进行列。

CTCS既包括地面设备，也包括车载设备，是车地一体化的综合控制系统。支撑CTCS的主要设备包括：CTCS-3级、CTCS-2级列控车载设备，调度集中设备，轨道电路设备，计算机联锁设备，无线闭塞中心（RBC），列控中心（TCC），临时限速服务器（TSRS）等。列控地面设备根据联锁进路信息、列车追踪信息、允许速度信息、线路坡度信息等形成列车行车许可，由列控车载设备控制列车安全地运行。CTCS在应用中不断成熟和完善，为我国高速铁路的快速发展创造了条件。我国高速铁路按照200～250 km/h高速铁路信号系统以CTCS-2级列控系统为主，250～350 km/h高速铁路信号系统以CTCS-3级列控系统为主进行规划建设。

为了完整地呈现中国列车运行控制系统技术体系，反映铁路科研人员长期辛勤耕耘的创新成果，我们编写了《高速铁路列车运行控制技术》，使我国从事高速铁路研究开发、工程实施、运营维护、使用管理等相关技术人员，能够更加深入地了解中国列车运行控制系统的基础理论、关键技术、工程实践和相关技术规范。

《高速铁路列车运行控制技术》包括五个分册，分别是《调度集中系统》《CTCS-3级列车运行控制系统》《CTCS-2级列车运行控制系统》《ZPW-2000系列无绝缘轨道电路系统》《计算机联锁系统》。

高速铁路列车运行控制技术凝聚着一大批科研、建设、运营工作者的智慧和汗水。谨以此书，献给为中国高速铁路列车运行控制技术创新拼搏奉献的同志们。

编写委员会

2016年10月

前　　言

计算机联锁(CBI)系统是以计算机控制技术为核心,采用可靠性技术、"失效—安全"(fail-safe)技术以及安全相关通信等技术实现车站联锁要求的计算机实时控制系统;它以电气和/或电子传输方式集中操纵动力式道岔及色灯信号机、主要以软件实现联锁关系,是实现重大生命攸关功能的铁路信号控制系统中最为典型的一类复杂电子可编程安全苛求系统。经过三十多年的曲折发展,计算机联锁系统已成为我国铁路主流的车站联锁系统并得到普遍应用,在干线和支线铁路正逐步取代6502继电联锁系统;我国高速铁路的车站联锁全部采用计算机联锁系统。目前,我国是世界上使用计算机联锁系统最多的国家。

联锁(interlocking)概念普遍存在于许多控制领域,系指将具有特定约束关系的相关对象联系起来,通过严格按照规定的程序和条件以锁定/解锁的方式进行控制,以避免因约束关系被破坏而可能造成严重后果。本质上,联锁是对具有重要约束关系的多个控制对象的一种特定控制方式;这些重要的特定约束关系就是"联锁关系";而依据某种联锁关系以技术手段实现联锁控制的技术装置称之为"联锁设备",狭义上特指铁路信号联锁设备,因为联锁概念本就源起于历史悠久的铁路车站联锁。以1856年在英格兰Bricklayer Arms车站装设的萨氏联锁机为起始标志,从机械联锁、电气机械联锁、电气联锁到计算机联锁,近两百年来,实现重大生命攸关功能的车站联锁设备始终是铁路信号的核心基础设备之一;而作为铁路信号核心理念和基本设计原则的"故障—安全",也主要是在车站联锁的发展过程中确立的。

设计、实现或了解、分析任何铁路信号安全相关系统,都主要基于两个基本层面:一个是系统的一般应用功能及其技术实现的手段和特点,另一个是能够支撑这些技术手段确保系统行车安全的技术措施。本书在深入分析车站计算机联锁系统的边界、接口、控制对象特别是进路控制的特点,系统的功能架构、一般功能特点和RAMS特点的基础上,从这两个层面对计算机联锁系统进行了详述。主要内容包括计算机联锁系统的一般硬件结构及其技术特点、常见冗余技术、安全相关通信技术、安全计算机平台以及联锁系统应用软件的构成与特点等;并阐述了高速铁路给计算机联锁技术带来的显著改变与进步。

本书还结合车站联锁的发展,对源于近代、历史悠久的"故障—安全",成熟于现代的可靠性,确立于当代的安全性,以及由这三者融合、演进发展而来的"失效—安全”，特别对事实上由EN 50129所确立的“失效—安全”基本原则进行阐述和总结；并结合常用可靠性、安全性概念、常见冗余结构、安全原理等关键要点，对以IEC 61508为代表的国际基础功能安全标准和以EN 50129为代表的铁路信号安全相关标准进行了重点解读与差异对比，力图深层次地揭示以高安全完整性要求、特别是“失效—安全”要求的各种联锁功能为特征，以计算机联锁为典型代表的当代铁路信号复杂可编程安全苛求系统的安全内涵。

本书由段武主编，单冬主审。第一章由段武、袁湘鄂编写；第二章由段武编写；第三章由段武、张萍编写；第四章由段武、潘明、梁志国、杨霓霏编写；第五、六、七章由段武编写；第八章由卢佩玲、徐德龙、袁湘鄂、杨霓霏、段武编写。

本书参与审核的人员有：覃燕、曹玉、徐中伟、聂影、谢静高、何涛、殷继宏、张春德等专家。特别感谢齐志华对本书编写所给予的大力帮助。本书编写过程中还得到刚建雷、郑长宗、赵立志、王国光、窦伟、杨勇、唐世军等专家的大力协助，在此一并表示衷心感谢！

由于编者能力、水平所限且本书涉及面较广，书中内容及表述不全面、不准确乃至错误之处在所难免，热忱欢迎专家、读者批评、指正。

编　者

2017年11月

目　　录

第一章　绪　　论

铁路车站联锁系统具有悠久的历史和传承，并且始终是铁路车站信号控制的核心基础设备之一。在我国铁路已得到普遍应用的计算机联锁系统，是当前最新一代的铁路车站联锁系统，在干线和支线铁路正全面或逐步取代6502继电联锁系统。目前，我国按CTCS-3级和CTCS-2级标准建设的线路全部采用计算机联锁作为车站联锁控制系统，计算机联锁已成为我国高速铁路信号控制系统中不可或缺的重要基础设备。

本章首先阐述车站联锁的基本概念、基本功能、基本功能要素、基本设计原则以及“故障—安全”核心理念；然后简要介绍车站联锁系统的四个发展阶段及其主要类型，重点对计算机联锁系统的发展特点、我国计算机联锁的主要发展历程进行了归纳总结。

第一节　车站联锁系统

一、车站联锁的基本概念与基本功能

“联锁”一词可早见于韩愈《汴州东西水门记》：“惟汴州河水自中注，厥初距河为城，其不合者诞置联锁于河。”其中的“联锁”系指铁索；而“联锁”作为近代技术的专有名词则应始于铁路信号。在《辞海》中对“联锁”现代普适意义的解释为：“技术设备上的相互控制装置，特指铁路信号联锁设备。”《铁路信号名词术语》中给出的联锁定义为：“通过技术方法，使信号、道岔和进路必须按照一定程序并满足一定条件，才能动作或建立起来的相互关系。”

车站联锁系统是专用于对列车和车列（列车的接发作业和车列的调车作业，是铁路车站两种最主要的行车作业方式）在车站内的运行进行控制，并保证其运行安全的控制系统。道岔和信号是车站联锁系统直接控制的轨旁设备，进路则是铁路车站对列车和车列运行进行控制管理的基本实现方式。

进路是由相关道岔和轨道区段等组成的有信号指示（由列车信号指示列车的运行，由调车信号指示车列的运行）和防护的特定经路。道岔主要由可移动的尖轨和固定的基本轨等组成，尖轨（复杂道岔还包括可动的岔心等）的位置决定列车/车列的走向，共有“定位”、“反位”和“四开”三种位置状态。“定位”通常开向直股方向，允许列车以较高的速度通过；“反位”一般开向侧向，允许通过速度较低；“四开”则是尖轨未与基本轨密贴而不能通行的状态、是道岔的转换状态或是不能转换到位的故障状态，此时通行轻则使道岔和轨道遭到破坏，重则发生掉道或翻车事故，后果严重。显然，相关的道岔位置及其表示是否正确、相关的轨道区段是否空闲，是防护进路的信号能否开放（给出允许显示）的前提条件；而且进路必须具有排他性，一旦建立后其上的每个信号、道岔和轨道区段均不能同时再属于其他的进路（重叠、相交和迎面的敌对进路）。因此，为了保证行车安全，避免发生挤岔、掉道，甚至翻车、撞车的危险，进路的建立，必须

严格检查相关的信号、道岔、轨道区段等之间的关系满足规定的条件(联锁条件),即构成进路的各基本单元之间必须满足特定的约束关系,才能按照规定的顺序和程序动作;而进路一经建立之后又必须对之加以“锁闭”,且“锁闭”之后只有在满足规定的条件时,才能按照规定的顺序和程序解除锁闭;绝不允许随意进行改变,以免因误操作或故障等其他因素破坏进路而危及行车安全。这种“锁闭”和“解锁”的操作,在早期确实是曾经通过特制的锁和钥匙来进行的,联锁一词应由此而来。

联锁并不只局限于铁路信号领域。实际上,常有某些控制对象之间存在着重要的特定约束关系,这些约束关系一旦发生错误就可能造成破坏性的后果,不但需要严格按照规定的程序加以控制,还必须采取某种技术措施,将这些约束关系联系起来加以“锁定”,只有在相关条件满足、且通常还须按照规定的顺序才能解除“锁定”;具有这种特点的控制方式就是联锁控制,这些特定的约束关系就是联锁关系。广义上,联锁就是将具有特定约束关系的相关对象联系起来,严格按照规定的程序和条件加以控制并进行锁定/解锁,以避免因约束关系被破坏而可能产生的严重后果;是对具有重要约束关系的多个控制对象的一种特定控制方式。联锁设备就是以技术手段实现这种控制方式的技术装置。

铁路车站联锁就是通过技术方法实现并确保信号、道岔、区段以及进路间的相互关系正确。由于信号的错误开放、显示升级、灭灯及错误保留,道岔的表示错误及误动,区段空闲/占用的表示错误等,都可能造成极其严重的破坏性后果,因而车站联锁设备自 1856 年诞生以来,就始终是铁路车站保证列车和车列正常和安全运行的核心基础设备,具有最高等级的安全要求。

铁路车站联锁系统的基本功能,是通过技术的方法,严格按照规定的联锁条件控制道岔的转换和锁闭、信号的开放和关闭、进路的建立和解锁等;联锁系统依据信号、道岔、轨道区段以及进路间的联锁关系,自动地对值班员的操作进行联锁条件检查,通过排列进路和控制信号显示对列车和车列的运行进行控制。

二、车站联锁系统的基本功能要素和基本设计原则

(一)车站联锁的基本功能要素

操纵、传输和锁闭/解锁,是车站联锁系统的三大基本功能要素。操纵,主要是对信号特别是对道岔的操纵;传输,是把信号、道岔和轨道区段等进路基本单元之间的约束关系“联”起来;“锁闭”则是对“联”起来的关系,依据规定的条件进行控制和锁定/解锁的逻辑处理。其中传输和锁闭是核心。可以说“联锁”这个词精辟地表达了此类系统的核心要素,在字面上也可以简单而形象地理解为:把特定的约束关系“联”起来并“锁”住。

铁路车站信号系统具有地域性分布的特点,车站联锁系统的操纵、传输和锁闭/解锁功能的实现方式及其控制区域范围的大小,首先取决于控制技术的发展水平。

(二)车站联锁的基本设计原则与理念

在联锁系统基本功能实现方式的技术层面之上,设计原则与理念是具有先天性影响的重要因素。尽量采用成熟技术、合理地避免系统的复杂化以及充分的误操作防护等,是车站联锁系统功能设计的主要基本原则。

1. 使用成熟技术可以显著降低未知风险。

由于缺少经验,新技术的使用可能潜在存有巨大的未知风险。首先是新技术本身存在未

知风险，其次是由于引入新技术可能导致原先固有的隐藏危险的显露，还有因缺少恰当或合适的规范而产生设计或操作错误造成的风险等等。

铁路信号控制对新技术的采用历来持保守态度，基本都是在其他领域应用成熟以后才引入使用的；计算机控制技术，就是在已经发展了几十年以后才开始进入铁路信号核心控制领域的。

2. 在具有相同功能和性能的前提下，基本功能结构简单的系统可具有更高的可靠度，其安全性也更加容易得到保障。

系统复杂度的增加，可能会成倍甚至更多地增加其达到要求的可靠性和安全性的难度，而合理的"简约"则是保障系统可靠性和安全性非常有效的设计原则；特别是对系统安全相关的核心结构和核心功能，应尽量避免过于复杂的，尤其是并非十分需要甚至完全是辅助性的需求，这一点在国外的计算机联锁系统中表现得十分明显。

3. 充分的误操作防护。

或许是出于对人员素质和管理的担心，我国铁路信号界对人为失误的防护极为重视，往往在技术和成本允许的范围内，尽最大努力将其纳入联锁的防护范畴。

最为典型的当属 6502 继电联锁系统中针对故障锁闭所使用的区段人工解锁(区段故障解锁)电路。最早试图将计算机联锁系统引入中国铁路的某国际知名信号公司的专家，曾经对中方提出的在其区段故障解锁软件中类比 6502 增加"迎面解锁"防护的要求十分不解，认为对已经规定、并在技术上已保证了只有两人同时操作才能生效的区段故障解锁，无须再做相关的联锁逻辑检查；按照他们的理念，有了两个人同时操作作为相互校核的安全保障，对于这种十分关键、但通常较少使用的功能已经足够了，完全可以无条件地解锁。实际上对区段故障解锁进行迎面解锁防护的检查和限制，即使对于计算机联锁而言，其逻辑处理也确实是相当困难的，并且会明显增加软件的复杂度和工作量。

事实上由于这类理念上的不同，加之客货混跑的复杂运营情况、对平面溜放等某些特定功能的追求，以及希望标准制式能够兼容尽可能多的站场及其需求情况的理念，使得我国车站联锁的复杂程度一般要明显高于国外的同类系统。

而另一个更为重要的核心设计理念，针对的则是设备的"失误"，即设备的故障情况，这就是"故障—安全"理念，可以说不了解"故障—安全"就不可能真正懂得铁路信号。

三、车站联锁系统的"故障—安全"

铁路信号控制系统中普遍存在着各种各样的联锁关系，车站联锁因其本身具有的复杂性、规模性等特点而成为典型代表；"故障—安全"(也称故障导向安全)则是车站联锁乃至铁路信号控制系统的核心设计理念和原则，是联锁系统必须具有的一种安全功能或性能。在铁路信号领域，"故障—安全"是与联锁系统密不可分、必须了解的一个最为重要的基本概念。

铁路信号控制系统是典型的实现重大生命攸关功能的安全苛求系统，而"故障—安全"也可以认为是在技术上苛求的一种表现。苛求可以理解为是有道理的吹毛求疵，甚至只要不是毫无道理的吹毛求疵也可以归入苛求之列；合格的铁路信号人员尤其是设备研发人员，应该具有苛求精神。

由于铁路交通及其控制系统(特别是其早期的控制系统)具有简单、明确并易于控制实现的安全侧，铁路信号是最早从技术上产生并确立"故障—安全"原则的领域。1830 年英国在从利物浦到曼彻斯特开行旅客列车的线路上，开始使用一种以绳索牵拉球状物体并在其下悬有一灯的球形信号，以球体升起为允许信号，以球体下降(在夜间以灯光被遮挡或熄灭)为禁止信号;这被认为是“故障—安全”原则的第一个应用成果，也是之后(约始于1840年)广泛使用的机械式臂板信号机的雏形。这种信号设计，考虑了在绳索断裂和大风吹灭灯火的两种故障情况下，使信号导向安全侧的防护措施。

实际上，一个系统从故障的发生到最终产生后果都有一个过程，“故障—安全”就是有步骤地对这个过程的发展加以引导和控制的技术。概括地说，“故障—安全”就是在设计时，以技术的手段保证将故障的后果“自然”或者“自动”地导向安全侧;并且至少应对任何可能导致危险的单故障都能够确保“系统在失效时只存在容许的状态”(EN 50126)。这类技术手段可以有各种各样的形式，其本质是利用某种固有的物理特性来使向安全侧的导向在一定的、可以接受并能够得到保证的条件下成为必然。传统的“故障—安全”技术，主要依赖于使用具有“故障—安全”性能的设备或基础器件按照一定的构造/配置规则构成信号安全系统，特殊的基础器件/设备、特定的前提条件和特定的配置/构造原则是传统“故障—安全”技术的三大基本要素。

此类特殊的设备和器件通过巧妙地利用某种物理特性来设计构造，都具有结构与故障模式简单和明显的故障不对称性特征(“简单”才可能穷举分析任何可能的故障情况，“不对称”才能够保障故障导向)。诞生于机械联锁时代的臂板信号机，就是通过巧妙的结构设计利用重力实现“故障—安全”原则的典型代表，而适用于电气联锁、也以(失磁)落下为安全侧状态的AX系列安全型继电器，迄今为止仍是我国铁路使用最为广泛的典型“故障—安全”器件。

作为我国铁路信号继电控制系统基本构成器件的AX系列安全型继电器，研发于20世纪60年代初，至今仍在6502电气集中和各型计算机联锁系统中大量使用。AX系列继电器为直流24 V供电的重力、弹力返回式电磁式继电器;所使用的银氧化镉接点材料，当负载电流在60 A以下时不会粘连。此类继电器利用的固有物理特性，是永久恒定的重力并辅之以持久稳定的弹力，还有不易粘连的接点材料特性，以确保当励磁(联锁)条件不满足而失磁时能够可靠落下至安全侧;其安全工作的特定前提条件是良好的组装、正确的安装和额定的工作电压和电流;采用AX系列安全型继电器构造安全电路时还必须遵循以下特定的配置原则:

1. 以电流对继电器闭合接点的接通检查为条件成立的确认判据;

2. 与控制对象安全侧相对应的前、后接点使用原则，特别是对非限制侧(潜在危险侧)的控制与表示只使用闭合前接点、确认限制侧(安全侧)表示使用后接点;

3. 普遍的断线防护及室外混线防护原则，如图1-1、图1-2所示的位置法、双断法。

堪称典范的6502电气集中联锁系统，就是以AX安全型继电器为基本器件，按照上述配置原则，通过布线逻辑以继电器接点电路来实现的、符合“故障—安全”原则的车站联锁系统。

AX系列继电器的安全性，虽然在我国铁路超过50年的大规模成功应用中得到了充分的验证和认可，但实际上也有危险侧故障发生的情况，如确有因内部安装螺帽脱落或因接点簧片有问题而被卡住不能落下的情况。在京九铁路建设中我国首次引进西门子公司的计算机联锁系统时，西门子公司的人员在专门进行了测试后告知，若按照他们执行的标准，并不认为该类继电器是“故障—安全”的，因为其所执行标准的接点耐流要求更高，会使AX继电器的接点粘连。此外，AX系列继电器现在面临的主要问题，还有在接点结构等方面不符合现行国际标准、接点材料不够环保等。对此，国内已有主要的生产研发单位开始试图通过合资引进的方式，生产符合最新国际标准且适于我国计算机联锁系统接口使用的新一代“故障—安全”型继电器。

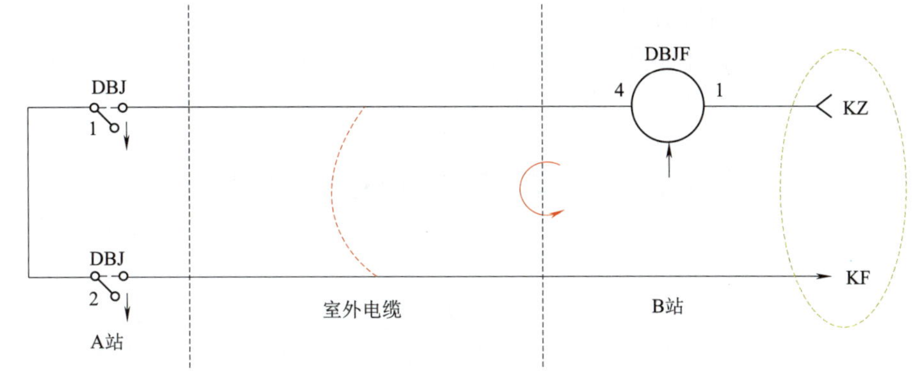

（a）位置错误：短路后继电器无条件错误吸起

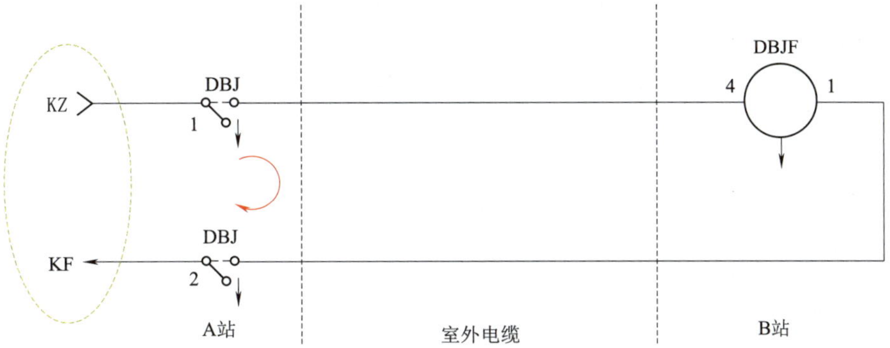

（b）位置正确

图 1-1　电源、继电器接点与线包的位置对混线的防护作用

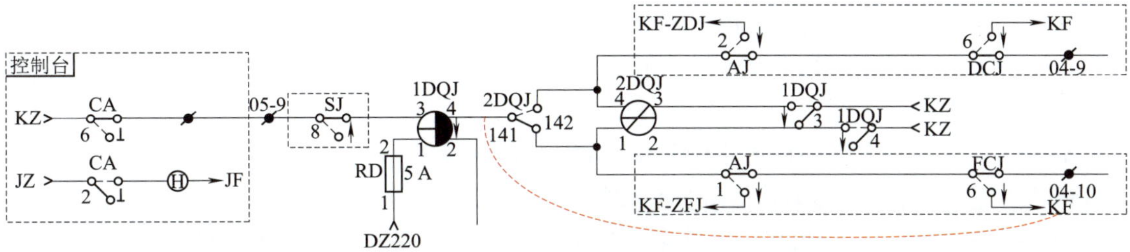

图 1-2　双断对混线的防护作用：单侧混线不会造成继电器误动

显然，即使是成功地巧妙利用永恒的物理特性，“故障—安全”的实现也是有条件的，实现并稳定保持对这些条件的满足也是要付出一定代价的(体积、重量大，生产、维护成本高以及污染等就是使用 AX 系列继电器需要付出的代价)。通常要求越高、需求越复杂、代价也越高，而决定能够达到的“故障—安全”性能水平高低的这些条件，往往又取决于所能承受的代价。社会的进步与发展，观念与需求的改变也不断带来新的变化，今天的安全观念、相关的价值观念与对生命的尊重程度，与 20 年前、10 年前相比显著不同，60 km/h 速度与 300 km/h 速度的安全要求、所能承受的代价也肯定不同；即使安全要求相同，但功能需求的快速增长、技术的进步也会给系统控制及“故障—安全”的技术实现手段带来本质改变。因而“故障—安全”始终是铁

路信号界，特别是信号设备的研发和设计人员的永恒主题。

综上所述，了解、分析车站联锁系统主要基于两个基本层面：一个是实现联锁三要素的技术手段及其特点，另一个是能够支撑这些技术手段确保系统安全的"故障—安全"技术措施。

第二节　车站联锁系统的发展

车站联锁系统是从 1856 年英格兰 Bricklayer Arms 车站装设的、由 Saxby 首创的萨氏联锁机开始的。按照联锁基本功能要素技术实现方式的演变阶段划分，迄今已历四代。按照"联"和"锁"的方式，可划分为机械联锁、电气机械联锁、电气联锁和计算机联锁四种；按照操纵方式，除了技术实现手段的不同之外，通常划分为"非集中"和"集中"两类，这主要是按照道岔的操纵方式划分的。非集中联锁由扳道员就地操纵道岔，简单易行且可直接观察道岔区段的列车或车列的占用情况，但扳道员与车站值班员的联系效率低，且疏忽不易防范；特别是有多个道岔需要扳动时，扳道员还要往返奔波，进路办理时间长、劳动强度大。集中联锁则是在信号楼内对道岔和信号机实行集中操纵，同时也使联锁可以用比较容易的集中方式来实现。集中联锁可节省操纵人员并取消车站值班员与扳道员的电话联系，提高生产效率、改善劳动条件并消灭联系中可能发生的差错，但因不便于观察道岔位置以及区段占用的状态，对技术设备及其管理的要求更高。

一、机械联锁

1. 非集中机械联锁：以人力就地分散操纵道岔，分散操纵或以机械传动方式集中操纵臂板信号机，以机械方式传动及以机械机件实现联锁。

钥匙联锁、联锁箱联锁和日式信号握柄，都是典型的在臂板信号机与道岔之间实现非集中联锁的机件和装置。中国最早装设的车站联锁，是 1910 年以前在北宁铁路（即京奉铁路，今北京至沈阳间）装设的非集中机械联锁。

2. 机械集中联锁：以机械传动方式由人力集中操纵道岔和臂板信号机，道岔握柄与信号握柄间以机械锁床实现联锁。

萨氏联锁机就是典型的机械集中联锁装置，它是将设于同一处所的信号握柄和道岔握柄以机械机件施加联锁，而使车站值班员必须按一定顺序扳动才能动作的集中联锁装置。中国 1910 年在南满铁路连长线周水子车站第一连络所装设了约翰逊式机械集中联锁。

二、电气机械联锁

电气机械联锁以人力和机械传动方式集中操纵道岔，以电气传输方式集中操纵色灯信号机，道岔的机械握柄与信号机的电气握柄间以锁床和电气接点电路实现联锁。这种联锁方式实际是机械集中联锁向电气集中联锁发展过程中的过渡型式。它主要是在机械集中联锁的基础上对信号机及其控制方式进行了改进，采用了色灯信号机并用电气传输方式取代了臂板信号机的导线传动机构。

中国 1925 年在长大线周水子车站安装了美国 USS 公司生产的带有萨式锁簧床的电气机械集中联锁系统；1926 年至 1936 年间在南满铁路相继装设了满铁型电气机械集中联锁系统。

三、电气联锁

1. 非集中电气联锁：以人力就地分散操纵道岔，以机械传动方式集中或分散操纵臂板信号机，或以电气传输方式集中操纵色灯信号机。道岔与信号机间以电气接点电路实现联锁，或者以信号握柄或信号桌上握柄实现相互间的联锁。

1927 年，南满铁路为了克服因股道延伸而导致的导线装置操作不便，开始在一些非集中联锁车站采用电磁锁闭器件—电锁器，从而构成我国早期的非集中电气联锁系统。

2. 电气集中联锁：以电气传输方式集中操纵动力式道岔及色灯信号机；道岔与信号机间实现联锁的具体方式有锁床式、电锁式和继电式。锁床式联锁仍采用电气握柄方式，以锁床和电气接点电路实现联锁；电锁式联锁全部采用电气接点电路实现联锁；采用继电器接点电路实现联锁的称为继电式电气集中。

1926 年，在南满铁路大石桥车站，装设了美国 GRS 公司生产的锁床式电气集中联锁机。继电电气集中联锁 1927 年始用于美国 Stanley-Berwick 间的调度集中区段；1939 年，抚顺煤矿大官屯车站装设了中国第一个单独操纵手柄式的继电式电气集中联锁。

相对于机械联锁，继电电气集中联锁采用动力转辙机、色灯信号机和轨道电路三大电气基础设备，使用安全型继电器构成联锁逻辑自动处理系统，使车站控制和联锁功能得到了空前的完善。继电电气集中联锁的出现，是铁路信号系统由机械时代过渡到电气时代的重要标志；由于锁床式和电锁式电气集中联锁很快被淘汰，现在一般所称的电气集中联锁，即指继电式电气集中联锁。新中国成立以来采用的电气集中联锁系统，主要经历了 20 世纪 50 年代的 570、580 和 590 系列，60 年代的 6026 进路操纵按钮式小站组合式电气集中、6320 进路操纵大站组匣式电气集中等，70 年代的 6501 电气集中等的研发与试用；经过 20 年，可以说是一个非常复杂的发展与统一的过程，最终在 1973 年以 6320 为基础进行改进，形成了 6502 大站电气集中继电联锁系统。

6502 电气集中是在动力转辙机、色灯信号机和轨道电路三大电气基础设备的基础上，以电气传输方式集中操纵动力式道岔及色灯信号机，以继电器接点电路实现联锁的车站联锁系统；是以安全型继电器为基本单元，按照与安全侧相对应的前、后接点使用原则，断线防护及室外混线防护等原则，通过布线逻辑来实现的符合“故障—安全”原则的车站联锁系统。

四、计算机联锁

计算机联锁以电气和/或电子传输方式集中操纵动力式道岔及色灯信号机，以软件实现联锁关系。

世界上第一个投入运用的计算机联锁系统，是 1978 年在瑞典哥德堡车站使用的微机联锁系统。体积巨大是早期计算机的普遍特点，那时即使是“小型机”也都堪称体形庞大，而由于现场环境等条件的限制，用于工业控制领域的计算机一般都体积小、存储量小、运算能力有限，且运行速度低，对比之下只能称为“微机”。因此，早期的计算机联锁系统都称为微机联锁系统。

（一）电子联锁与计算机联锁

计算机是可编程的复杂电子系统，计算机联锁系统实际上就是可编程（复杂）电子联锁系统，属于电子联锁其中的一种。事实上在计算机联锁之前，一些国家也曾广泛地进行过（非可编程）专用电子联锁系统的研发，虽未能达到实用化，但对计算机联锁系统的研发起到了一定的先期试验作用。

在电气时代之后的电子时代和计算机时代的早期，国内外都曾重点研究具有“故障—安全”特征的电子器件，试图按照继电联锁的方式，以“故障—安全”器件为基础构成“故障—安全”的电子联锁系统。日本早期曾研发出采用“故障—安全”电子器件的电子联锁系统，但因成本高、功能差，发展阻碍极大，长期未能实用化。我国自1965年开始，也曾有多个单位先后进行了以“故障—安全”器件为基础的电子集中联锁系统的研发。其中，采用磁芯-晶体三极管逻辑单元的大站电子集中、采用厚膜电路逻辑单元的小站电子集中、采用两重系晶体管构成静态逻辑单元的电子集中，都进行了单站甚至多站的多年现场试用；但由于在防雷、器件来源和经济方面存在问题，特别是可靠性和“故障—安全”问题未能彻底解决，以及计算机联锁的发展趋势日益明显，这些系统都在1983年以前相继拆除了。

在计算机联锁系统中大量或全部使用通用电子器件，这些器件不具有明显的故障不对称性（一般“开关”类电子器件的故障通常具有对称性特点）；这种以非“故障—安全”器件构成“故障—安全”系统的方式，全面改变了依靠设计自身具有某种固有物理特性的、符合“故障—安全”原则的设备或器件，并以此为基础构建安全系统的传统，这是计算机联锁有别于历代车站联锁系统的一个关键特点。

事实上，由于通用电子器件具有的故障不确定性和故障模式复杂等特点，使得具有悠久历史、并始终作为铁路信号一贯技术安全原则的“故障—安全”，成为复杂电子系统最晚进入铁路车站联锁领域的主要因素；并且由于微机联锁的迅速发展，造成了在继电电气集中联锁和计算机联锁之间的电子联锁系统的断代缺失。

从1984年开始，我国还曾发展过微机继电联锁系统，一种使用微机进行选路、替代6502的选择组电路，使用组匣式继电电路完成联锁执行逻辑，替代6502执行组电路的电气集中联锁系统。该系统试图对6502的组合式继电电路进行改进：通过研制新型的小型化安全型继电器，并使用组匣方式减少插接点，以获得比组合式继电电路更高的可靠性，以及更有利于大修更换等优点；结合微机的非安全逻辑处理优势，实现选路、监测、记录及通信等功能，实现双方的优势互补。该系统自1984年开展研发，1988年在京广线黑石铺站开通首套系统。经改进后又在赛汉塔拉等站使用，也曾达到一定的试用规模；但因器材、工艺未完全过关，组匣更换不便、备品器材种类多、成本贵，特别是因几乎同期开始研发的计算机联锁系统的迅速发展而失去了继续完善的发展机会。

（二）我国早期研发与引进的计算机联锁系统

我国计算机联锁系统的实用性研发始于1983年，是由通信信号公司研究设计处率先进行的。1984年在南京梅山铁矿井下进行试用之后，我国第一个正式运营的微机联锁系统于1986年在太原钢厂配料站开通使用。铁道科学研究院通信信号研究所，于1985年也开始进行微机联锁的研发工作，在郑州北上行编组站驼峰尾部进行现场试验之后，于1989年在该处开通了我国铁路的第一个微机联锁系统，该系统可对郑北上编尾全部36股道进行控制并具有平面调车单钩溜放功能。1993年铁科院研发成功采用双机热备冗余方式的微机联锁系统，于哈尔滨平房站开通使用。此类微机联锁系统，均主要采用动态驱动和动态采集、软件冗余及相应的（智能）故障检测实现系统的安全保障。其中关键的动态驱动，使用了一种用脉冲序列驱动继电器的“故障—安全”电路，由计算机以输出脉冲序列的方式进行控制。

我国首次引进国外的微机联锁系统，是大约于1986年开始进行引进工作的英国西屋公司的SSI联锁系统。该系统原定开通使用地点是郑州铁路局的小李庄车站，但引入后发现该系统最多只允许办理5条长调车进路，若增加还需扩展计算机容量；因而此后被移至长调车进路不足5条的丁营站使用。第一个在我国铁路成功投入使用的引进计算机联锁系统，是美国通用铁路信号公司GRS的VPI型计算机联锁系统，于1991年在广深线红海车站开通运营；其特点是使用一种称之为“数字集成安全保证逻辑”(NISAL)的编码逻辑对系统进行安全校验；并采用利用磁饱和原理特殊设计的“故障—安全”检测器件，对驱动输出进行检测，当校验或检测有误时，可快速切断相关电源使系统导向安全。

纵观车站联锁系统的技术发展历程，控制技术的发展与信号基础设备的进步，带来强烈的改进需求甚至是实质性变革的可能，但联锁技术实现手段的更新换代，只有在切实解决了“故障—安全”问题并得到广泛验证之后才能最终实现。因此，新技术在车站联锁核心系统中的运用，存在明显的滞后甚至缺失断代的现象；而新一代联锁系统，也可能在相当程度上对前一代联锁系统的部分关键技术保留较长的时间，甚至始终继承而形成一个过渡阶段。譬如电气机械联锁，就是由第一代的机械联锁到第三代的电气联锁之间的过渡阶段；而现在的计算机联锁，也仍然是以动力转辙机、色灯信号机和轨道电路这三大电气时代的信号设备为基础，其主流系统更是基本上完整保留了继电联锁与轨旁设备的结合电路，在某种严格的意义上似也可称之为计算机继电联锁。而基本取消了安全型继电器和继电接口电路，现在普遍称之为全电子联锁的计算机联锁，才是完全意义上的计算机联锁。

(三)我国计算机联锁的主要发展历程

从发展历程的角度回看，我国计算机联锁系统30年的发展大致可分为初始阶段、规范阶段和快速发展三个阶段。

1. 初始发展阶段

这一阶段的一个主要特点是，自20世纪80年代初开始的自主研发与80年代末、90年代初开始的全套引进并举、“两条腿走路”。自主研发系统的运用主要集中在路外厂矿、编组站、个别支线客站等，全套引进则主要以京九铁路建设为契机，在部分客站、枢纽站全套引进国外几家知名公司的计算机联锁系统(约20～30站)。其结果是国产计算机联锁确立了以双机热备可靠性冗余制式为基础的暂行技术条件、产品体系及管理体系。而全套引进系统则全部无以为继，甚至有的未能开通，主要原因是国外系统价格昂贵，尤其是软件编制、修改及安全管理的周期漫长，完全无法适应国内工程建设、运用维护的管理方式和投资限制。而我国铁路联锁功能需求复杂，但许多细节要求往往仅体现在继电电路中，却缺少完整、详细的文字描述；对包括误操作在内的各类防护要求高，以及技术标准体系和规章制度尚未健全完善，对需求的增加或修改无规范管理等等，也都是造成国外联锁系统软件修改极为困难的主要因素。在初始发展阶段，对技术装备、人才队伍建设和业务的管理尚处于探索时期。

2. 规范发展阶段

在国产双机热备系统开始大规模上道和快速发展的同时，国内主要研发单位逐步成熟、稳定发展；并自20世纪90年代中期开始先后与外商合作(卡斯柯公司更早，其本身就是中外合资公司)，分别引进国外具有硬件安全冗余结构的高等级联锁系统的核心平台，移植各自的联锁软件，进行辅助系统配套并负责全部的工程实施，推出了结合双方各自优势的高端计算机联锁系统。

针对计算机联锁系统的特点和发展中亟待解决的问题，特别是许多单位跟进研发、无序上道的问题，1998 年开始加强计算机联锁系统的上道管理，并确定了积极稳妥的发展方针，在技术、设备、生产、建设、使用和维护等方面全方位地确立了有效的管理体系，完善了技术标准和规章制度；建立、健全了检验检测机制和机构，形成了 4 家研发单位、4 家生产单位、1 家软件检验单位 4＋4＋1 的配置管理格局，奠定了我国计算机联锁健康发展的基础。于 2002 年颁发的我国首批计算机联锁特许证，标志着我国计算机联锁产品特许管理制度的正式确立和完整实施。

3. 快速发展阶段

多年来我国铁路的运营速度不断提高，先后进行了六次大提速；自 2003 年开始，参照欧洲列车运行控制系统 ETCS 标准，研究制定了中国列车运行控制系统 CTCS 的发展装备暂行技术标准，并首先启动了基于轨道电路加点式应答器传输列车运行许可信息、采用目标距离模式监控列车安全运行的 CTCS-2 级列控系统的实用性工程研发。通过技术引进、消化吸收，自主研发适用于高速铁路、基于国产 ZPW-2000 轨道电路的 CTCS-2 级列控系统和基于 GSM-R 无线通信的 CTCS-3 级列控系统，全面开启了我国铁路信号发展的新阶段。尤其是自 2007 年第六次大提速以来，以列控技术为标志的高速铁路的飞速发展，通信技术的快速发展及其与信号技术的深度融合，在铁路信息化建设、管理等诸多方面，对包括计算机联锁在内的铁路信号基础设备提出了更高的要求，强力推动计算机联锁进入快速发展阶段；计算机联锁系统的接口和信息化优势得以充分发挥，且已不可替代。

鉴于我国高速铁路建设的需求以及我国铁路工程建设和维护的特点，2007 年提出了计算机联锁设备技术装备要求，明确了“将二乘二取二系统列为我国计算机联锁发展的主流产品”和“繁忙干线铁路及其他铁路自动闭塞区段在选用国产计算机联锁时采用二乘二取二硬件安全冗余结构的系统”等计算机联锁设备的技术装备原则，提出加快二乘二取二系统硬件国产化及软硬件完全自主知识产权系统的发展进程。

ETCS 标准的引进，极大地加速了欧洲铁路标准的全面引进。尤其是以 EN 50126《铁路应用-可靠性、可用性、可维护性和安全性(RAMS)的规范和示例》、EN 50128《铁路应用-通信、信号和处理系统-铁路控制和防护系统软件》、EN 50129《铁路应用-通信、信号和处理系统-信号用安全相关电子系统》以及 EN 50159-1/2《铁路应用-通信、信号和处理系统-1/2 ：封闭/开放式传输系统中的安全相关通信》等为代表的欧洲铁路通信、信号和处理系统的应用标准，在此阶段已经事实上成为我国铁路信号系统安全性和可靠性方面的主要参考标准。继 2007 年，我国将国际电工技术委员会 IEC 制定的《电气/电子/可编程电子安全相关系统的功能安全》标准 IEC 61508 等同采纳为国家标准实施之后，分别于 2008 年至 2013 年间全部等同采标为国家标准并发布实施。这些标准已经并且还将持续对我国计算机联锁的技术发展和管理体系产生深远的影响。

第二章　计算机联锁系统概述

本章概述了计算机联锁系统的定义、边界及与其他系统的接口；简介了计算机联锁系统的主要控制对象特别是进路的基本构成及主要处理过程；概述了计算机联锁系统的几种功能类型及其基本功能架构；列出了计算机联锁系统的一般功能特点和可靠性、安全性特点。

第一节　定义、边界及与其他系统的接口

计算机联锁系统(CBI)，是实现重大生命攸关功能的铁路信号控制系统中最为典型的一类复杂电子可编程的安全苛求系统。

计算机联锁系统(CBI)，是以计算机控制技术为核心，采用可靠性技术、“失效—安全”(fail-safe)技术以及通信技术等实现车站联锁要求的计算机实时控制系统；以电气和/或电子传输方式集中操纵动力式道岔及色灯信号机，以软件实现联锁关系。

图 2-1 为计算机联锁系统的边界及接口示意，按操作和控制两个层次展示了计算机联锁系统的三类界面：人机界面，控制对象界面，与其他信号系统设备的接口界面。

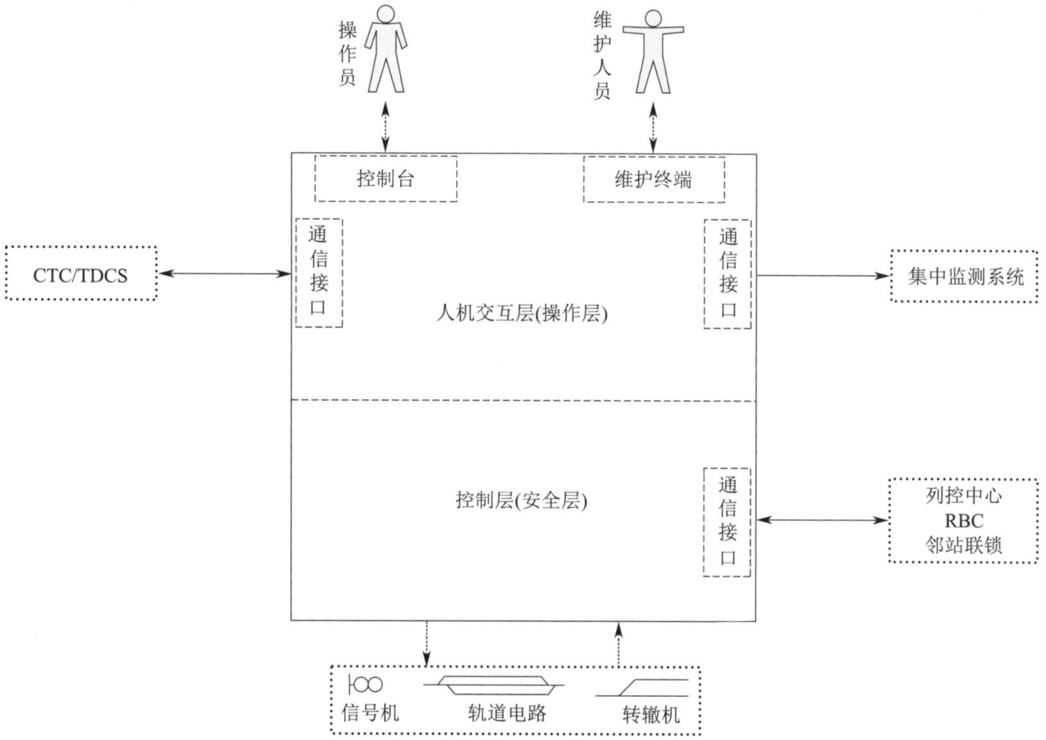

图 2-1　计算机联锁系统的边界及接口示意

一、人机界面

属于操作层的人机界面由操作控制和维护两个界面构成，这两个界面是复杂控制系统不可或缺的两类人机界面，尤其是主要以功能软件实现这两个界面的计算机控制系统，在集中度、信息量、操作显示方式及记录储存、查询、统计等诸多方面都具有明显的技术优势。

目前国内使用的主流计算机联锁系统，其操作控制界面和维护界面并不十分复杂，通常都采用独立设置的控制台和维修机（维护终端）作为基本的操作控制界面和维护界面。控制台设置在车站运转室，由车站值班人员使用；维修机一般设置在机械室内的计算机房内，由电务人员使用。

二、控制对象界面

与操作层不同，控制层的对象基本都是直接影响行车安全的关键信号设备和系统。现有计算机联锁系统直接控制的主要基本对象，依然是承自 6502 电气集中联锁的动力式道岔转辙机、色灯信号机和轨道电路——信号系统三大电气化的基础设备，以及与此密切相关的自动/半自动区间闭塞、各类场联/站联等联系电路，详细内容可参见本章第二节相关部分。

三、与其他信号系统的接口界面

目前，在这个界面上与计算机联锁系统接口的其他信号系统设备，按照操作层与控制层的划分主要有以下两类。

（一）操作层接口

有用于行车指挥的调度集中系统（CTC）或列车调度指挥系统（TDCS），用于对信号设备工作状态进行实时监测的信号集中监测系统（CSM）或微机监测系统。其中，CTC 已基本成为新建干线铁路（包括高速铁路）的基本配置；集中监测或微机监测系统则更加广泛地应用于包括采用继电联锁在内的各类线路。

CTC 与 TDCS 都是涵盖铁路调度所和沿线车站的全程全网系统，是在车站联锁和区间闭塞之上统筹全局的铁路运输组织指挥中枢的核心系统设备；两者的主要不同是，CTC 具有 TDCS 所不具备的能够集中控制某一区段内车站联锁系统办理进路的功能。CTC 中心能够依据基本调度计划生成列车运行（调整）计划，并根据实际运行情况辅助调度员人工或自动对该计划进行调整。目前，我国的调度集中系统（CTC）均采用分散自律的控制模式，CTC 中心系统适时地将列车运行调整计划直接下达给在各车站配置的自律机，由自律机依据该计划自动生成列车进路操作指令，并根据列车车次号追踪结果适时地将进路操作命令传送给车站联锁系统予以执行，以此实现对车站作业的远程调度指挥，实现接、发车进路的自动办理。车站自律机还能接收车站或 CTC 中心的调车作业计划，在不影响列车运行的前提下自动生成调车进路操作命令并在适当时机下达给车站联锁系统予以执行。车站联锁系统则向 CTC 自律机或 TDCS 的站机上传站场的表示信息，并在收到自律机下达的进路办理操作等命令时，检查相关的联锁条件，根据联锁逻辑运算的结果执行（或拒绝）该命令。TDCS 仅单向接收联锁发送的表示信息，不发送命令。

集中监测(CSM)或微机监测系统,是我国国铁目前广泛应用于车站计算机联锁和继电联锁及其他信号系统、设备的,可为电务远程、实时提供设备工作及故障报警信息的维护管理辅助系统;也是铁路信号网络覆盖范围最大的系统之一。

计算机联锁与调度集中(CTC)和集中监测(CSM)均在系统的操作层以通信方式接口。实际上对于车站计算机联锁系统而言,CTC 和 CSM 在某种程度上相当于远程的操作控制界面和维护界面。

(二)控制层接口

有主要用于 200～250 km/h 高速铁路并作为 300～350 km/h 高速铁路后备模式的 CTCS-2 级列控系统核心地面设备的车站列控中心(TCC),和专用于 300～350 km/h 高速铁路 CTCS-3 级列控系统核心地面设备的无线闭塞中心(RBC),这两类系统是我国高速铁路信号系统所必需的专用设备。

车站 TCC 通过采集或通信方式获得区间轨道电路的状态信息;通过高速铁路专用的信号系统数据安全网,与本站计算机联锁(CBI)、中心临时限速服务器(TSRS)及相邻车站/中继站的 TCC 接口。其主要作用是:依据获得的进路信息、临时限速命令,实时选择或生成相应报文,控制有源应答器向列控车载设备传送点式控制信息;依据获得的区间和站内轨道电路信息控制区间、站内正线及股道的轨道电路发码,向列控车载设备连续传送控车相关信息;依据区间轨道电路状态信息及与邻站 TCC、本站 CBI 的交互实现自动闭塞的方向控制功能(在保留区间通过信号机的线路还同时具有信号控制的功能),并向 CBI 提供接近和离去区段的占用/出清信息。

无线闭塞中心(RBC),以无线通信的方式实现对列控车载设备的直接控制,通过信号系统数据安全网与 TSRS 及相关各站的 CBI 接口;其主要作用是通过获得的相关信息生成对其管辖范围内各列车的行车许可(移动授权)等控制信息,实时控制高速铁路列车安全、高效地追踪运行。

与调度集中系统(CTC)和集中监测系统(CSM)不同,专用于高速铁路的车站列控中心系统(TCC)和无线闭塞中心系统(RBC),与车站计算机联锁系统(CBI)同样都是铁路信号具有最高安全完整性等级要求的、实现重大生命攸关功能的复杂可编程安全苛求系统,CBI 必须在其安全层使用符合相关标准的安全通信协议与 TCC 和 RBC 接口。

计算机联锁系统与高速铁路列控系统的结合,详细内容可参见第八章。

图 2-2 为目前我国普速干线铁路的基本信号系统架构示意。其中除联锁系统的设备独立设置于车站内之外,区间自动闭塞、调度集中和集中监测系统均为沿铁路线路及各站配置的大规模分布式系统。区间自动闭塞主要由与钢轨相连接、通过专用电缆引入车站机械室的区间轨道电路,在闭塞分区入口处进行防护,通过电缆与闭塞系统室内控制电路相连接的区间通过信号机以及位于机械室内的闭塞方向电路等构成;调度集中系统主要由设在铁路局调度中心的 CTC 中心系统、设置在各个车站与计算机联锁系统通信连接并对区间轨道电路占用/出清状态进行接点采集的自律机,以及专用的通信网络等构成;集中监测系统主要由一般设置在电务段的 CSM 中心系统、设置在各个车站与计算机联锁系统通信连接并对其他相关信号设备进行数字及模拟量采集的站机,以及专用的通信网络等构成。

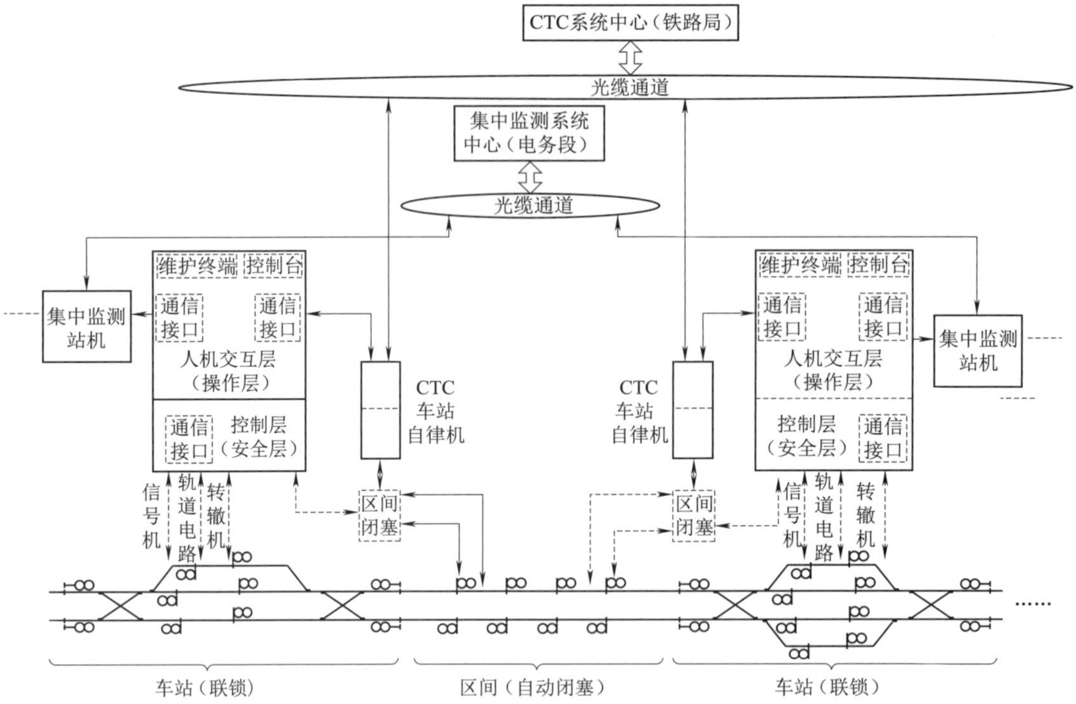

图 2-2　普速干线铁路基本信号系统架构示意

我国干线铁路的信号系统，普遍采用计算机联锁作为车站的行车控制与行车安全保障的基础核心设备，对道岔转辙机、车站信号机及站内轨道电路等进行状态采集和驱动控制；普遍采用自动闭塞作为区间的行车控制与行车安全保障的基础核心设备，依据区间轨道电路的占用/出清状态、车站联锁的接发车进路状态及闭塞请求等对区间闭塞方向及区间信号机进行控制；普遍采用集中监测系统作为进行远程、实时维护管理的技术辅助手段；普遍采用调度集中系统作为上层运输调度的行车指挥与控制系统，对各个车站的联锁系统集中进行控制。从而形成以 CTC 调度中心为控制枢纽、车站联锁为控制节点、区间闭塞为骨架，基于专用通信网络的具有调度指挥、行/调车控制、设备监测等功能的、覆盖地域广泛的超大型复杂综合控制系统。

基于列车运行控制系统的高速铁路，需要在站间及更大范围内实时传输列控系统大量涉及行车安全的控制信息，因而构建了为传输安全相关信息专用的信号系统安全数据网。列控地面系统及信号系统安全数据网的应用，使包括计算机联锁在内的高速铁路信号系统的基本架构相对于普速干线铁路产生了明显而重大的改变，详细内容可参见第八章。

第二节　计算机联锁的主要控制对象

铁路车站计算机联锁与电气集中联锁一样，也主要是通过动力式道岔转辙机、色灯信号机和轨道电路三大电气化基础设备，对列车和车列的运行进路进行控制的；道岔、信号和进路就是计算机联锁系统的主要直接控制对象。

典型的铁路车站计算机联锁系统，基本上都完全继承了 6502 继电联锁的轨旁设备及其控制方式;直至近年由于高速铁路的快速发展,才发生了比较明显的变化。此外,城市轨道交通领域的联锁系统,特别是移动闭塞制式下的计算机联锁系统也具有明显不同的控制特点。

一、动力式道岔转辙机的控制与表示

道岔转辙机是铁路信号最重要的基础设备之一,因为道岔的转换和锁闭与运行的列车或车列直接相关,直接影响行车安全。动力式道岔转辙机同时具有转换道岔、锁闭道岔和反映道岔表示三大关键功能,不仅在保证行车安全,而且在提高运输效率、有效改善劳动条件方面都起着至关重要的作用。图 2-3 为 6502 继电联锁系统四线制(室内控制电路与轨旁转辙机通过四条线相连接,如图中 X1、X2、X3、X4)单动道岔(转辙机)的控制电路。

转辙机必须在尖轨密贴基本轨时才能给出道岔的定、反位表示。其三种位置状态可用两个 AX 安全型继电器(图中的道岔表示继电器 DBJ 和 FBJ),以安全侧对应的方式来反映:当且仅当定位表示继电器 DBJ 的吸起接点(前接点)闭合时,可确认道岔处于定位位置;当且仅当反位表示继电器 FBJ 的前接点闭合时,可确认道岔处于反位位置;否则即认为道岔处于四开位置(由于有因断线等故障而失磁落下的情况,DBJ 和 FBJ 的前接点均未闭合并不能等同于道岔处于四开位置,但因无法区分而只能选择安全侧处理),禁止通行。

对道岔转换方向的控制同样必须遵循安全侧对应原则,进路操纵时是以两个分别控制的 AX 安全型继电器来实现:由定位操纵继电器 DCJ 吸起(前接点闭合)给出转向定位的控制条件,由反位操纵继电器 FCJ 吸起(前接点闭合)给出转向反位的控制条件,其失磁落下的安全侧对应于不对道岔进行进路操作的状态。如图 2-3 所示,道岔转换需要一启动继电器 1DQJ 吸起、且极性保持的二启动继电器 2DQJ(失电后能保持已有极性位置)转极至相应(定位或反位)位置;DCJ 和 FCJ 的前接点分别串接于 1DQJ 用于励磁吸起的 3-4 线圈和 2DQJ 对应的转极线圈电路中,在没有按压道岔单独操纵按钮的情况下(AJ 落下),只有 DCJ 或 FCJ 吸起时 1DQJ、2DQJ 的动作电路才能被接入 KF 电源。

锁闭道岔则是转辙机对道岔的机械锁闭,是当尖轨与基本轨密贴、转换过程结束后,为避免因列车通过时的振动等原因而使尖轨离开所进行的机械动作,与联锁系统中对道岔动作电路进行的锁闭并不相同。

除尚未规模推广的全电子计算机联锁系统外,目前使用的各型计算机联锁系统均基本原样保留了 6502 继电联锁系统的道岔控制电路,只是针对计算机联锁的锁闭及操作特点进行了适应性变更,也因此带来了以下几处差异。

(一)锁闭条件与允许操纵条件的差异

图 2-3 中串接于 1DQJ 励磁线圈左侧,常态吸起、道岔区段锁闭时落下的锁闭继电器 SJ 的前接点,在计算机联锁系统中被替换为常态落下的允许操纵继电器 YCJ(亦称锁闭防护 SFJ)的前接点,因为计算机联锁是以软件方式实现锁闭的,逻辑上在系统内部完全可以不再设置用于反映并实施锁闭的继电器。替换 SJ 为 YCJ 的目的,主要是为了与 DCJ 和 FCJ 共同保持对道岔驱动电路的双断防护措施;将两个独立控制的开关量条件分置于受控制对象两侧的电路结构,可以有效避免可能出现在任一侧的单混线(电)故障发生时造成错误动作(如继电器错误吸起),这是传统继电安全电路中典型的双断位置防护方法。由于锁闭已由软件实现,所以 YCJ 的动作时机可以控制得更加严格,只在驱动道岔时才吸起,停止驱动时即落下。

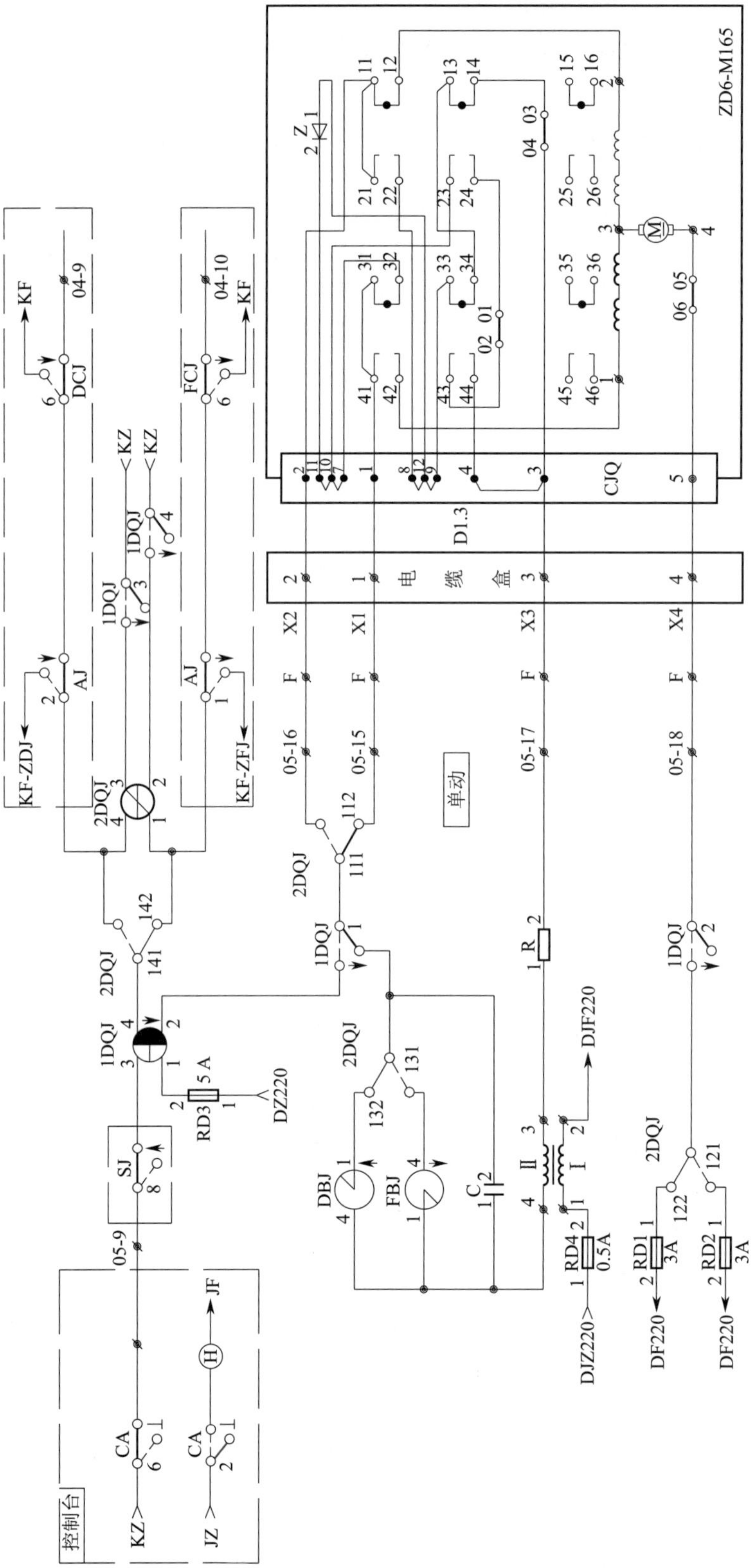

图 2-3 四线制单动道岔控制电路

（二）单独操纵的差异

对道岔的单操采用同时按压共用的总定操或总反操按钮和专用的道岔按钮（每组道岔设一个）的双按钮操纵方式，以防误碰单按钮即错误转换的可能。图 2-3 中在 DCJ 和 FCJ 第 6 组接点左侧串接的后接点，即为完全复示道岔按钮动作的道岔按钮继电器 AJ 的后接点。当按下道岔按钮后其对应的 AJ 吸起，AJ 的两组后接点同时断开 DCJ 和 FCJ 给 1DQJ 送电励磁的电路，使道岔的单独操纵优先于选排进路时的进路操纵。AJ 的两组前接点分别接通由总定位和总反位按钮接通的两个条件电源，若此时也按下了总定位或总反位两个按钮之一，则相应的条件电源有电向 1DQJ 的励磁线圈送出。

计算机联锁保留了类似的双按钮操作方式，但取消了按钮继电器及条件电源，无论单操道岔还是进路选排都通过相应软件对 DCJ 或 FCJ 和 YCJ 的控制来实现。因为与继电联锁比较庞大、配线众多的按钮、光带控制台相比，鼠标、显示器控制台的结构简洁，功能丰富、使用灵活得多。对于鼠标控制方式，仅为系统自身的操作逻辑而设置按钮继电器没有任何意义；但适用于简单操作的此类继电按钮逻辑电路，也具有计算机系统所没有的优势：由人工按压按钮就可以甩开需要经过复杂网络处理的进路操纵方式，在 DCJ、FCJ 及其网络控制电路因故障而失效时，道岔的单独操纵可不受影响，而计算机系统则无法做到这一点。事实上，早期的一些计算机联锁系统曾经设置有应急的按钮盘道岔控制台，以便在计算机系统失效时还能采用类似继电联锁单独操纵的方式单操道岔。但由于两者的电路机制完全不同，应急盘无法“借用”到由软件实现的锁闭检查条件，使用时完全需由人工保障行车安全；而且很少使用的应急盘其自身的可用性和安全性也很难有保障，反而可能成为安全隐患，因而不久就都被取消了。

本质上，6502 电气集中与计算机联锁在对轨旁设备的操纵方式上虽同为集中联锁类别，但在逻辑运算及功能实施方面继电联锁具有各控制单元相对独立，没有明显的“瓶颈”，虽很难甚至几乎无法采用备份冗余措施，但除电源系统故障外极少会出现全面瘫痪的故障情况；而计算机联锁的集中程度显然高得多，尤其是其核心的主逻辑处理部分，一旦发生问题几乎就会导致全站联锁控制瘫痪，因而比较适用于电子系统的多重系冗余，就成为计算机联锁系统普遍采用的技术措施。

（三）单独锁闭的差异

图 2-3 中 1DQJ 励磁电路最左侧串接的、位于控制台的非自复式按钮的作用是单独对道岔进行锁闭，该按钮拉出后就直接切断了 1DQJ 的励磁电路。与单操道岔相类似，计算机联锁也取消了这个按钮，改由联锁软件实现。但若仅从安全性的角度严格对比，以按钮接点的断开实现单锁的方式显然具有更好的物理独立性和功能独立性，即使 DCJ 或 FCJ 与 SJ 同时错误吸起，也可确保道岔不误动。

除各种类型的单动道岔外，普遍应用的还有控制电路较为复杂但原理相同的各类双动道岔。近年来随着铁路大提速、高速铁路的快速发展，需由多组转辙机协同牵引的大号码道岔普遍投入使用。多机牵引中每一组转辙机的控制与表示方式与单机牵引基本相同，但多组之间存在协同顺序动作、表示合一的逻辑关系，在驱动控制、故障处理与恢复等方面都对联锁系统提出了新的需求。

二、轨道电路的表示与发码

早期的轨道电路主要用于检测列车的位置。世界上第一个投入使用的轨道电路，是 1873

年在美国宾夕法尼亚铁路试用的直流闭路式轨道电路。轨道电路的使用，改变了需要由人工对列车和车列的位置进行确认，以办理进路或复位上一进路已经使用过的信号的操作方式，使铁路自动信号得以诞生。

闭路式轨道电路以两根钢轨为导线，在一端（送电端）向两侧的轨道送电，由于列车轮对具有分路作用，可通过连接到另一端（受电端）的继电器是否励磁来检测其间是否有车占用。这需要按照轨道电路区段的长度在两端的钢轨上装设绝缘以进行电气分割，并对有缝线路用接续线将其间的两侧钢轨各自连接为一体。绝缘分为机械绝缘和电气绝缘两种。电气绝缘利用其两端轨道电路的不同频率进行谐振隔离而无需对钢轨进行切割，称为无绝缘轨道电路，适用于区间轨道电路。

轨道电路有很多种类型，车站内通常使用有绝缘的各类轨道电路。图 2-4 为我国适用于非电气化区段的，非电码化交直流连续式轨道电路的原理。该电路采用交流供电，经变压器隔离后接入轨道送电端，以可调电阻匹配受环境影响较大的道床阻抗；轨道继电器 GJ 经变压器隔离后接至轨道受电端，当轨道无车空闲时 GJ 吸起，有车占用时 GJ 落下。这种经常处于闭路状态的轨道电路，符合“故障—安全”原则，电路的任何部分发生断线、短路以及电源断电等故障，都将导致 GJ 转为失磁落下的安全侧状态，此时对车站联锁、区间闭塞系统而言，该区段与有车占用是相同的；危险在于若 GJ 因故障或轨道分路不良而始终保持吸起，则会令联锁或闭塞完全失去对列车/车列位置的检查与防护依据。按照安全侧对应原则，当且仅当 GJ 的前接点闭合时表示轨道区段空闲，确认轨道区段空闲须使用 GJ 前接点的闭合条件；而在某些需要确认区段占用的情况下（譬如影响到进路分段解锁的三点检查中的占用条件），使用 GJ 后接点的闭合条件是更为合理的。

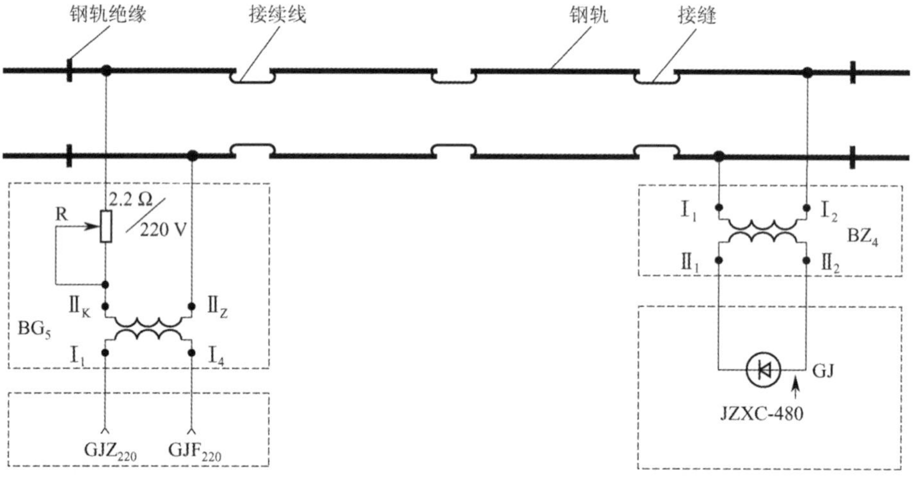

图 2-4　轨道电路原理示意

轨道电路的第二个作用是传递行车信息。除去占用/出清检查之外，区间轨道电路亦被用来将与前方地面信号显示相关的信息、前方区段的列车占用情况等相关信息，经编码和调制后通过钢轨传递给可进行连续显示、且不受视线条件影响的车载机车信号或列车超速防护（ATP）等列车运行控制系统。随着运行速度的提高，信号显示等级及相关显示信息的增加，经由轨道电路传输的编码信息含量也不断提高，由最初的 4 信息、8 信息，到了现在的 18 信息；国内外已有可进行更大数据量传输的数字轨道电路系统使用。站内轨道电路的工作条件比较复杂，长度短、数量多，通常没有信息编码和发送的功能，一般仅对正线列车进路区段和股道采用电码化技术，通过叠加或切换的方式进行发码；早期使用的计算机联锁系统，也有对这种叠加和切换进行控制的情况。

我国干线铁路现已普遍采用 ZPW-2000 系列轨道电路，CTCS-2 级的线路由车站列控中心控制轨道电路的编码和发码；而在 CTCS-3 级控制方式下，由于车地信息的连续交互并不通过轨道电路，而是通过 GSM-R 无线网络进行的，轨道电路的编、发码功能并未被 CTCS-3 级的控车方式所使用，仅作为一种降级备用。

三、色灯信号机的控制与表示

我国铁路普遍采用色灯信号机，现行的显示制式属于含有一定速度意义、并兼顾进路去向的简化速差制。按照所指示的对象划分，色灯信号机可划分为列车信号和调车信号两大类，分别用以对列车和调车作业进行控制。调车作业运行速度低，信号显示简单，一般只有开放（显示月白色允许调机进入信号机内方）和关闭（显示蓝色禁止调机进入信号机内方）两种显示状态；而列车运行速度高，信号显示速度等级多、且还要在不同的使用情况下兼顾进路去向及预告终端速度，信号机的形状和显示组合都相当复杂，其允许信号有多种不同的状态显示。

图 2-5 为调车信号机和列车进站信号机的点灯电路。

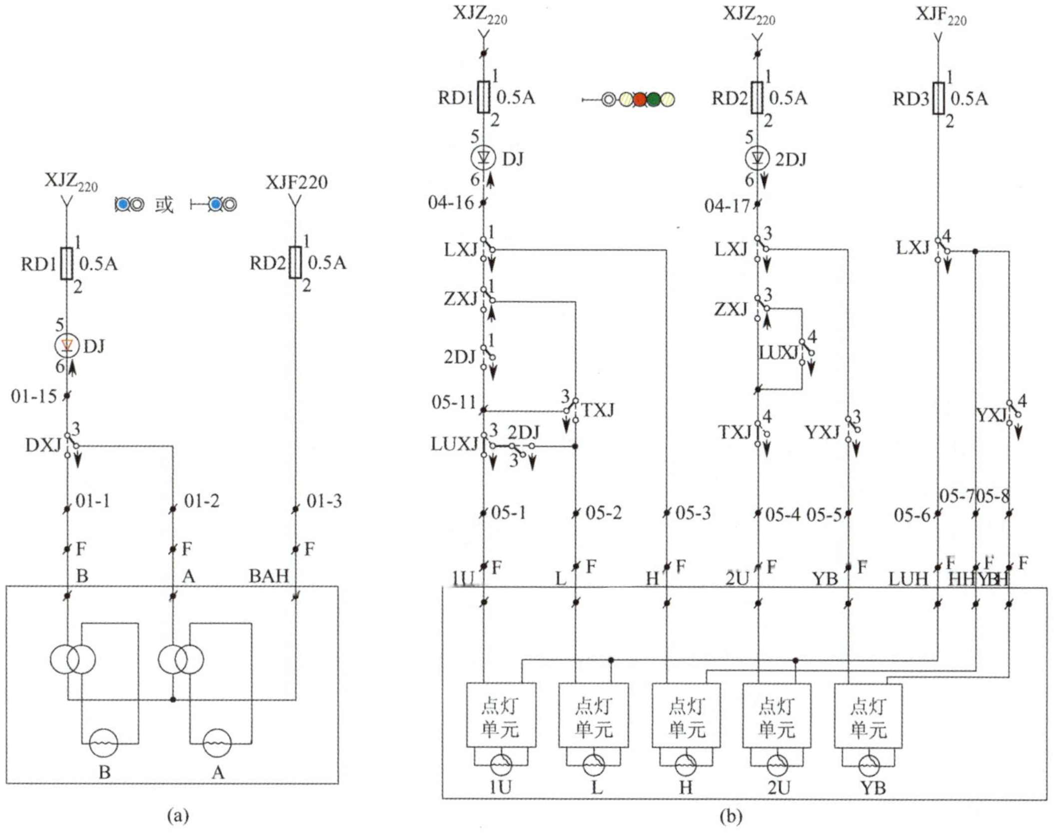

图 2-5　调车信号机和列车进站信号机点灯电路

信号的开放与关闭可用一个 AX 安全型继电器进行控制，图 2-5(a)中的调车信号继电器 DXJ、(b)中的列车信号继电器 LXJ。按照安全侧对应原则，由 LXJ、DXJ 的吸起(前接点闭合)给出对信号的开放控制，并以 LXJ、DXJ 的前接点闭合确认信号开放，后接点(落下接点)闭合确认信号关闭。

各种列车信号机一般可有红、绿、黄、白(引导)四种灯光颜色，且可同时点亮两个灯位的组合灯光信号指示列车运行。在决定信号开放与关闭的 LXJ 之外，还需有多个辅助继电器进行不同灯光的控制：图 2-5(b)中的五灯位进站信号机就还有正线继电器 ZXJ、通过继电器 TXJ、绿黄继电器 LUXJ 和引导继电器 YXJ 四个信号辅助继电器。与绿色、黄色等允许信号不同，在轨道继电器 GJ 或道岔表示继电器 DBJ、FBJ 因故障不能正常吸起的情况下用于开放白色进路引导或引导总锁闭信号的 YXJ 有些特殊，是在 LXJ 落下、信号关闭(红灯位 H 点亮)的状态下吸起，点亮引导白灯(红灯位 H 和引白灯位 YB 同时点亮)。这个点灯电路的安全及安全侧对应原则还包括，其中任何一个或多个信号辅助继电器因故障落下或不能吸起时不能出现导致信号显示升级的危险情况；如指示正线停车的黄灯信号(1 黄灯位 U 点亮)，绝不能因接触不良或断线等故障而升级为指示司机可按规定的最高速度通过车站的绿灯信号(绿灯位 L 点亮)。

与一般理解不同，铁路信号术语中信号关闭或关闭信号的含义是点亮禁止信号灯光，而非灭灯。对于以地面信号为行车主要凭证的普速线路，使信号机完全失去阻拦作用的灭灯状态(所有灯位都熄灭)同样也属于危险的错误显示状态，因而在点灯回路中串接有监督点灯电流的灯丝继电器 DJ；可同时点亮两个灯位的信号机还需要在第二点灯回路中也串接一个灯丝继电器 2DJ，因为当其中一个灭灯时也可能会造成信号升级的危险情况，如指示侧线接车的双黄(U、2U 灯位同时亮灯)信号不能因 2U 灭灯而错误显示为允许速度更高的正线接车单黄显示。当 DJ 的前接点闭合时可确认为点灯电路完好；当 DJ 的前接点在需要点灯时断开则为断丝报警(实际上除可能性最大的断丝外还有断线、接触不良以及灯丝继电器本身的故障等)，需要联锁根据具体情况进行与相关信号辅助继电器落下的安全侧相对应的信号显示降级处理或直接关闭信号点亮禁止灯光；并禁止进站和正线出发列车信号机在红灯断丝的情况下开放允许灯光。此外，所有列车信号机都采用主、副双灯丝结构的灯泡，具有主丝断丝转换功能(由点灯单元实现)。

目前我国铁路上规模使用的各型计算机联锁系统，均原样保留了 6502 继电联锁系统的信号点灯电路，基本未作修改；直接以采集、驱动电路替换 6502 的继电(网络)组合单元，对点灯电路中的各个信号及信号辅助继电器、灯丝继电器进行状态采集和驱动控制。

近年我国铁路运行速度的持续提升给地面信号及其显示体系带来了明显的改变。高速铁路的车载超速防护 ATP 系统，均以目标距离模式曲线的方式监控列车安全运行。由于在高速运行时地面的信号显示已经失去了对司机的指示作用，CTCS-3 区段和部分 CTCS-2 区段未设置区间通过信号机，车站列车信号机增加了点灯和灭灯的转换控制等功能，详细内容可参见第八章。

四、进路的控制

进路是车站联锁系统的主要控制对象，进路控制是车站联锁系统对道岔、信号和轨道区段进行联锁控制的主要方式。

（一）进路的基本构成

进路是由相关道岔和轨道区段等组成，有信号指示和防护的特定经路。某一经路主要由该经路上道岔的位置所确定；某一站场中的经路数量，主要由具有列车和车列通行关系的若干道岔位置的组合所决定，这些道岔的不同位置可以组合出不同的经路，规模较大站场中的这类组合数量通常是相当多的（构不成经路的组合也不少）。除了方向不同的因素外，因防护经路的信号机的性质不同，同一条经路也可构成不同的进路。我国铁路的特点之一是大规模站场的数量很多，其中许多站场的进路数量可达数百条甚至更多，致使大站联锁系统具有很高的复杂度。

按照受控车体的构成方式和运行方式的不同，进路一般分为列车进路和调车进路两大类。列车由本务机车牵引，按照列车信号指示的列车进路沿整条线路运行；车列由调车机车（有时由本务机车代用）牵引或推送，按照调车信号指示的调车进路在站内或某个固定区域内往返运行。列车进路与调车进路除了上一节述及的信号显示不同外，信号关闭时机与自动解锁方式的不同也是两者的主要区别。列车信号在进路被占用后立即（稍有缓放延时）关闭，而调车信号由于有调车机车在后推送的情况，需在车列完全压入进路后才关闭；调车进路为方便车列往返运行而具有的折返解锁方式，则是列车进路所没有的。

图 2-6 由站场的信号平面布置图简化而来，其示例的站场包含了多种常见的列车进路、调车进路。信号平面布置图、信号显示关系图和进路联锁表（简称两图一表），是全面表述某一站场进路构成及其联锁关系等内容的最重要的设计文件。“两图一表”源自继电联锁，但至今也仍然是计算机联锁系统进行站场联锁设计实现最重要的基本依据。

1. 构成进路的各种区段

轨道电路的出现，使轨道电路区段成为进路的主要基本构成单位，进路在地理上是由其始端开始向终端依次排列的若干段轨道电路区段衔接而成的，或者说进路被其上的轨道电路划分成了若干段。譬如图 2-6 中的由反向进站信号 S_N 至Ⅲ股道ⅢG 的反向接车进路，是由 S_NWG、4DG、4/10WG、10-16DG、12-14DG、18DG 和ⅢG 共 7 个区段组成的。区段中包含有道岔的称为道岔区段。一个道岔区段可有多组道岔，但通常不超过 3 组，图 2-6 中的 10-16DG 就是包含了 10/12 和 14/16 两组双动道岔的道岔区段。无岔区段是咽喉中部两端有调车信号防护的无岔轨道区段，如图 2-6 中的 2/8WG 区段。股道则是站场中间用于列车停留的长大轨道区段，股道中间也会有道岔区段的情况，称为股道中间出岔，如图 2-6 中 5 股道中间的道岔 21 所在的道岔区段 21DG，其联锁关系不同于咽喉的道岔区段，需要特殊处理。尽头线通常是只有一端能够出入车列的区段（通向非联锁区如专用线的区段也视为尽头线）；较长的尽头线常作为调车的牵出线使用，起隔离正线的安全防护作用的安全线通常都是尽头线；如图 2-6 中道岔 6 定位开向的安全线和调车信号 D_7 处的牵出线。

按照轨道电路区段分了段的进路，能够确定列车和车列所在的大致位置及其移动过程，使联锁系统能够据此更加准确地对进路进行控制，尤其是进路的解锁控制；这使进路的分段解锁得以实现，道岔区段可在确认列车或车列通过后即行解锁以排列下一进路，可大幅度提高站场的作业效率。

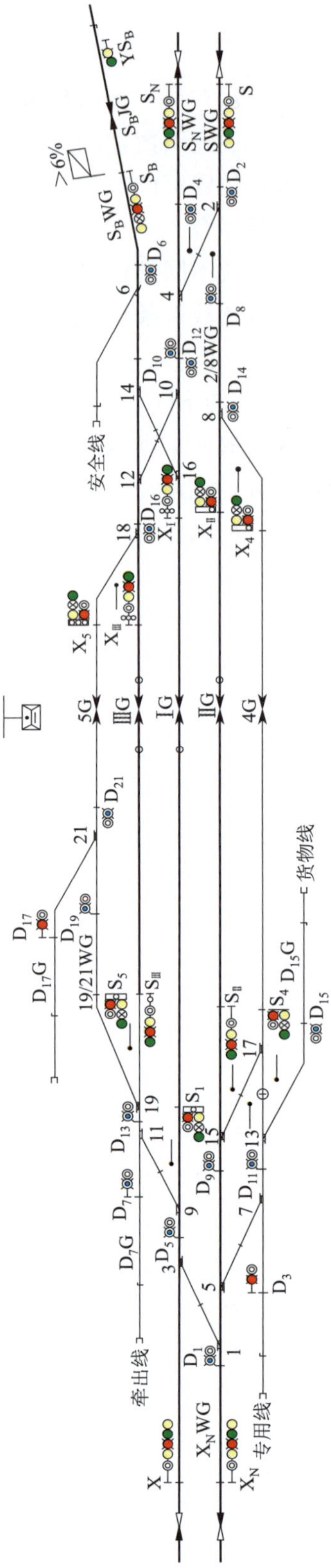

图 2-6　车站信号平面图示例

2. 接近区段和离去区段

接近区段和离去区段虽不在进路之内，但也是进路重要的相关部分。接近区段与进路的解锁密切相关，离去区段则除解锁外还与出发信号的开放和显示有关。接近区段的长度主要与列车或车列的制动距离有关，应不小于按最高允许速度运行的列车或车列的最大制动距离，以保证在办理取消进路时尚未驶入接近区段的列车或车列能够在办理取消后才关闭的信号机前停住。

由于运行速度很低，调车进路的接近区段一般就是其始端信号外方的第一个相邻区段（长度不小于 25 m），如图 2-6 中始端为 D_8 的进路，其接近区段是无岔区段 2/8WG。

列车进路接近区段的情况比较复杂。进站信号的接近区段是区间的轨道电路区段，以前普速铁路（120 km/h 以下）的进站接近区段长度一般在 1 000 m 以上（大于列车的 800 m 紧急制动距离）；提速铁路和高速铁路线路的接近区段相应增加，长度可达数公里，需由多个区间闭塞分区构成，对这些闭塞分区按照由远及近的顺序分别称之为 1 接近、2 接近、3 接近等等；在出站口离去方向的离去区段则相反，按照由近及远的顺序分别称之为 1 离去、2 离去、3 离去等等。侧线发车进路的接近区段通常就是股道。而有通过列车高速通过的正线股道的出发信号机，其接近区段长度取决于是否排列了对应的正线接车进路：未排列接车进路时其接近区段就是正线股道；而当排列了正线接车进路从而构成通过进路时，其接近区段的长度就与进站信号遵循同样的设计原则，即进站信号机的接近区段包含了几个区间闭塞分区，正线出发信号机的接近区段也由同样数目的闭塞分区构成，只是要将接车进路也作为一个闭塞分区来处理，也就是此时正线发车进路的接近区段要比接车进路的前移一个闭塞分区。

3. 超限绝缘区段

超限绝缘区段是由超限绝缘造成的，不在进路上，但在排列进路和开放信号时必须检查其占用状态的区段。超限绝缘一般是因受站场条件限制，轨道电路在划分时其绝缘节的位置进入了警冲标内方所形成的。如图 2-6 中 13 号道岔和 17 号道岔之间的绝缘节。由于距离过近，当 13 号道岔不在反位时，经道岔 15/17 反位的进路必须检查道岔区段 13DG 的占用状态，否则有侧面冲突的可能。对称的，当道岔 15/17 不在反位时，经 13 号道岔反位的进路也要检查 17DG 的占用状态。

4. 进路的始端与终端

计算机联锁完全保留了 6502 继电联锁双按钮操作的进路办理方式，以同样的始、终端按钮操作，同样的始、终端按钮定义进行进路的办理操作。

进路的始端就是能够对其起阻拦防护作用的信号机；始端亦是进路解锁的起点，接近锁闭等重要条件的判定要在始端进行并记录。

完整的进路实际是从始端信号机开始，到下一架能够起阻拦作用的（同向、同类）信号机或是尽头线为止的；但在办理时，进路的终端在很多情况下与其下一个阻拦信号并不是同一架信号机（而往往是与阻拦信号相邻的反向信号机）。终端在进出站口/在股道（或无岔区段）的进路，通常是以该处的同类反向信号机为终端的，此时其下一架阻拦信号是区间的通过信号机/是股道（或无岔区段）另一端的同类同向信号机。如图 2-6 中始端为 S_{II}，终端为 X_N 的上行正线发车进路，其下一架阻拦信号是区间的通过信号机，发车进路实际延伸到了离去区段（开放信号要检查离去区段）；而图 2-6 中始端为 X，终端为 S_5 的侧线接车进路，其下一架阻拦信号是 5 股道另一端的侧线出发信号机 X_5，接车进路实际上越过了终端信号 S_5，还包括

19/21WG、中岔区段21DG和5G这三部分而一直到阻拦信号X_5为止。而终端在咽喉中间（非无岔区）的进路，则其终端与阻拦信号或者是同一架信号机，或者是与其相邻的反向信号机。如图2-6中始端是S_B进站口内的调车信号D_6，终端是单置调车信号D_{16}的调车进路；始端是正线股道调车信号X_ID，终端是并置调车信号D_{12}的调车进路。

进路对迎面的敌对信号、敌对进路的锁闭，主要是在终端完成的，进路实际上的终端是在紧邻下一架阻拦信号机的位置上，这一点在咽喉中间的非无岔区信号，特别是在中间出岔的股道上表现明显。终端解锁是进路完全解锁的标志，即使可能还有因区段故障而未能解锁的部分进路存在；因为终端一旦解锁，对迎面敌对的锁闭也随之解除了。

总体上，铁路车站主要是通过办理进路的方式对列车进行接、发作业控制，对调车车列进行取送、摘挂等作业控制。计算机联锁系统需要在确保联锁关系正确的前提下，接受并执行车站值班员通过控制台下达的列车作业、调车作业命令；依据轨道电路确定列车和车列的位置，通过对道岔转辙机、信号机的控制建立进路、锁闭并保持进路直至解锁进路。而进路中的道岔转辙机、信号机和轨道电路都是计算机联锁系统直接控制的轨旁设备对象，目前主流的计算机联锁系统，都是通过上述使用安全型继电器并遵循安全侧对应原则，对其进行状态采集和驱动控制的。

（二）进路的主要处理过程

与道岔这类物理上实体存在、可直接单独受控（单独操纵）的设备有所不同，进路是由道岔、信号及轨道电路区段等多个相关设备严格遵循联锁逻辑，按照操作意图动作建立、依据车体运行或操作意图自动或人工解除的动态过程控制对象。

进路的存在过程可大致划分为建立、保持与解除三个阶段。由值班员的按钮操作（或CTC的选路命令）开始，经相关道岔的转换到锁闭为止，是进路的建立阶段；从锁闭完成、信号开放，到车体压入、信号关闭为止是进路的保持阶段；随着压入车体的出清，进路分段（或一次性）解锁直至全部解锁为止，是进路的自动解除阶段；在人工办理总取消或总人解后关闭并确认信号关闭，检查进路空闲等解锁条件符合，检查是否已接近锁闭后进行或延时进行一次性解锁，是进路的人工解除阶段。

1. 进路的建立阶段

选路、排路和锁闭是进路建立阶段的三个基本过程。

（1）选路过程

由于车站联锁系统的进路办理操作采用基本进路按压始、终端双按钮，变更进路需再加按变更按钮的操作方式，选路就是依据按钮命令序列在具有相同始、终端但经路不同的多条进路中选择出基本进路或变更进路，逐项进行选路条件的检查并做出标记；确定经路、检查经路上的选路条件是否具备、在系统内部对经路做出（选路）标记是进路选路过程的主要内容。

选路的关键首先在于相关道岔位置的确定。计算机联锁系统由软件实现的选路功能，一般采用依据站场网络拓扑结构及进路配置数据进行搜索、或按照依设计要求制作的进路表数据查找的两种确定进路经路的实现方式。前者仿照了6502继电联锁系统的选路方式，其站场图形网络化的数据结构具有进路相关数据共用性强和天然“路路通”的特点；后者采用计算机最基本、最简单的查表处理方式可简化选路程序，具有进路与进路数据表项唯一对应的特点。

进路是动态存在的过程控制对象，其存在与否、范围界限、各阶段的状态等都依赖于联锁系统内部设置的各种相应状态标记；进路的始、终端标记，相关道岔规定位置的标记，显然是在选路过程中界定进路所需确立的基本标记。因除平面溜放等特殊运用情况外，各种进路均从选路过程开始就需要排斥其他抵触或重叠进路的同时存在，故此类标记也都具有排他性，在选路条件不成立时需要予以清除（或复原）。与6502继电联锁在选路不成功时需人工取消（单独按压总取消或总人解按钮即可）不同，计算机联锁在选路条件检查不通过时大都自动取消此次选路操作，并以文字的方式提示出具体原因。此外，计算机联锁也普遍在选路开始后、进路锁闭前以某种区别于已锁闭进路的方式（如蓝光带等）显示出在排进路的经路，以便于操作人员观察、确认。

（2）排路过程

排路主要是对实际位置与在选路过程中标记的进路要求位置不同的道岔进行转换的过程。如果全部道岔的实际位置都与进路的要求位置一致，排路过程就会像选路过程一样短暂，可以直接转入锁闭过程，否则就需要驱动定/反位操纵DCJ/FCJ和允许操纵YCJ等接口继电器持续对道岔转辙机进行定位或反位控制，并在控制过程中持续检查轨道空闲等相关的联锁条件。排路过程的持续时间通常取决于道岔的转换时间。当有多组道岔需要转换时，要求依次“错峰”启动，避免相关的电源系统因瞬间启动电流较大而过载。如果有某组道岔因故无法启动或超时未能转换到位，值班员一般会以办理道岔单独操纵的方式人工介入。

除了进路经路上列车/车列将要行经的道岔，经路之外的某些道岔也需在选路、排路时一并处理，防护道岔和带动道岔是比较常见的情况。图2-6中的6号道岔就是防护道岔。由于S_B的接车方向存在超过6‰的下坡道，为了预防列车冲入，将6号道岔的定位开向安全线；在办理经双动道岔10/12反位的进路时，要求将6号道岔自动防护至定位并锁闭，以实现安全隔离。由于涉及行车安全，因而对防护道岔的联锁条件检查及处理要求，与进路经路上的道岔是相同的。带动道岔的情况与防护道岔类似，只是带动道岔不是出于安全的考虑，而是为了提高效率。通常当一个区段内有多个道岔时，若存在某个道岔（一般是双动道岔）不在经过该区段其他道岔的进路上，且其另一组道岔还可办理平行进路，通常要求将该道岔自动带动到能够办理平行进路的位置，以免因该区段在进路锁闭后无法再办理平行进路。如图2-6中的双动道岔5/7，在排列经过双动道岔1/3反位的进路时，应将道岔5/7带动到定位，以免1-5DG进路锁闭后无法办理经7号道岔定位的平行进路。由于不影响安全，对带动道岔“只带不查”，即带动之后并不需要对其位置进行检查确认。

当在排路时因为联锁条件不符，或值班员办理了单操道岔（当道岔无法转换到位时通常需要进行单独操作），或因故直接办理取消进路操作后，排路过程即被终止，此时需清除在选路、排路时所做的排他性标记，否则可能影响此后的选路无法办理，虽然进路未曾锁闭过。

（3）锁闭过程

当道岔位置等所有相关的进路建立条件都被满足后，进路即转入锁闭状态；锁闭过程一般是一次性完成的。在车站联锁系统所具有的多种锁闭方式中，进路的锁闭（与解锁）最为复杂，所涉及的范围往往也超出进路本身：除进路上的道岔、信号和区段外，还必须把相关的防护道岔、特别是敌对信号和敌对进路都锁在不能开放和不能办理的状态（主要是对迎面敌对的信号和进路的锁闭防护；而对与所选进路有交叉、重叠等抵触情况的敌对进路，通过进路自身的锁闭就可实现敌对防护）。与6502继电联锁主要通过设置在区段组合中的两个进路继电器进行进路锁闭的方式不同，计算机联锁系统可以在区段、道岔、信号等各类程序模块中都设置表示进路锁闭的状态变量，这完全取决于联锁软件的设计。

进路锁闭有“预先锁闭”和“接近锁闭”两种状态。进路锁闭时首先处于预先锁闭状态，在信号开放条件满足后若接近区段占用即转为接近锁闭状态。两者的主要区别是：处于预先锁闭状态的进路可以通过办理“取消进路”的方式，在检查并确认信号关闭、进路空闲后即可不限时解锁；而处于接近锁闭状态的进路则必须通过办理“人工解锁”的方式，启动解锁延时并持续检查解锁条件，只在解锁条件始终满足且延时到时后才能解锁进路，因若在信号关闭后就马上解锁进路，高速接近的列车可能会因刹车不及而越过禁止信号闯入已经解锁的进路，也属于迎面解锁。

2. 进路的保持阶段

正常情况下，进路在建立之后其状态就与列车/车列的运行情况密切相关了。按照列车/车列是否已正常压入，进路的保持阶段可大致划分为开放信号和关闭信号两个基本过程。

(1)开放信号过程

进路锁闭后即转入开放信号状态，直至列车/车列压入或出现故障或被人工解除。开放信号过程往往是进路各个过程之中持续时间最长的，因为值班员在情况允许时总是会提前办理好进路，以便在故障或异常情况下能够及时发现与处理。

与其他过程类似，开放信号过程始终要实时、持续地检查相关的联锁条件。除信号灯丝条件外，一般接车及站内调车等进路检查的联锁条件与选路、排路、锁闭过程所检查的条件及形成的结果(区段空闲、敌对进路、道岔位置、进路锁闭等)是基本相同的，在无故障或异常变化的情况下，通常在锁闭过程之后即可驱动信号继电器 LXJ/DXJ 吸起，开放允许信号；而发车、下坡道接车、场间等与区间闭塞、延续进路、站/场间联系电路条件相关的进路，当那些在进路建立阶段并不予检查(为便于在没有对方条件时可提前办理、检查及试验本方进路)、且与其他系统或对方站/场的操作办理相关的条件(如闭塞开通等)不满足时，持续等待开放时机也是正常的。当开放允许信号时进路的接近区段已占用或在开放信号后被占用，进路由预先锁闭状态转为接近锁闭状态，不能再以办理取消进路的方式解锁进路。

下坡道接车是比较常见的一种特殊接车作业方式。如图 2-6 所示，当办理进站方向坡度大于 6‰下坡道上的进站信号 S_B 至股道的接车进路时，只有在办理了对应股道至发车口(当发车进路已存在时则单办接车即可)或规定的其他线路(如 D_7 处的牵出线)的延续进路，并在延续进路锁闭后才能开放进站信号机，以防护列车因制动不住而冲出股道造成行车事故。此外，长调车进路的信号开放需要按照待其上所有基本调车进路全部锁闭后再由远及近的原则进行开放控制，在远端的调车信号未开放时禁止开放近端的调车信号，以避免在近端信号开放后而远端进路尚在排路过程中(包括因道岔故障而排不出来)的情况下，可能会导致车列启动后再刹停的不利情况，甚至还可能因司机注意力不集中及误认信号冲入尚未锁闭的进路而造成挤岔甚至脱线的危险情况出现。

与一般调车信号机只有蓝色(关闭)、月白色(开放)两个灯位，调车进路信号开放只有月白灯光一种显示不同，进、出站列车信号机都有由相应显示制式严格规定的多个灯位、表示不同速度含义及相关信息的多种灯光及灯光组合显示。依据相关的联锁条件控制列车信号开放何种允许信号显示也是开放信号过程的关键所在，尤其是在进站信号机、各类进路信号机及出发信号机间具有多级关联信号显示的大型复杂枢纽等站场，信号显示关系复杂，因信号设计错误、联锁逻辑实现错误等造成的信号错误升级事故，在继电联锁时代曾有过一些惨痛案例。

除去个别允许信号降级显示的故障情况外，无论进路的允许信号是否已经开放，当开放信号过程需要检查的任何相关联锁条件被破坏时（如进路内的区段未按正常的压入顺序占用、道岔失去表示等），进路均转为故障状态并予以保持，关闭已开放的信号；且在相关联锁条件恢复后，未经人工办理重复开放信号操作前不能自动重复开放任何允许信号。

(2)关闭信号过程

处于开放信号状态（过程）的进路，当列车或车列顺次占用接近区段和进路内方第一区段后转为关闭信号过程。对于计算机联锁而言，判断并记录进路这个“自始端被正常占用”的过程很重要，因为从联锁系统的角度判断，这基本上就意味着、或者说只能认为是列车或车列已经驶入了进路；而车辆是否驶入进路不但是进路正常解锁的第一点检查条件，也是在进路内轨道区段故障时联锁逻辑判断能否进行故障解锁的关键重要依据之一。在转入关闭信号过程后，联锁系统需及时关闭列车信号，并持续对进路内各区段的占用、出清顺序进行检查；若占用、出清顺序有误（排除车辆正常运行时也可能出现的头、尾部“跳动”之后），进路转为故障状态并予以保持。

与列车进路在列车驶入始端信号内方第一区段（跨压信号机内外区段）即延时关闭（约1.5～2 s，原考虑蒸汽机车司机室位置靠后的因素）不同，调车时因有调车机车在后推送的作业情况，调车信号在车列跨压时仍需保留开放状态，其正常关闭的时机是在车列完全驶入其内方，即其接近区段出清时；或是当接近区段留有车辆时（调车时可在股道、咽喉中无岔区段留有车辆）延迟至在其内方第一区段出清时关闭。调车进路关闭信号过程处理与列车的另一个主要不同是对折返作业的处理，此时（牵出）信号是在车列原路反向退出信号内方第一区段后才关闭。

在运行正常的情况下，可认为关闭信号过程持续到进路开始解锁为止。实际上，无论是对列车进路还是调车进路（包括折返），对列车和车列的占用、出清顺序的检查与记录是判断进路能否正常解锁的必要条件，因而关闭信号过程同时也是进路正常解锁过程的开始。

3. 进路的解除阶段

取消进路和人工解锁都是用人工方式解除进路（包括锁闭的进路和未锁闭的进路），此外需由人工进行的还有区段故障解锁，主要在系统上电、进路或进路的某一部分因轨道电路故障等原因而未能解锁的情况下使用。区段故障解锁是等级最高、也是安全风险最高的人工解锁手段，在6502继电联锁中是唯一要求两人同时进行的操作方式；计算机联锁则均未采用需两人同时操作的方式。

在正常情况下，锁闭的进路是随着列车或车列的运行，实际上是随着轨道区段的顺序占用和依次出清而逐段解锁的，此即“正常解锁”。对于非进路内方第一区段，其正常解锁一般要求符合严格的“三点检查”条件。三点检查可分解为对前一区段与本区段和对本区段与下一区段的两部分检查。前一部分检查其严格的逻辑顺序应是：①前一区段占用；②本区段占用（两区段被跨压）；③前一区段出清；④前一区段解锁、本区段出清（这两者先后不定，取决于车的运行速度和区段长度）。第二部分检查的逻辑顺序应是：①本区段占用；②下一区段占用（两区段被跨压）；③本区段出清。当这两部分条件都满足时，即可认为列车或车列已经顺序驶过本区段，且前一区段已经解锁，本区段可以正常解锁了。但实际上由于存在轨道电路瞬间分路不良、跳动、各轨道电路之间存在反应差异（尤其是在两种不同类型的轨道电路交界处，如站内和区间），以及联锁计算机对轨道占用出清的采集和传输差异（特别是采用延时显著大于直接采集接点状态的串行通信方式传输，甚至是由外部设备或系统以串行通信方式传输）等情况，尤其是在单机快速通过短区段时，跨压的条件往往不能满足，需要作放宽处理；还有 3 s 解锁延时的尾部跳动防护需要综合处理。此外，对在股道内留有车辆时发车等无法作三点检查的情况，只能使用两点检查。

调车折返解锁，是另一种随车列的正常运行而解锁的情况。取、送、摘、挂是站内调车的主要作业形式，当连续对多个股道特别是邻近的多个股道进行上述作业时，就会出现明显的折返作业情况：先排列由某股道的牵出进路，当车列运行至可以就近驶向另一股道的道岔处后，再排列向另一股道折回的折返进路。这种作业对于牵出进路而言，车列是先驶入后退出，需要进行折返解锁。牵出进路的折返解锁有两种情况，一种是进路完整没有解锁，另一种是进路已经部分解锁了。如图 2-6 中由ⅢG 牵出长列转至 5G 的折返调车作业：因车列较长，牵出进路为由ⅢG 至 S_NWG 的 $X_Ⅲ$D 至 D_{12}、D_{10} 至 D_4 的两条基本调车进路组成，当车列尾部牵出至 12-14DG区段后，利用 D_{14}办理向 5G 的折返进路；D_{14}开放后车列折返，顺序退出已经压入的牵出进路。此时 D_{10} 至 D_4 的牵出进路是完整的，在确认车列全部退出进路，且其接近区段 10-16DG出清时（因 D_{12}不是折返信号，需再确认接近区段）全进路一次性（折返）解锁；而 $X_Ⅲ$D 至 D_{12}牵出进路的 18DG 已经解锁，在确认折返信号 D_{14}开放、车列驶入其内方，且全部退出本进路未解锁区段后，所余的部分进路一次性（折返）解锁。

综上所述，联锁系统的主要控制对象是道岔、信号和进路；选路、排路、锁闭，开放信号、关闭信号、解锁进路是车站联锁进路控制的六大关键过程；控制的核心是锁闭与解锁控制。锁闭与解锁是车站联锁系统最核心的联锁处理逻辑，尤其解锁是安全风险最高的处理逻辑，任何漏锁闭和错误的解锁，特别是对列车运行前方进路的“迎面解锁”是极其危险的，这将使列车处于其运行前方的道岔随时可以扳动、敌对进路可以排列的险境。计算机联锁技术条件中明确规定，任何操作均不可使列车和车列已驶入的进路发生迎面解锁。

五、锁闭与解锁

车站联锁系统的锁闭方式和概念有多种，分述如下。

（一）进路的锁闭与解锁

进路的锁闭及解锁已在进路的主要处理过程中做了概述。包括区段故障解锁在内的进路锁闭与解锁，是车站联锁系统多种锁闭、解锁方式中最为关键与复杂的，也是计算机联锁系统联锁软件最为核心的部分，详细内容可参见第七章。

（二）区段锁闭

区段锁闭及其解锁，完全取决于其轨道继电器的吸起/落下状态。道岔区段的区段锁闭对道岔和进路都起作用，当区段占用时禁止办理相关的列、调车进路，并禁止操作道岔。

计算机联锁系统由软件实现区段占用对道岔的锁闭功能和禁止选排进路的功能。由于在道岔启动电路中同样串接了对应轨道继电器的前接点，且国内主流计算机联锁系统基本都保留了 6502 的道岔控制电路，故实际上对道岔实现了软、硬件的双重区段锁闭。

（三）道岔单独锁闭

道岔单独锁闭及其解锁，对联锁系统而言是由值班员对某一道岔独立进行的无条件操作。6502 是直接在道岔的启动电路中串接了进行该操作的按钮的非自复接点，使被锁闭的道岔无法以任何方式扳动；计算机联锁则均未设置此类按钮，完全以软件通过对道岔输出驱动的控制来实现。

（四）上电锁闭

因联锁系统在上电启动或联锁机在复位重启时就会“丢失”之前存在的所有进路，故启动后必须先处于全场锁闭的状态，以避免因已存在的进路被丢失而造成迎面解锁的可能。

在6502继电联锁中，在设计上是通过将进路继电器等相关继电器的上电状态稳定保持在落下位置实现上电锁闭的，相当于一种没有进路的进路锁闭；如此考虑是因进路锁闭的覆盖范围最为全面，可将敌对照查、区间闭塞等锁闭一并包括在内。计算机联锁系统的上电锁闭完全由软件实现，且基本上都参照了6502的方式；与之不同的是在人工逐个办理区段故障解锁的方式之外，大都还增加了“上电解锁”的专用操作命令，该命令在值班员确认下达后，由操作机自动按顺序逐个向联锁机下发区段故障解锁命令，不再需要值班员逐个进行操作。

（五）引导总锁闭

引导总锁闭主要在因道岔失去表示而无法办理进路的情况下，用于以引导总锁闭的方式开放引导信号。引导总锁闭一般按站场的咽喉分区域进行，对且只对相关区域内的全部道岔进行锁闭，使用时严格要求由车站人员进行相关情况的确认；现在许多铁路局实际上都已基本禁止引导总锁闭的使用。

计算机联锁系统的引导总锁闭功能，也是完全由软件实现的。

上述五种锁闭方式中的前三种，进路锁闭、区段锁闭和道岔单独锁闭是最常见的锁闭方式，俗称“三把锁”，是车站联锁中非常重要的概念。五种锁闭均与道岔有关，显然道岔是锁闭的重点对象。

第三节　计算机联锁系统的基本功能架构

电子控制系统的结构，通常在很大程度上取决于其所要实现的功能以及实现功能的方式。从功能的角度考虑系统的结构并对其进行分析，通常是设计或了解此类系统的起点。对系统的整体功能进行划分和初步设计所形成的系统框架结构，可称之为系统的“功能架构”，这种架构可以说是复杂电子系统不同层面多层次的结构组成中最基本的主要结构。

计算机联锁系统的功能架构，是随着其功能的扩展和细分而发展、完善的。在早期的系统特别是国产的计算机联锁系统中，有不少都结构简单。我国第一个自主研发并正式运营的微机联锁系统，就是一个纯单机的简单结构系统，简单到除去接口电路外，几乎所有的功能都完全是由一台功能远逊于现在的工业控制微机（在当时已是引进系统中比较高端的机型），以在今天很可能会令人感到惊讶的方式完成的。例如，其图形化的按钮控制盘面只有计算机键盘大小，实际上就是用普通键盘改制的；其图像显示基本是字符方式的，譬如信号机就是使用小于号“＜”和大于号“＞”来表示上行和下行信号，并仅靠其颜色是绿色还是白色来区分列车和调车信号，这在今天显然都是无法接受的操作显示方式。

现在的计算机联锁系统均采用分布式处理架构，具有功能层次明确的分层架构，有利于根据系统不同部分的不同要求和不同特点采用不同的技术手段，使系统各方面的功能、性能更加完善，成本更为合理。更为重要的，从功能分离的角度，将安全相关功能和非安全相关功能分离开；从物理分离的角度，将安全相关系统与非安全相关系统分离开，是功能安全的一个基本技术原则。

功能架构还直接取决于系统整体功能的定位，从这一角度计算机联锁系统大致有以下类型：典型计算机联锁，全电子计算机联锁，区域集中联锁，一体化计算机联锁。

一、典型计算机联锁

典型结构的计算机联锁系统，是指具有一般通用标准层次结构、采用继电方式与轨旁设备接口，并完整保留了道岔驱动、信号点灯等由继电逻辑实现的轨旁设备驱动电路的计算机联锁系统。称之为典型，是因此类联锁系统的适用范围最广，其架构是国内外计算机联锁系统采用得最为普遍的架构。图 2-7 所示为目前国内典型计算机联锁系统架构的一个示例。

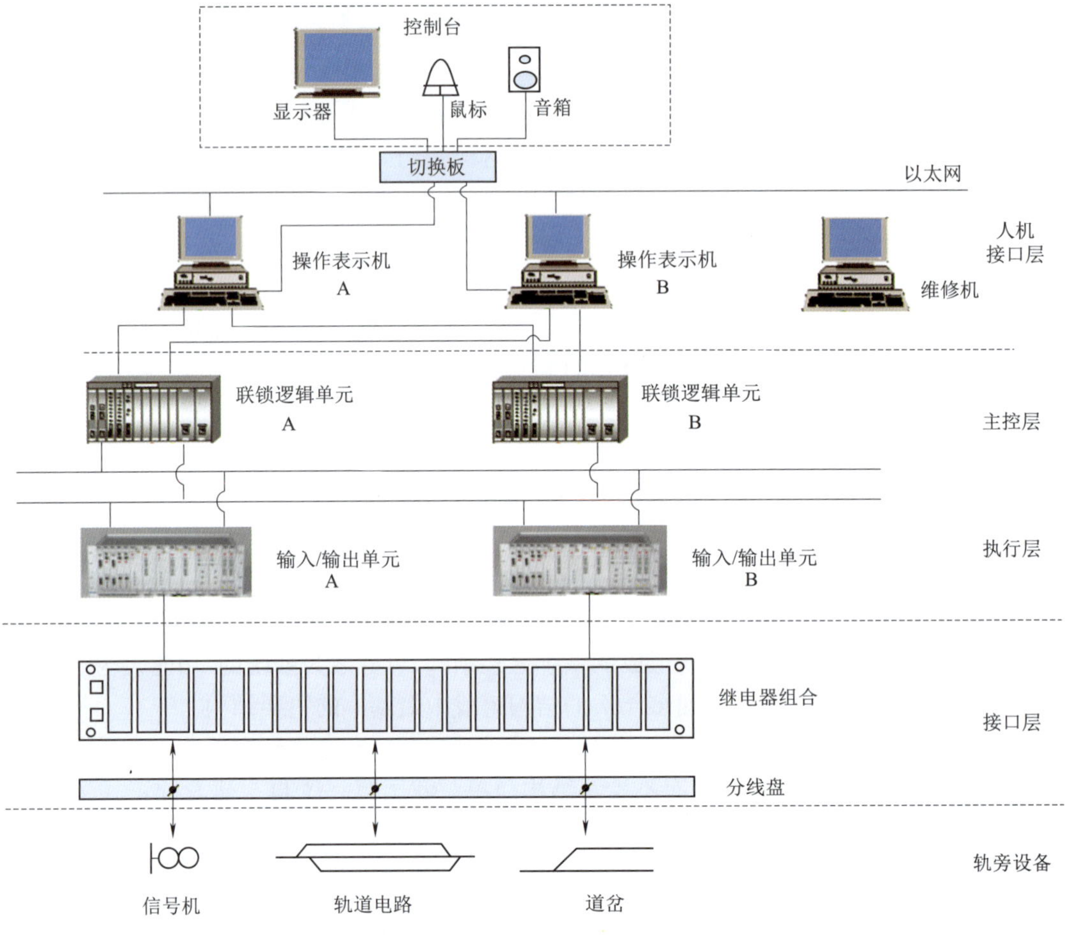

图 2-7　典型计算机联锁系统架构示例

该架构具有明显的功能层次结构；按照由人到现场设备的顺序，共可划分为人机接口（交互）、（联锁）主控、（联锁）执行和与轨旁设备接口四个层次。在这四个层次中，通常包含有操作显示系统、记录查询系统、联锁机系统和执表机系统四个功能子系统。其各层次的一般构成和主要功能如下。

（一）人机交互层

人机交互层通常由操作显示系统和记录查询系统两部分组成，分别为车务人员和电务人员提供设备操作监控和分析维护两类不同的功能界面。

操作显示系统由操作表示机（也称监控机、控显机、上位机、操作机）通过设在车务值班室内安装在控制台上的显示器、鼠标和音箱，向车务值班员提供站场和系统状态的显示、接受值班员的操作命令、给出相关的语音提示和报警等；早期也曾一度广泛使用过数字化仪和单元式的光带/按钮控制台。操作机一般设置在机房内（也有设置在操作值班室控制台内的），一般以通信接口的方式与主控层相连，实现相关信息的上传、下传及处理；在调度集中区段与调度集中（CTC）系统的自律机，在调度监督区段与列车调度指挥系统（TDCS）的站机，以通信接口的方式连接，向 CTC 系统或 TDCS 送出站场的表示信息，并接收、处理来自 CTC 系统的操作命令。

记录查询系统，主要负责对全部的站场状态信息和操作命令、联锁系统自身的状态和故障信息进行不间断的记录储存，支持对记录进行多种分类查询，并具有对站场图像进行再现的功能；为故障或事故原因的查找、分析及处理，提供完整可靠的记录数据和方便快捷的查询方式，通常称之为“维修机系统”。在配置有集中监测系统（CSM）的站场，维修机还需要以通信接口的方式向其提供相关的站场和系统信息。

（二）联锁主控层

主控层是计算机联锁系统完成其主要控制逻辑和功能逻辑的核心层，是系统安全平台的核心，主要由联锁机（笼）系统构成。主控层的主要功能有以下三类：

首先要完成对安全平台的控制逻辑、管理逻辑的处理，对包括各主要子系统在内的系统自身的调度管理，采集、驱动及通信等各类信息传递的控制协调，为应用软件进行各类功能调用服务，特别是对平台的故障检测、诊断及对系统冗余机制的控制与管理等等，以安全、可靠地实现系统的联锁功能。

二是运行系统的核心应用软件-联锁软件，进行联锁逻辑运算。

三是与列控中心（TCC）、无线闭塞中心（RBC）和相邻联锁（CBI）等外部安全苛求系统的通信处理和信息传输，这些需由联锁主控层以安全通信方式对外进行的传输，是高速铁路的发展给车站计算机联锁系统带来的主要改变之一。

显然，这些功能都是安全相关功能，要求联锁主控层具有最高级别的 SIL4 级安全完整性。

（三）联锁执行层

执行层受控于主控层，主要由一定数量的执表机（笼）构成，需安全可靠地实现至关重要的站场状态信息采集和对轨旁设备的驱动控制功能。典型计算机联锁系统的执行层，主要以继电器为对象进行标准开关量的实时采集和驱动，即通过对继电器接点闭合状态的采集，得到相关信号设备的状态或条件信息；通过对继电器线圈的供电与否控制其接点的开闭，进而通过接口电路控制道岔的转换或信号的开放等。

执行层是安全平台的重要组成，与主控层同样要求具有最高等级 SIL4 级的安全完整性。执行层与主控层共同构成计算机联锁系统的核心安全平台，即通常所称的“安全计算机”（平台）。目前，能够在我国铁路干线上道使用的计算机联锁系统，基本都是引进国外安全计算机平台进行集成开发而成的。

(四)轨旁设备接口层

接口层与执行层紧密相关，是计算机联锁系统，确切地说应该是联锁系统中的计算机控制系统与其控制的现场信号设备之间的桥梁，是实现弱电、强电间的隔离转换进而对轨旁设备进行控制的桥梁。目前典型结构的计算机联锁系统，均采用继电接口电路，且保留和沿用了6502电气集中对轨旁设备的主要继电接口电路(道岔控制与表示、信号点灯电路等)，在实现强、弱电控制转换的同时，也与室外轨旁设备实现了彻底的电气隔离，可有效降低对计算机系统的防雷等级及抗干扰要求，并具有适用性、通用性和直观性强，以及技术实现规范简单等特点。

据粗略估算，被保留的这部分继电器的数量大约仍要占到6502电气集中全部继电器数量的1/3左右，这一比例还是比较大的，致使继电器组合架的体积还相当大。实际上若从严格的分类角度，甚至可以说典型结构的计算机联锁系统在一定程度上尚属于计算机联锁与继电联锁相结合的产物——计算机电气联锁。

二、全电子计算机联锁

全电子计算机联锁系统，是在联锁执行层全面采用智能化的电子执行单元实现联锁系统末级的控制和采集功能、直接控制现场轨旁设备的计算机联锁系统；一般具有智能化、模块化和集成化的特点。

(一)全电子联锁系统的一般结构

全电子计算机联锁系统目前在我国铁路已开始初具规模。称之为“全电子”只是一种一般意义上的通称，并不意味着完全的无接点化，也没有完全无接点化的必要。事实上，在国内外许多同类系统中都使用了符合欧洲EN 50205标准的安全继电器。这类继电器体积小、可靠性高，其接点电流载荷也并不低，并且也具有强制安全侧(常开侧)导向功能；但与AX系列安全型继电器不同，这类继电器并不具有铁路信号含义上的“故障—安全”性能(也可以说其“故障—安全”性能尚未达到要求)，但是能够保证其常开接点和常闭接点不会同时闭合，即它不能提供接点不会粘连和不会卡住的高全性保证，但可保证一旦接点粘连或卡住时其对侧接点一定不会闭合，实际上是保证了接点粘连故障一定能够用安全侧对应的方式检测到，从而可把在粘连故障发生后导向安全的处理可靠地“移交”出去。显然，这种继电器也很适合于配合智能处理系统进行安全控制；且由于其通常都直接安装于电路板上，在系统外面看不到继电器的存在，因而造成了全电子、无接点的印象。

图2-8为全电子计算机联锁系统的一般层次架构示例，与图2-7所示的典型计算机联锁系统的主要区别，是它基本上没有了与轨旁设备的接口层，接口层的功能纳入执行层，并取消了外部的安全型继电器和相关的接口电路；而其执行层的功能得到扩展，将以弱电数字开关量为对象的采集、驱动板，替换为可直接以强电驱动道岔转辙机和信号机、直接进行状态采集的智能化的电子执行单元模块，并将原由接口层继电电路完成的某些逻辑功能，转移至执行层甚至主控层完成。由于基本取消了外部继电器及庞大的组合架而代之以电子执行单元，故称之为“全电子联锁”。

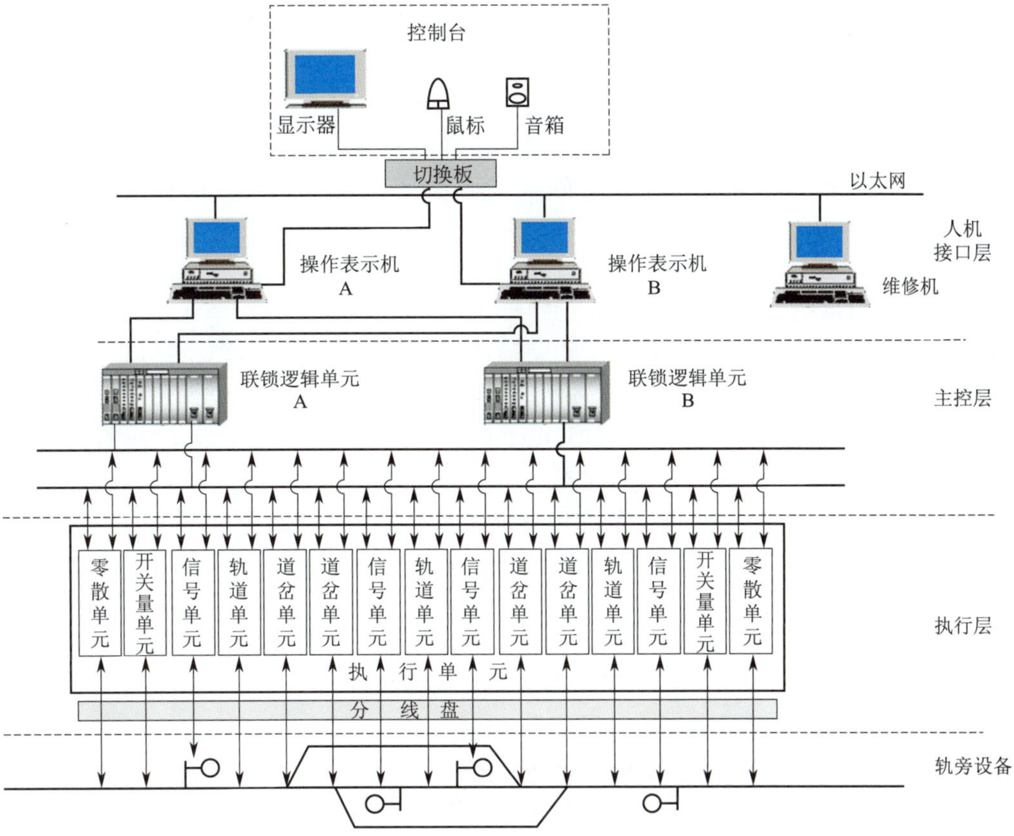

图 2-8　全电子联锁系统架构示例

（二）全电子联锁系统的主要特点

与典型的计算机联锁系统相比，全电子计算机联锁系统实现了更进一步的技术进步，将典型计算机联锁系统的控制末端从安全型继电器扩展到了轨旁设备；可以说是电子化、智能化更加彻底，更加先进的新一代计算机联锁系统。

全电子计算机联锁系统主要是在执行层变化显著，通过电子执行单元直控轨旁设备使其在许多方面具有技术上和使用方面的优势，但同时也必然带来和存在需要解决与适应的问题。

1. 具有极为简洁、更加面向对象的系统结构

由电子执行单元直接控制轨旁设备，取消了体积较大的继电接口电路、组合架/柜及其相互间的配线，使系统的体积显著缩小且整体结构极为简洁；进一步大幅减少了系统的工程设计、现场施工，特别是现场配线的工作量。电子执行单元的集成化、模块化程度和工厂化生产的定型率高，且与现场轨旁设备具有更加明确的对应关系，易于扩展，也更有利于安装和维修维护；此外，取消安全型继电器及组合架还有一个附带的好处：可使制作简便、难于禁止的，被视为违规作业“第一利器”而严加管理的“封连线”彻底失效。

2. 智能化程度高

主要基于以下 3 个原因，全电子联锁系统通常都需要在控制末端（电子执行单元）也采用分布式智能化技术：

(1)需要适应对轨旁信号设备实时、快速的控制要求,特别是当站场规模较大、设备数量众多时。

(2)安全信息的通信传输、编码校验,特别是安全通信协议等都需要较强的智能处理能力。

(3)与自身即具有"故障—安全"特性的安全型继电器不同,电子器件的安全性及"失效—安全"保障主要依赖于对故障的检测及控制、安全冗余等技术;而智能化能够大幅度地提升故障检测水平和安全冗余能力。

3. 功能更加丰富

执行层与接口层的全面电子化,尤其是智能化,不但可使电子执行单元自身具备良好的故障检测与诊断能力,也为对轨旁设备控制的完善,特别是对其进行实时检测与监测,提供了很大的发展空间。譬如对非法状态的逻辑判断、对外部混线的防护与检测等,可以有效发现继电电路无法或不易发现的工程和设备隐患;对电子执行单元采用热备冗余技术,可解决继电器单套使用不能冗余,故障即影响使用的问题等。

此外,事实上全电子计算机联锁系统自身即已具有集中监测系统的部分主要监测功能。因为对轨旁设备的直接控制方式,使得轨旁设备某些关键的工作参数(如道岔动作电流和表示电压、信号点灯回路电流、轨道电压等),本就是电子执行单元必须监控的输出或输入,稍加处理就可提供给监测系统使用,而无需再由监测系统对其进行隔离、传感和取样(取样隔离不当还会对联锁设备产生影响甚至可能导致危险),可使监测系统得到大幅度的精简。

4. 配置更加灵活、控制范围更大

由于可在控制末端实现智能化、模块化,使得全电子计算机联锁系统的结构配置更加具有灵活性和针对性,且通过光纤通信技术可实现更大范围的远程控制,彻底解决控制距离受电缆电气特性限制的问题。近年来,将智能电子执行单元置于室外轨旁设备附近(甚至置于其内),再通过光纤接入室内的联锁主控层,这种将执行层外移的控制方式在国内外都已经开始出现,相邻的信号机可由同一个信号控制模块就近控制,道岔控制模块则更适合于安装在转辙机内,也就是使轨旁设备智能化。比较具有代表性的是西门子公司和德国铁路公司在 2013 年 7 月于德国矿山铁路 Annaberg-Buchholz 站开通的电子联锁,该系统实现了采用标准化数据接口的轨旁信号、道岔设备与室内设备相连接的控制方式,西门子称其为第一套"未来的电子联锁设备","开启了电子联锁的新时代,是面向未来的技术"。这种方式将原来室内外之间的电气传输改变为电子传输,更加有利于远距离控制并可降低传输成本;还可有效解决防雷及接地可能带来的安全问题,并最大限度地简化联锁系统的室内设备,但同时也必然会使室外的维修工作量增加。

事实上,全电子联锁主要的难点问题也是由于直控轨旁设备所带来的,特别是因没有了继电器作为强电与弱电之间的转换和电气隔离机制,尤其是没有了作为传统"故障—安全"保障的安全型继电器所带来的。

5. 全面电子化的功能安全与"失效—安全"保障

国内典型计算机联锁系统保障其功能安全、特别是"失效—安全"的技术措施,实际上是以安全型继电器为界,分为两大部分:电子部分(包括计算机)以数字电路实现的采集板/驱动板为终端;模拟量的、功率级的控制以及与轨旁信号设备直接相关的控制逻辑的处理部分,则仍然保留了源自 6502 电气集中的继电执行电路(道岔控制与表示电路、信号点灯控制电路及轨道电路等)。事实上,这些由继电电路实现的末端联锁逻辑功能和对轨旁设备的控制功能,都是至关重要的安全功能，其功能安全及“故障—安全”在系统安全性方面亦占有关键的核心地位。这些历经几十年的运用、优化和完善的电路(尤其是道岔电路)，是许多故障的经验积累甚至是流血所换来的，有许多都堪称经典。而全电子计算机联锁以电子电路实现对这些关键继电电路的替换，不但必须确保原有功能和逻辑的正确，还必须充分考虑自身故障对安全的影响并作出足够的防护。

实际上，由于在元器件及技术手段等诸多方面存在本质上的不同，即使是电子电路也不可能完全严格地复制继电电路所有的功能及其实现逻辑与方式，差异一定存在。需要针对电子电路及其安全措施的特点，严格对比电子执行单元在替代继电电路时可能因其实现方式所带来的细微改变，尤其要注意是否有对设备技术条件本身的改变；需要对以道岔驱动电路为代表的这些经典继电安全电路电子化所带来的差异进行细致、深入的研究和全面透彻的风险分析，并做出必要的风险提示及开发时应遵循的合理规定或技术规范，以确保电路功能的安全程度不低于继电电路；同时还必须对本身不具备“故障—安全”特点的电子器件，特别是集成电路的故障进行充分的安全防护；尤其是这种防护对于末端控制来说具有更加重要的意义，因为这几乎就是联锁系统的最后一道安全屏障。

6. 对强电侵入的安全防护

“强电”侵入主要是指雷电以及可能会造成更加严重后果的牵引电流的侵入。对于全电子计算机联锁系统，由于没有了接口执行继电器的线圈与接点之间的强、弱电转换机制，没有了两者之间天然的、本质防护能力很强的、物理上完全电气隔离的保护机制，电子执行单元直接面对处于复杂、恶劣室外环境的轨旁设备，其电气环境、电磁环境都会大为劣化，雷电防护的等级要求更高，必然会使对远没有继电器抗冲击能力强的电子器件的防雷难度和成本大增。

更为关键的是，雷电、牵引电流的侵入可能会同时造成多重击穿等多个故障的叠加，应将这些故障作为无法完全避免的共因故障进行安全防护；而且防雷电路的叠加故障也同样可能产生危险影响，尤其是对道岔转辙机进行控制的电子执行单元电路而言，百毫秒级左右的失控就可能会直接使道岔误动而来不及挽回。事实上，在6502继电联锁的设计中就没有对道岔电路采用任何的防雷器件和电路；不久前也发生过因微机监测增加道岔表示电压检测电路，其接地方式不合理而造成在恰有适度牵引回流侵入时击穿入地，经电机线圈而使道岔误动的极危险情况。

7. 电子执行单元模块的适用性和通用性

取消接口继电器、对轨旁设备直接进行控制，必然使电子执行单元与受控设备的电气特性关联紧密，单元模块的适用性、通用性大为受限，需要针对具有不同电气特性的每种轨旁设备进行专门的适配开发；不可避免地导致单元模块种类的增加，且需持续跟随各种新型轨旁设备的发展，后续研发的投入规模更大、更持久。

三、区域集中联锁

传统的车站联锁基本上都是以车站为单位的独立系统。对于机械联锁最困难的首先就是“联”，以机械方式实现车站范围内的联系显然并不容易，操作也相当不便；电气联锁很好地实现了站内的联系，但长距离的电气传输在一些枢纽大站也明显感受到技术上的限制，并且作为电气传输载体的传输电缆的高成本已成为一个主要问题，其区域集中控制基本都要通过调度集中(CTC)系统来实现。

计算机联锁系统的电子传输方式,明显具有优于继电联锁的远距离控制能力;而安全相关通信技术的成熟,使计算机系统的这种优势得以充分发挥,能够在各个功能层次上以多种方式实现区域集中联锁,并且许多在工业控制领域已经成熟、成本日益降低的通信技术都可以拿来使用。目前,光纤通信已成为最主要的实用传输方式。

区域集中联锁,是在一定区域范围内的联锁集中控制,是在某一站/场从车站联锁系统的层面实现集中对邻近的若干站/场远程进行控制的方式,在区域范围内可提供比调度集中更加全面、直接、快速、有效的集中控制,有利于提高操作及协调效率,减少操作人员配置。区域联锁和集中操控是区域集中联锁两种主要的基本实现方式。

(一)区域联锁

区域联锁是在主控站将联锁系统的执行层以光纤通信的方式远距离延伸到受控站,在受控站只配置联锁系统执行层以下的部分,即由同一个主控层对区域内的多个受控站场统一进行联锁控制。这种方式通常是集中程度最高,人员、设备配置最少、成本最低的集中控制方式。但采用区域联锁的方式对站场改造非常不利,因为区域内任何一个站场联锁关系的变更都会影响整个区域的联锁控制;特别是按照现行的联锁软件变更管理规定,对(因联锁的任何修改而导致的)必须全面进行的联锁仿真试验和现场试验的工作量和影响面巨大;此外,联锁主控层一旦发生停用故障,也会使全区域的联锁停用。因此区域联锁更适合于在站场比较稳定和周边工作、生活条件较差的情况下使用。

区域联锁是在计算机联锁系统的核心层,通过传递对现场轨旁设备的状态采集信息、驱动控制命令等安全相关信息实现远距离控制的,对传输的功能安全性、可靠性和实时性要求很高。较早的计算机联锁系统,一般都使用专用的现场总线和专用协议来实现,典型的有西门子SIMIES计算机联锁系统的PRIFEBUS总线、日本京三公司联锁系统使用的128M专用安全网等。近年来,由于EN 50159标准的确立,明确了使用通用传输系统实现安全相关通信的方法和标准,在安全通信协议的保护下,以网络通信为代表的现代通用通信技术,已经规模化地进入此前一直拒其于门外的安全苛求控制领域,使区域联锁的远程传输有了更加高效和便捷的技术实现手段。

(二)集中操控

集中操控系统是在既有联锁设备的基础上,增设安全集中操控终端,实现在一个技术站对周边相关站/场联锁设备远程集中控制的系统。

集中操控是将周边多个独立的计算机联锁系统,从其操作显示系统以光纤通信的方式连接到主控站,由增设的集中操控终端根据主控站和相关受控站的具体分布和作业情况,对值班员的控制区域和进路办理方式进行合理划分与优化;适合于在一个技术(作业)站,对周边的相关站/场集中进行联锁控制,具有集中程度高、控制方式合理、人员配置少的优点;可更加充分地发挥集中控制的优势,且不会像区域联锁那样给站场改造带来不利影响。

原铁道部运输局发布的《技术站集中操控系统技术原则(暂行)》中规定,集中操控系统的中心设备与各站计算机联锁系统之间,应采用专用冗余通道并使用铁路信号安全通信协议RSSP。图2-9为集中操控系统与计算机联锁系统的连接示意。

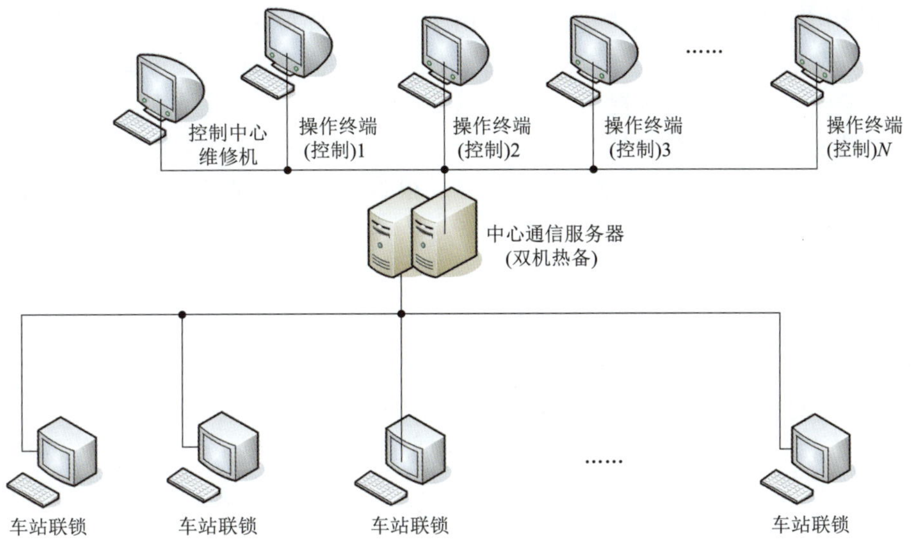

图 2-9　集中操控系统与计算机联锁系统连接示意

四、一体化计算机联锁

一体化计算机联锁系统，是将计算机联锁系统与其他在功能上紧密相关的同类安全苛求系统，如车站列控中心系统，综合在一起经系统化的整体设计和开发而成的综合系统。秦沈(秦皇岛至沈阳)高速铁路与后来的石太(石家庄至太原)高速铁路所引进使用的，就是 SEI 车站联锁列控一体化系统。

一体化系统可使系统的结构更加紧凑、合理，功能处理更加协调、高效，使用维护更加统一和简化，使用性能也可得到一定程度的提升。一体化系统并不意味着只由一个主处理器包揽所有的应用功能运算处理，其主控层可由多个安全逻辑处理单元构成，并分工协作，或者也是由几个子系统通过某种串行通信的方式连接，而只是在系统功能分配和软件设计等方面进行了统一的综合考虑。实际上，一体化系统的紧密或者说松散程度可以有很大的不同，而过于紧密的结构并不适用于我国的情况，因其会带来与区域联锁相类似的情况，安全相关部分软件的任何一处变更修改，就可能会对调试特别是试验验收及确认造成全面而巨大的影响。

第四节　计算机联锁系统的主要特点

计算机联锁是在继电式电气集中联锁的基础上发展起来的，两者之间在联锁要素等主要技术实现手段和一般功能方面存在着必然的继承与发展的关系。

一、计算机联锁系统的一般功能特点

目前，在我国铁路上使用的主流计算机联锁系统，在研发时从控制方式到联锁逻辑的实现，都完全是以堪称经典的 6502 大站电气集中联锁系统为蓝本的，且都保留了其中关键的道岔启动和信号点灯等电路；直接监控的主要基本对象，目前也仍然是动力式转辙机、色灯信号机和轨道电路三大基础设备，因而在进路的选排、锁闭/解锁以及信号、道岔控制等基本的操作

功能方面与继电联锁并无本质上的差异。但由于技术实现手段的进步，在车站联锁系统三大要素的实现方式：操作控制方式、传输方式，特别是在锁闭/解锁方式及逻辑处理方面则变化巨大；而近年来随着我国铁路持续提速，尤其是自 2007 年以来，以列控技术为标志的高速铁路的飞速发展，需要按照速度曲线对列车进行精细控制和安全防护的列控系统与联锁系统之间联系紧密、信息量增大的特点，已使继电接口的方式很难甚至无法适应，计算机联锁的技术优势更加明显。

(一)操作及显示方式

计算机联锁系统基本上并未改变对轨旁设备的操控方式，但在操作的具体实现方式，特别是在人机界面方面提供了比继电联锁丰富得多的选择。

在经历了初期的不适应甚至是排斥之后，可以提供丰富的图像与文字信息的屏幕显示器和鼠标，已经几乎完全取代了计算机联锁发展初期、中期曾一度盛行的、仿传统的单元式控制台。现在，有些可能成为问题的反倒是过于丰富而欠缺一致性的显示界面和操作方式，有时会给操作和维护人员的适应带来一些麻烦。

(二)传输方式

现有各种类型的计算机联锁系统，在其计算机系统固有的电子传输(如主处理单元的内、外部总线传输，I/O 单元的输入、输出，视频、鼠标信号传输，以及各类现场总线传输等)方式之外，都不同程度地保留了继电联锁的电气传输方式，主要是室内外及站/场间通过电缆进行的电气连接；电气传输是计算机控制系统进行对象控制，尤其是进行较大功率控制仍需使用的基本传输方式之一。

采用电子传输方式，可大幅度增加系统的信息传递容量，有利于在构成进路的各基本单元之间建立更加紧密的联系和更有效的约束；并可有效地减小系统的体积、降低能耗、延长寿命；还可通过数字通信和光纤技术在更大的范围内更有效地突破地域上的限制，实现区域联锁或集中操控。

(三)智能化的逻辑运算

通过智能处理器用软件编程的方式，实现以进路控制为核心的联锁关系的逻辑处理，是计算机联锁系统相对于继电联锁改变最为彻底，同时也被业界普遍认为是提升空间最大的一个方面。许多继电联锁无法或很难实现的逻辑功能与缺陷的克服，都曾被老一辈的继电联锁专家们寄望于在计算机联锁中得到解决。因为对比受到诸多制约、功能有限的继电布线逻辑电路而言，计算机的逻辑处理能力无疑是超级强大的，其对车站联锁系统功能的提升是划时代的。近期我国高速铁路的发展，已使计算机的联锁逻辑处理优势得到了充分的发挥和显现。

(四)接口功能

接口功能与传输方式密切相关，计算机联锁的电子传输方式可以比较轻松地适应各种接口方式，其智能化的逻辑运算也可对任何复杂的接口关系进行处理，这是计算机联锁具有的另一个明显的技术优势，尤其是在继电系统完全无法实现的通信接口方面。由于安全相关通信技术的成熟，特别是 EN 50159 明确了使用通用传输系统实现安全相关通信的方法和标准，大大拓展了包括信号控制系统在内的安全苛求控制系统在通信技术手段方面的选择余地，让许多在工业控制领域已经成熟的通信技术可以进入安全苛求控制系统，使安全系统和设备之间能够通过简单、方便和安全的方式实现具有复杂关系的接口连接。

(五)信息记录和故障检测

完备的信息记录与完善的故障检测,都是此前的联锁系统完全或基本不具备的功能,相对基本联锁也都属于辅助功能,但对计算机联锁系统而言,这两项功能却是从一开始就存在的基本功能。

故障检测是电子系统尤其是可编程电子系统的长项,也是无从直接观察、需要快速修复的复杂电子系统的必要功能,特别是对计算机联锁系统的可靠性和安全性保障具有不可或缺的重要作用。

计算机联锁系统具有的几乎不受限制的记录功能和强大的查询检索功能,在继电联锁时代是不可想象的,可使对故障或事故的调查,从值班员操作到现场设备动作、列车行驶以及联锁系统自身状态的全过程都基本有据可查;尤其是以图像方式对记录数据进行再现的图像再现功能,可以几倍甚至几十倍地提高分析效率。

(六)平台与应用软件

不考虑受控对象,仅就控制部分而言,计算机控制系统与此前任何控制系统的一个主要区别在于,其控制功能都是由具有明确分工的两个部分共同完成的:对于简单的嵌入式系统而言,是由计算机的硬件和软件共同完成的;对于复杂计算机系统而言,是由计算机平台和应用软件共同完成的。这种分离使系统控制功能的实现具有很强的灵活性,尤其是在同类系统的情况下,可以在不对平台架构进行任何改变的情况下,仅通过改变应用软件就能够实现系统功能的改变;同一个平台既可用于构成车站联锁系统,也可用于构成车站列控中心系统,而车站联锁关系的变更,甚至仅仅通过数据的改变就可以实现。

计算机联锁除了系统本身具有的上述功能特点之外,在工程设计、施工安装等方面也都具有明显的优势,并给系统的研发、测试,工程验收和维护管理等都带来了巨大改变。

二、计算机联锁系统的可靠性与安全性特点

电子系统的可靠性 reliability 和安全性 safety 具有与继电及其他系统明显不同的特点,事实上可靠性学科的建立与功能安全标准的研究,都是由于电子系统的大规模应用而开始的。

“可靠性 reliability、可用性 availability 、可维护性 maintainability 和安全性 safety 是系统的长期运行特征,在系统的整个生命周期内,由已建立的工程概念、方法、工具和技术来实现”。欧洲铁路标准 EN 50126 给出了 RAMS 的铁路应用规范及示例,“定义了 RAMS 各要素及其相互作用,规定了一个以系统生命周期及其工作为基础、用于管理 RAMS 的流程,使 RAMS 各个要素间的矛盾得以有效地控制和管理”。RAMS 包含了可靠(RAM)和安全(S)两类性能指标,“RAM”对于电子系统具有普遍性意义,“S”则是安全相关系统特别是安全苛求系统最为关注的。

“RAMS”是计算机联锁系统最重要的性能指标,计算机联锁系统对可靠性和安全性两方面都有极高的要求,特别是在安全性方面,要求达到最高的安全完整性等级。而实际上在 RAMS 要求的基础上,对以计算机联锁为代表的铁路信号安全苛求系统还有甚至可以说是标准更高的要求:“失效—安全”要求(Fail-Safe),即 FS 要求。“失效—安全”源于“故障—安全”,是“故障—安全”在电子系统尤其是复杂的可编程电子系统领域中的发展。

“故障—安全”历来是车站联锁系统最重要和最难实现的安全原则。作为铁路信号传统的

核心设计理念和技术安全原则的"故障—安全"，几乎和铁路信号具有同样悠久的历史。但也正是这一理念，使得复杂电子系统的进入颇费周折。在电子时代之前的铁路信号控制系统，都具有直观和相对简单的特点，其"故障—安全"技术措施都可利用某种或某几种在一定条件下的固有物理特性来导向安全侧，并基本上可通过对所有可能的故障组合用穷举分析的方法加以确认，由此在很大程度上形成了绝对概念意义上的"故障—安全"观念。但对于复杂的电子系统，特别是对于复杂的可编程电子系统，则无法通过上述方式来实现传统意义上的"故障—安全"，因为这类系统的故障模式复杂、状态空间巨大，完全无法穷举；特别是对于大规模集成电路，不但很难预测其可能存在的所有可信失效模式，而且通常可以很容易地在其已知可信失效模式中确定存在的危险模式。正是这些因素，使车站联锁为代表的铁路信号几乎成为工业控制领域中复杂电子系统最晚进入的领域，并导致了虽经多方努力但也未能在计算机联锁之前"登场"的整个一代电子联锁系统的缺失。

但电子技术及其可靠性理论的发展，特别是功能安全理论和铁路信号电子控制技术的发展，也使传统的安全(safety)和"故障—安全"理念发生了改变，具有概率属性的风险成为将功能安全量化的度量尺度。世界标准化组织——国际电工技术委员会在IEC 61508标准中给出的关于安全(safety)的定义可谓经典："安全就是没有不可接受的风险。"欧洲铁路标准EN 50129明确定义了"失效—安全"概念(fail-safe)为："结合在产品设计内的一种理念，即发生失效事件时产品导向或维持在安全状态。"并将"失效—安全"按照实现机制的不同划分为反应式"失效—安全"、组合式"失效—安全"和固有(内在)式"失效—安全"三类，由此将"故障—安全"原则引入到电子系统。

计算机联锁实际上是"故障—安全"技术和理念在电子时代发生了变革之后的产物，是计算机工控技术特别是电子系统的冗余技术与传统"故障—安全"技术的演进发展与相互融合，才使得以计算机冗余控制为主要特征的计算机联锁系统的实用化成为可能。以计算机联锁系统为代表的现代铁路信号复杂电子可编程控制系统，具有鲜明的古老传统的传承特点，是具有代表性的一类典型的安全苛求电子控制系统，其安全性和可靠性技术独具特色。

第三章　可靠性、安全性及“失效—安全”

源于近代、历史悠久的“故障—安全”、成熟于现代的可靠性与确立于当代的安全性及“失效—安全”，是以计算机联锁为代表的铁路信号复杂可编程安全相关系统得以实现的核心理念、关键的基本设计原则和不可或缺的技术措施。图 3-1 示出了这三者的起始年代及其代表性事件。

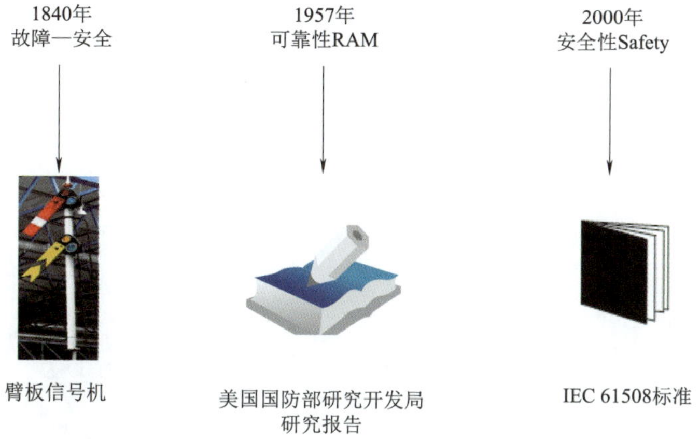

图 3-1　“故障—安全”、可靠性、功能安全起始年代与代表性事件

本章简要介绍常用的可靠性、安全性概念及相关标准的主要内容，对容易误解的概念和常用指标（如平均寿命等）的正确理解；介绍铁路信号安全相关电子系统关键的“失效—安全”概念及其实现方式与基本原则，以及可靠性和安全性的影响因素与一般改进途径。

第一节　可靠性与安全性及其常用概念

一、可靠性及其常用概念

产品/系统的可靠性是衡量其功能稳定持久程度的重要指标，设计与制造（尤其是设计）是决定可靠性的主要因素。产品/系统完成安全相关功能的可靠性直接影响着其安全性。广义上，可靠性概念通常是一类相关概念的泛指，包括可靠性/度、可用性/度、可维修性/度以及失效率、平均寿命等常用概念与关键指标。特别的，欧洲铁路标准 EN 50126 使用可靠性（Reliability）、可用性（Availability）和可维修性（Maintainability）的第一个字母组合将三者的合称标记为“RAM”。

系统研究可靠性的代表学科——可靠性工程学，是起源于战争的科学。可靠性工程起源于第二次世界大战，当时美国空军的机载电子设备到达远东后的故障率高达 60%，美国海军战舰和航母上的电子设备有 70%因出现故障而不能使用。1952 年 8 月，美国国防部研究开发局成立电子设备可靠性咨询组，该组在 1957 年首次提出“可靠度”的定义；同年 6 月发表著名的 AGREE《军用电子设备可靠性》的研究报告，标志着可靠性成为一门独立学科。此后至 20 世纪 60 年代，以概率论为基础的、完整的可靠性数学体系开始形成。

（一）可靠性和失效率

可靠性(reliability)反映产品在规定的条件下、规定的时间内完成规定功能的能力，可理解为是产品功能在时间上的稳定程度。可靠度 $R(t)$ 是度量产品可靠性的量化指标，其定义为：产品在规定的条件下、规定的时间内能够正常执行其功能的概率。可靠度的取值是一个起始于 1 的单调时间递减函数，在一般工程运用环境的假设条件下，通常认为电子产品的可靠度服从指数分布。

失效(failure)，是影响可靠性的关键因素。失效率 $\lambda(t)$ 通常是分析、确定产品可靠度的首要关键指标，其定义为：已工作到时刻 t 的产品，在时刻 t 后的单位时间内发生失效的概率。依据对大量统计数据的分析确定，电子产品的失效率曲线如图 3-2 所示。

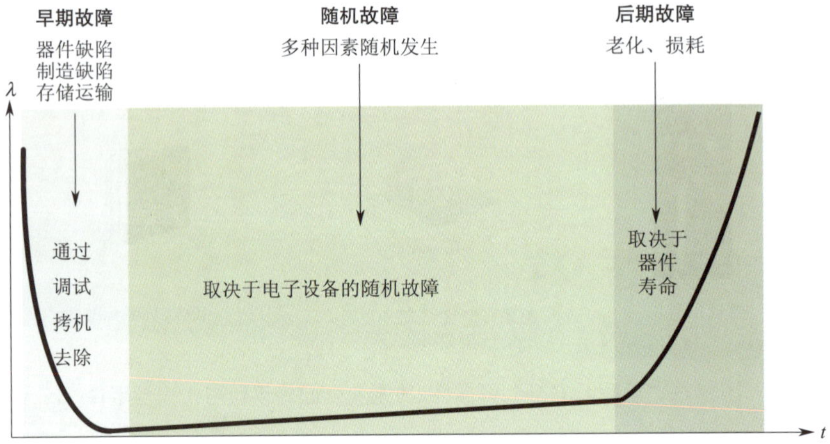

图 3-2　电子产品失效率曲线

失效率曲线形似浴盆。产品早期的失效率非常高，但随着产品工作时间的增加而迅速降低；称此阶段为早期失效期，产品失效主要是因对元器件的筛选、老化及检验不足等造成的。失效率急剧上升的末期阶段被称为耗损失效期，此阶段产品已超过寿命期，通常可以用“正态分布”近似描述此阶段产品的失效分布。中期的失效率低而且平稳，近似为常数，恰似浴盆平坦而光滑的底部；称此阶段为偶然或随机失效期，因这一阶段的产品故障，从失效原因分析往往是由多种因素造成的，且各种原因的失效在数量上并无明显差异(没有哪种因素是主要的)，基于电子产品特别是微电子产品工作机制的微观特点，可视为失效主要是产品的缺陷在多种不确定随机因素的冲击(包括粒子撞击等)下被诱发而产生的随机(物理)故障所导致，是可能随时发生、但却无法预知及控制其何时发生的失效。若假设造成产品失效的随机冲击满足著名的“泊松分布”，即假设：

(1)在某一时间段内，产品受到 k 次冲击的概率与时间段的起点无关，仅与时间段的长短有关；

(2)在两个不相重叠的时间段内，产品受到的冲击次数是相互独立的；

(3)在很短的时间段内，受到二次或更多次冲击的概率是很小的，而受到一次冲击的概率近似于λ_t。

由此假设经严格的数学推导，可得出此类随机失效的可靠度服从指数分布，失效率为常数$\lambda_t=\lambda$；这一结果与由大量数据统计得出的“浴盆”底部曲线具有良好的拟合性。指数分布可由数学证明的另一个主要特点是具有无记忆性，即已工作了s小时的产品，其再工作t小时(当然都是在寿命期内的稳定工作期)的概率与已工作过的时间s的长短无关，仍好像一个新产品开始工作那样。因此，在其仍然完好时就进行更换的做法是没有任何好处的，这一点可以作为近年得以推广的信号电子系统“状态修”的理论根据。

偶然失效期，是处于寿命期内的电子产品工作比较稳定的阶段，各项可靠性指标也大都是针对这一阶段而言的。

(二)平均寿命

平均寿命是最常用的可靠性概念之一。无维修和有维修产品平均寿命的一般表述有所不同：无维修产品的平均寿命即其平均工作时间 MTTF(Mean Time To Failure)，有维修产品的平均寿命则为其平均失效(或平均无故障)的间隔时间 MTBF(Mean Time Between Failure)。

平均寿命的数据统计值最易直观理解，但其可靠性预期值却是最易令人产生误解的概念，包括计算机联锁技术条件在内的一些标准要求或曾经要求系统的 MTBF$\geqslant 10^6$ h(约 114.16 年)，国内外有些系统提供的计算值甚至还要高出许多。一百多年的平均寿命对任何电子系统的个体来说都显然是荒谬的，其原因在于计算的前提假设是将失效率λ取为常数，是把实际的“浴盆”曲线掐头去尾，并将其平坦的底部无限延伸，完全忽略了产品寿命期限之后λ急剧升高的情况，所以这种超出寿命期之外的预计结果对个体而言没有任何意义，因为已经超出了规定的时间条件。“大多数概率估算方法假定失效率为一恒量，但前提是部件没有超过使用寿命；任何概率估算都要包括部件使用寿命的规范”(IEC 61508)。事实上无论上述计算中实际采用的数据是否准确，理论上只要失效率λ的取值足够低，在其为常数的假设下一定会得到 MTBF 的计算值远超过实际平均寿命的结果。

除了使用寿命的限制之外，还应该从足够数量的群体角度，去看待和理解平均寿命的可靠性预计值。其实，对任何时间段的任何可靠性指标都应如此，因为这些指标都具有概率特征，在足够大的样本范围内才比较准确。譬如产品预计的平均失效间隔时间 MTBF 为 100 年，将其看作是一个产品工作 100 年才失效一次显然违背常识；而理解为是 50 个产品工作两年失效一次，或 100 个产品工作 1 年失效一次，应该是合理的，这不但符合产品寿命期的限制条件，而且也具有一定的样本数量。

对于服从指数分布的可靠度而言，平均寿命另一个让人非常容易产生误解的是，足够大的 MTBF 数值往往使人忽略电子产品能够达到或超过其平均寿命的可靠度其实非常低，绝大部分在平均寿命之前就失效了，是少数非常“高寿”的产品将这一指标拉高的。对计算机联锁这类高可靠性系统，可靠度要求一般至少在 0.9 以上，使用可靠度在 0.9 以上的可靠寿命来衡量具有更加现实的意义，而其平均寿命 MTBF 实际上是一种可靠度很低的可靠寿命。

(三)可靠寿命

对于高可靠性要求的电子产品来说，在给定可靠度要求值r下的预期寿命T，即其可靠寿

命 T_r 是比平均寿命更有参考价值的指标。反映在可靠度-时间曲线上，就是与 r 相对应的时间 t，亦称之为可靠水平 r 下的可靠寿命。事实上，除了事后的统计数据，任何产品的寿命实际上都是一个与某个可靠度数值联系在一起的可靠性预计值，即在某个可靠水平下的可靠寿命，其数值大小不但由可靠度分布所决定，还取决于预期可靠水平的高低。

电子产品的平均寿命，在可靠度服从指数分布的情况下，其对应的可靠水平 $r=0.368$，即可认为只有 36.8%的产品的预期寿命能够达到或超过平均寿命；而将近 2/3 产品的预期寿命低于平均值。

显然，对于计算机联锁这类高可靠性要求的系统而言，平均寿命的可靠水平是不能接受的，至少应使用可靠水平在 0.9 以上的可靠寿命作为测算系统生命周期预期值的参考，以保证其在整个生命周期内的高可靠度。而在可靠度服从指数分布的情况下，可靠寿命与平均寿命近似具有对称的比例关系，可靠水平 0.9 下的可靠寿命，恰约为其平均寿命的 1/10。当 MTBF$\geqslant 10^6$ h（约 114.16 年）时，其 $T_{0.9}\geqslant 10^5$ h（约 11.416 年）。

图 3-3 为失效率 $\lambda=0.000\,001$ 时的可靠度指数分布曲线（无维修），图上标示了 MTTF、$T_{0.9}$（可靠水平 0.9 下的可靠寿命）和其对应的可靠度及两者的关系对比。

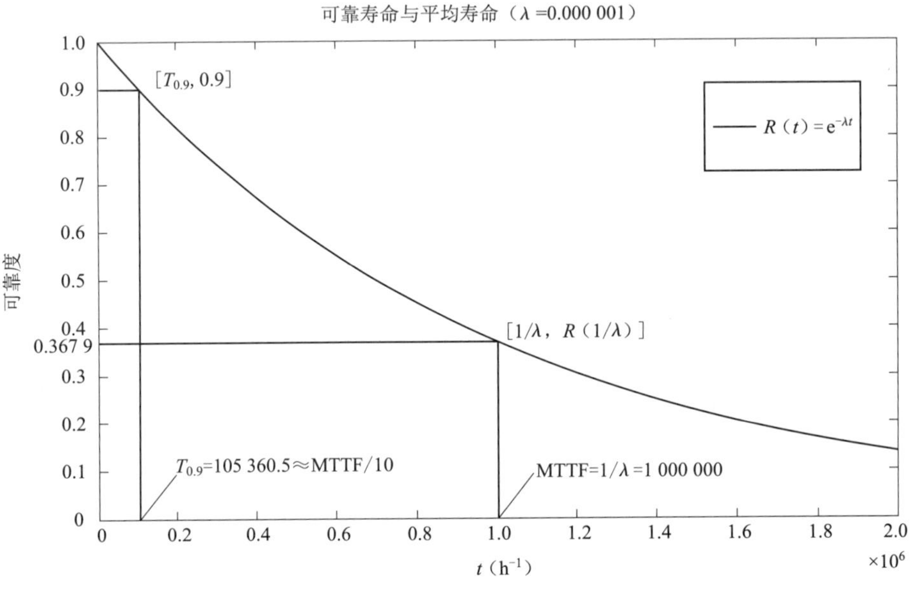

图 3-3　指数分布的可靠度曲线及可靠寿命和平均寿命

总而言之，可靠性指标反映的是产品的长期工作特性，不像一般的技术性能指标那样，通过直接的测量就能够得到。产品实际的可靠性指标，是在对大量产品的试验、长时间的观察和数据收集与统计的基础上获得的；而在设计阶段，运用可靠性理论和数学工具，通过可靠性计算得到的指标其实是可靠性预计的结果。可靠性预计的本质，是使用在大量相关统计数据的基础上，运用数学工具（特别是概率论）予以提炼和归纳后得到的方法和基础数据，依据所设计产品的结构对其可靠性作出的一种定量估算。估算时最好能获得具体现场的失效数据，数据至少应达到 70%的置信水平，且工作时间 1 年以上的才能纳入统计；否则可采用通用数据，可利用公认的、来源于工业的部件失效率。任何概率估算都要包括部件使用寿命的规范。事实上，“使用寿命高度依赖于部件本身和工作条件，特别是温度。经验表明，使用寿命往往在 8 年至 12 年之间，而且总是在接近规范极限条件下工作的部件，其寿命将可能大大降低”（IEC 61508）。

由于影响元器件可靠性的因素很多而且不易掌握、复杂电路的可靠性建模与计算十分困难、元器件失效率水平的稳定控制也十分不易（在我国尤其如此）等原因，往往会使预计的可靠性数值与产品的实际情况有较大的误差。因此，可靠性预计的主要价值更在于它可以作为设计手段，在产品的冗余结构、技术手段及元器件可靠性等级的确定等方面，提供可靠性预计的相对度量，作为对比分析和指导设计的决策依据。产品的可靠性在很大程度上是设计出来的，而可靠性计算、可靠性预计就是可靠性设计的主要技术手段。

（四）可维修性和可用性

设计与制造（尤其是设计）是决定产品可靠度的主要因素，对于有维修产品而言，维修/维护也是关键因素。

可维修性（Maintainability）反映产品在发生故障后（被）修复的能力，其量化指标（可）维修度 $M(t)$ 的定义为：故障产品在规定的使用和维护条件下、规定的（修复）时间内，能够完成维修恢复规定功能的概率。修复率 μ 和平均修复时间 MTTR 是反映维修度 $M(t)$ 的常用特征指标。维修度 $M(t)$ 与可靠度 $R(t)$、修复率 μ 与失效率 λ、平均修复时间 MTTR 与平均寿命 MTTF 这 3 组常用特征指标，两两之间具有明显的对应关系，包括完全类同的定义形式和数学表达式；但与可靠性相比，影响维修性的因素更为复杂，因为产品的可维修性不但取决于产品的设计、制造，还取决于维修策略和维修人员的能力水平，即它不但取决于产品的设计、制造方，还取决于产品的使用、维护方。特别是对于计算机联锁这类需要常年 24 h 不间断运行、故障处理时延对运输影响巨大的高可用性系统，其修复时间的长短亦尤为重要（特别是在铁路干线和枢纽），在达到高可靠性要求的同时还必须具有优良的可维修性。

可用性（Availability）反映产品在任何时刻实现其规定功能的能力，其量化指标可用度 $A(t)$ 的定义为：产品在规定的使用和维护/维修条件下，在任意时刻实现其规定功能的概率。与可靠性关注产品能够正常工作多长时间（能正常工作一定时间的概率）不同，可用性只关注在某一时刻产品是否可用（在某一时刻可用的概率）。无维修产品的可用性只取决于其可靠性，有维修产品的可用性则同时取决于其可靠性和可维护性。即可用性是产品可靠性和可维修性的综合反映，可用度是可靠度和可维修度参数的函数，也就是 RAM 中的这个 A 本质上并不独立，而完全取决于两端的 R 和 M。

总体上，可用性的技术概念需要以下述内容为基础：

1. 可靠性方面包括指定应用及环境下所有可能的系统失效模式，每种失效发生的概率及失效对系统功能的影响。

2. 可维修性方面包括执行计划维护的时间，故障检测、识别和定位的时间，失效系统的修复时间（计划之外的维修）。

3. 运营和维护方面包括系统生命周期内所有可能的操作模式和要求的维护，人为因素问题等。

二、安全性及其常用概念

（一）功能安全的发展及其主要标准

工业文明在给人类带来巨大利益和进步的同时，也带来了危险甚至是灾难。安全（safety），与安全相关的各种系统及其控制系统的重要性日益凸显，各种安全相关系统的各个安全相关功能的正确行使与否，即其"功能安全"至关重要。

功能安全标准，是由包括1986年切尔诺贝利核电站事故在内的一系列重大工业灾难所催生。其相关技术背景是20世纪70年代中期以前，安全相关系统大多由电磁继电器组成，部分也采用固态集成电路构成。80年代开始采用冗余的标准型可编程控制器（PLC）。"80年代中期以后，伴随着微电子技术和控制系统可靠性技术的发展，专门用于有关安全相关系统的控制器系统、安全型PLC和安全解决方案得到迅速发展和推广"。"制造商迫切需要一个公认的标准来建立一个与用户对接的公共平台"。但由于电子系统的特殊性和复杂性及其与传统方式的不适应性，人们普遍对快速发展的电子技术，尤其是计算机系统的可靠性和安全性缺乏信心，其在功能安全领域的应用从一开始就是在不断的质疑和阻碍中发展的；直至1997年在IEC 60204标准中还禁止电子逻辑（硬件或软件）用于机械安全相关系统作为紧急停止使用的0类停止功能。

欧、美从其各自发达的机械制造业和石油化工工业开始进行研究，直到1998至2000年，"功能安全基础国际标准IEC 61508《电气/电子/可编程电子安全相关系统的功能安全》出台，才标志着这项研究已经有了突破性进展。标志着功能安全作为独立的安全学科，已经开始自成体系"。该标准在2006年被等同采标为我国国家标准GB/T 20438。

IEC 61508的"一个主要目的是促进各应用领域的技术委员会制定应用领域的国家标准。另一个目的是在没有应用领域国家标准的情况下能够开发电气/电子/可编程电子（E/E/PE）系统"。在IEC 61508标准体系的框架下和基础上，许多重要的安全相关行业根据自身的特点对行业安全标准进行规范、整理及完善，出台了更适用于本行业的安全标准。图3-4示出了包括铁路在内的几个主要行业的相关安全标准。

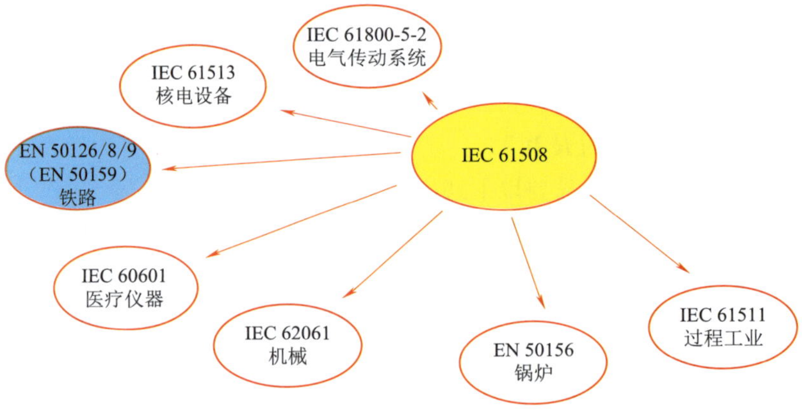

图3-4　各领域的功能安全标准

在铁路信号领域内，安全通常特指行车安全。图 3-5 是四个铁路安全相关标准应用范围示意，其中除适用于 RAMS、生命周期等大范围的系统问题，不具体针对某类系统/子系统/设备、不局限于信号系统也不局限于电子系统的欧洲标准 EN 50126《铁路应用—可靠性、可用性、可维护性和安全性(RAMS)的规范示例》之外，其余三个欧洲标准 EN 50129《铁路应用—通信、信号和处理系统—信号用安全相关电子系统》、EN 50128《铁路应用—通信、信号和处理系统—铁路控制和防护系统软件》和 EN 50159《封闭/开放传输系统中的安全相关通信》，都是仅针对铁路信号系统，且主要是复杂电子信号系统，特别是可编程的。上述标准都已被等同采标为我国国家标准，也都是计算机联锁系统必须遵循的重要标准。

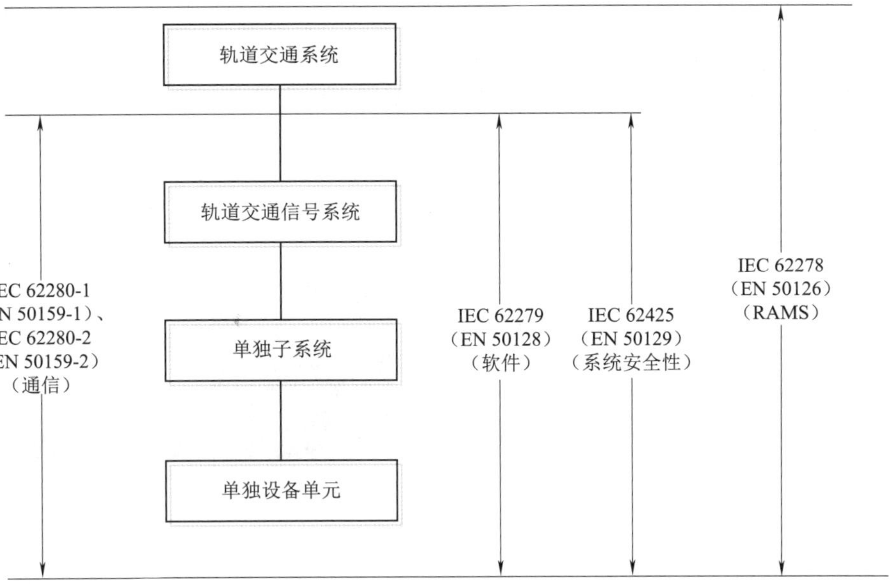

图 3-5　铁路主要功能安全标准的应用范围示意

（二）安全与风险

安全(safety)就是没有不可接受的风险。风险(risk)则是危害(hazard)事件发生的概率及其后果严重性的组合，是对一个特定危险事件出现的概率和结果的估量(频度—后果矩阵常被用于对风险的表达、分类及分析等)。

IEC 61508 的定义言简意赅且精准表述了安全与风险的关系及其两大属性：

1. 概率属性——只有相对的风险、没有绝对的安全，风险可接受就是安全。对其潜在含义可以或者应该这样理解：没有绝对的安全，只有原本在习惯上就能够忽略或付出了能够接受的代价之后得到的可以或者说必须接受的风险。

2. 主观属性——为安全付出的代价及残留风险能否接受，除了受到循序演进的客观条件影响之外，还取决于复杂的、不断变化的、各不相同的主观因素；有的人不接受风险，有的人则不接受代价。事实上对风险的可接受程度、对降低风险所需付出代价的承受能力，通常因人而异甚至还可能差异巨大；即使是面对需要付出同样的代价的风险也可能有的人能够接受，有的人不能接受，例如日本福岛事故后世界各国及民众对核电态度的巨大差异。显然，即使同样都是概率性的问题，但主观因素的存在使得安全性问题的复杂程度更高于可靠性问题。

IEC 61508 给出了度量安全性的标准和方法。安全(safety)与可靠(reliable)是既密切相关而又不相同的两个概念，虽然安全性本质上仍属于可靠性范畴。通常一个高安全性的系统必须以一个高可靠性的系统为基础，往往还有不得不在某种程度上牺牲可靠性以保证安全性的情况，这种情况在铁路信号系统中比较普遍。相对于可靠性而言，安全性涉及更深的层次。

(三)失效构成与故障检测

系统的安全性，取决于其所有失效中可能导致危险发生的那部分失效。根据将会导致的结果，失效被划分为安全失效和危险失效两类；在 IEC 61508 中以 λ_S 和 λ_D 分别表达包含在失效率 λ 中的安全失效率和危险失效率：$\lambda=\lambda_S+\lambda_D$。其中危险失效率 λ_D 又分为可被在线检测(IEC 61508 称之为诊断测试)到的危险失效的失效率 λ_{DD} 和不能被在线检测到的危险失效的失效率 λ_{DU}，$\lambda_D=\lambda_{DD}+\lambda_{DU}$；而不能被在线检测到的危险失效率 λ_{DU} 也分为两部分：能够被离线检测到的危险失效的失效率 λ_{DUD} 和不能被离线检测(IEC 61508 称之为检验测试)所发现的危险失效的失效率 λ_{DUU}，$\lambda_{DU}=\lambda_{DUD}+\lambda_{DUU}$。

从故障/失效对安全性是否有影响以及是否可被在线或离线检测的角度，失效率实际上由上述五部分构成，即 $\lambda=\lambda_{SD}+\lambda_{SU}+\lambda_{DD}+\lambda_{DUD}+\lambda_{DUU}$，如图 3-6 所示。

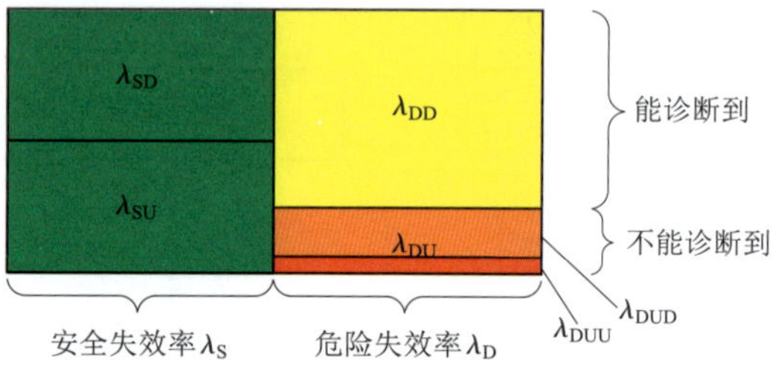

图 3-6 λ 的五种构成及其对安全性的影响

据此划分，IEC 61508 定义了如下两个对安全相关系统而言至关重要的指标：

(1)系统/子系统的危险失效在线检测覆盖率 DC

$$DC=\sum\lambda_{DD}/\sum\lambda_D$$

其中的 λ_{DD}、λ_D 为构成系统的每一部件或组件的对应失效率，即 DC 为系统/子系统全部部件/组件所有能够被在线检测的危险失效率之和与其全部危险失效率之和的比值，反映的是在线检测对危险失效率量值的覆盖程度，而不是对相应危险故障数量的覆盖程度。

(2)系统/子系统的安全失效分数 SFF

$$\begin{aligned}SFF&=(\sum\lambda_S+\sum\lambda_{DD})/(\sum\lambda_S+\sum\lambda_D)\\&=(\sum\lambda_S+\sum\lambda_{DD})/\sum\lambda\end{aligned}$$

其中的 λ_S、λ_{DD}、λ_D 为构成系统的每一部件或组件的对应失效率，即 SFF 为系统/子系统全部部件/组件所有的安全失效率之和与其能够被在线检测到的危险失效率之和的总和，与系统总失效概率 $\sum\lambda$ 之比($\lambda_S+\lambda_D=\lambda$)。显然，SFF 把可在线检测到的危险失效与安全失效归为一类，这实际上隐含了一个重要的前提(IEC 61508 称之为故障检测时对系统行为的要求)假设，即所有可被在线检测到的危险故障都能够被及时检测到并被排除/修复或被有效限制(EN 50129 称之为“拒绝”)，从而不会产生危害后果。

安全失效分数 SFF 还可表达为：

$$\begin{aligned}SFF&=(\sum\lambda-\sum\lambda_{DU})/\sum\lambda \qquad 因为\ \lambda=\lambda_S+\lambda_{DD}+\lambda_{DU}\\&=1-\sum\lambda_{DU}/\sum\lambda\end{aligned}$$

这表明，不能被在线检测到的危险故障的失效率 λ_{DU}，或者说可以确定 λ_{DU} 数值大小的、对危险失效可在线检测的覆盖率 DC[DC=($\sum \lambda_D - \sum \lambda_{DU}$)/ $\sum \lambda_D$]是 SFF 的决定性因素。

亦应注意的是，主要针对不能或很难在线检测的故障、特别是失效率为 λ_{DU} 的危险故障，定期离线进行的检验测试，也同样是影响系统安全性的重要因素之一。IEC 61508 不但强调在线检测覆盖率及其测试间隔，也强调离线检验测试的测试间隔并考虑离线检验测试覆盖率的影响(不完善检验测试效应)。IEC 61508 在应用指南中导出了常见冗余结构的平均危险失效率(近似)计算公式，并取平均修复时间 MTTR 为 8 h、针对几种典型的离线检验测试间隔(低要求操作模式为 0.5、1、2 和 10 年，高要求操作模式为 1、3、6 和 12 个月)、几种不同的单结构(通道)危险故障失效率和其几种不同的在线(危险故障)检测覆盖率，以及几种不同的共因失效分数，列出这些常见冗余结构相应的平均危险失效率计算值；并给出对低要求操作模式和高要求操作模式系统平均危险失效率的两个完整的计算示例。

与 IEC 61508 所主要面对的过程控制中以“紧急停车”系统为代表、仅在必要时才对受控设备起作用的“专用”安全保障系统不同，对车站联锁等铁路信号核心控制系统的离线检验测试还意味着其执行的各种应用控制功能被停用，直接影响运输生产，因而其离线检验测试的时间更加有限、间隔时间也往往无法保障，尤其是在运输压力巨大的枢纽和干线站场。事实上，对继电联锁系统维护管理中类似于离线检验测试的年度联锁试验制度而言，难于有效执行是比较普遍的现象。对于计算机联锁而言，其检验测试的内容与方式、方法面临着更加复杂得多的情况。由于计算机联锁系统的复杂度远高于继电联锁系统，其直观和可测程度又远低于继电联锁系统，单纯、一般性的联锁试验更不足以对其安全性进行确认，应充分发挥计算机系统自检(包括在线自检和上电自检)能力强的特点，并重点针对不能或很难在线检测的故障确定离线测试案例，才能有效发挥离线测试的作用。

(四)安全完整性

若套用在可靠性理论中对可靠性和可靠度的定义形式，用完全类比的方式对安全性(定性)和安全度(定量)的概念进行定义，那么安全相关系统的安全性就应该是：在规定的条件下、规定的时间内完成规定的安全功能的能力；安全度则应为：在规定的条件下、规定的时间内安全相关系统能够正常执行其安全功能的概率。对比由 IEC 61508 给出、并已被广为接受的“安全完整性”safety integrity 的定义：“在规定的条件下、规定的时间内安全相关系统成功实现所要求的安全功能的概率。”可见，安全完整性实际就是与可靠度相对应的“安全度”概念。按此定义，“安全完整性”显然就是安全相关系统正确地完成其规定功能中的安全功能的可靠度；如果这个系统没有其他功能，只是专门用来防范危害发生的、仅在规定条件下才实施其安全防护功能的系统(例如简单的紧急关闭/停机系统)，那么在数值上两者应该就是一回事。事实上“安全完整性”这个直译的名称并不十分适合中文的理解习惯，在相关国外标准被我国国家标准采纳之前也曾被译为安全完善性；而按照《铁路信号可靠性安全性理论及证实》一书的分析，使用安全性完善度的提法应该更为合适，因为这是一种定量度量安全性的“计量单位”，称之为“度”比较符合一般习惯。

实际上，IEC 61508 使用的则是安全完整性等级(SIL)的概念，即 Safety Integrity Level。因为对于系统的安全性而言，除去由于硬件随机故障所造成的、可通过可靠性预计方法进行定量度量(硬件安全完整性)的影响因素之外，还有很难或无法定量度量的、由人为错误/差错所导致的系统性故障(系统性安全完整性)的影响。普遍接受的事实是,不可能对 E/E/PE 安全相关系统所有方面的安全完整性都进行定量的预测。为保证目标失效量得以实现,必须考虑的预防措施不得不使用定性的技术、措施和判断。系统性安全完整性尤为如此,为达到规定的安全完整性等级所需的系统性安全完整性,在考虑必要的预防措施时,不得不采用相应的定性技术和判断。对系统安全性的优化必须同时兼顾这两方面的因素,而“安全完整性等级被用作为匹配定性方法(避免系统性失效)和定量方法(控制随机失效)的手段”。IEC 61508 标准按(所允许的)危险失效率指标数量级的不同对安全完整性进行了等级划分,并以对安全相关系统提出操作要求的频率分为以危险失效平均概率为单位的低要求操作(运行)模式,和以每小时危险失效概率为单位的高要求或连续操作(运行)模式两种不同的模式;按照 IEC 61508 最新发布的 2010 版标准,其具体数值分别见表 3-1 和表 3-2。

表 3-1 安全完整性等级:在低要求运行模式下安全功能的目标失效量

安全完整性等级(SIL)	安全功能在要求时的危险失效平均概率(PFDavg)
4	$\geq 10^{-5}$且$<10^{-4}$
3	$\geq 10^{-4}$且$<10^{-3}$
2	$\geq 10^{-3}$且$<10^{-2}$
1	$\geq 10^{-2}$且$<10^{-1}$

注:低要求模式:仅当要求时才执行将 EUC(受控设备)导入规定安全状态的安全功能,并且要求的频率不大于每年一次。

表 3-2 安全完整性等级:在高要求或连续运行模式下安全功能目标失效量

安全完整性等级(SIL)	安全功能的每小时危险失效平均概率(PFH)
4	$\geq 10^{-9}$且$<10^{-8}$
3	$\geq 10^{-8}$且$<10^{-7}$
2	$\geq 10^{-7}$且$<10^{-6}$
1	$\geq 10^{-6}$且$<10^{-5}$

注:高要求模式:将 EUC(受控设备)导入规定安全状态的安全功能仅当要求时才执行,并且要求的频率大于每年一次;
连续模式:将 EUC(受控设备)保持在安全状态的安全功能是正常运行的一部分。

表 3-1 与表 3-2 将分配给由 E/E/PE 安全相关系统执行的安全功能的目标失效量与安全完整性等级联系起来。由于使用的单位不同,表 3-1(低要求)与表 3-2(高要求)在数值上每个级别都相差 4 个数量级,但若将低要求每年不大于一次的频率粗略折中地取为 10 000 h 一次(一年共 8 760 h),则其安全度的整体水平与高要求是完全一致的。实际上,这类每年仅需要防护系统进行不超过一次的安全防护操作要求,就一般情况而言,通常意味着需要防护的受控设备其自身的安全度或可靠度水平就已经比较高(不低于 10^{-4})了,或者还同时采用了其他的风险降低措施。必要的风险降低可由 E/E/PE(电气/电子/可编程)安全相关系统、其他技术安全相关系统和外部风险降低设施同时实现,也是 IEC 61508 标准所强调的重点之一。

由于铁路信号控制系统基本都属于连续模式,所以 EN 50129 中只使用了高要求或连续模式下的安全完整性分级表,即表 3-2;只是将其中的每小时危险失效平均概率明确为每功能每小时可容许危害(可容许危险失效)率 THR,在表中就直接表明安全完整性针对的是安全相关系统的每个功能而言的,突出功能安全的基本内涵,使该表对 SIL 的表达更加全面与清晰。

“分配给 E/E/PE 安全相关系统每个安全功能的安全完整性要求，应按表中的安全完整性等级进行规定”。具体而言，安全完整性的确定需要对系统每一个功能分别评估、计算与衡量，而并非针对系统整体“算总账”，因为任何(除去几乎并不存在的极端专一与简单的)安全相关系统的功能都是多方面的，既有安全相关功能也有非安全相关功能(如帮助、维护等功能)；其非安全相关功能的数量也可能超过甚至远远超过安全相关功能的数量；其各个安全相关功能也完全可能有不同的安全完整性等级要求。因而说某个系统是 SIL“*X*”的，严格意义上应是指其实现某种或某些种关键的安全相关功能时能够达到的最高的那个安全完整性级别(要求)。在这个意义上，计算机联锁系统的安全完整性属于连续模式中的最高级别，即通常所说的 SIL4 级，因为其许多常用与不常用的基本功能都随时能够直接决定或涉及重大生命攸关的行车安全，对这些功能的可容许危害率显然应该降至最低级别。

值得注意的是，表 3-1、表 3-2 中所给出的确定安全完整性各级别可容许危险失效率的这些标准量值曾经进行过修改。修改之前的低要求和高要求或连续两种模式相应的 SIL4 指标曾经分别高达为$>10^{-6}$且$<10^{-5}$和$>10^{-10}$且$<10^{-9}$，即修改后现行的 SIL4 实际上只相当于修改前的 SIL3，其余等级均依此类推。也就是说现行的安全完整性等级指标相对于最初的等级指标而言，都是被放宽了 1 个数量级后“降级”而来的。这应该是经过多年的实际运用之后，基于当前所能达到的技术与管理水平、所能承受的成本(包括人员、时间成本)与所能接受的风险，综合评估而确定的，实质上是在客观因素的影响下对原本过高、难于承受的主观期望值进行的一次切合实际的调整。而在安全(完整性)等级的划分数量方面，IEC 61508 事实上将 TUV(德国技术监督委员会)早期所形成的 7 级安全标准大幅度简化为 1～4 共 4 个等级(非安全相关系统为 0 级)；并在实际操作中将 1、2 两级归为一类，3、4 两级归为一类，因其在对各级所规定的相应的技术与管理措施方面，1、2 两级之间的差异和 3、4 两级之间的差异都非常小，基本相同。这样在技术与管理的实际操作层面上，安全完整性等级实际上就几乎只有两个级别了，这显然更加有利于标准化和工程化的规模实施。

(五)安全相关系统

作为功能安全及其标准的主要适用对象，IEC 61508 中对安全相关系统(safety-related system)做了大量的表述，其重点是以紧急停机系统为代表的专用于安全防护的系统，在其定义和附注中对该类系统的关键描述为：“必须要能实现要求的安全功能以达到或保持 EUC(受控设备)的安全状态”“在接受命令时采取适当的动作防止 EUC 进入危险状态……”“安全相关系统可以是 EUC 控制系统(与 EUC 不同且分开)的组成部分，也可用传感器和/或执行器与 EUC 接口，即可通过实现 EUC 控制系统中的安全功能达到要求的安全完整性等级，或者利用分离、独立、专门的安全相关系统实现安全功能”“以防止危险事件的发生或/和减轻危险事件的影响”“人也可作为安全相关系统的一部分，……执行安全动作”。其中，关键词“安全功能”的定义为：“针对特定的危险事件，为达到或保持 EUC 的安全状态，由 E/E/PE 安全相关系统、其他技术安全相关系统或外部风险降低设施实现的功能。”由此可见，IEC 61508 主要考虑的是这样一类安全相关系统：它可以是独立的也可以是受控设备控制系统中的一部分，当在特定的危险事件发生时必须执行安全动作实现其保护受控设备进入或保持在安全状态的功能。

以计算机联锁为代表的铁路信号地面核心控制系统，与上述系统的特点有明显不同：它不是仅在必要时才对受控设备起到安全防护作用的系统，而是直接执行生命攸关功能、且必须对自身的错误和失效所可能产生的风险进行安全防护的系统，是将控制和安全防护功能完全融为一体的一类安全相关系统。因此，欧洲铁路标准 EN 50129 虽然采纳 IEC 61508 包括安全完整性定义在内的整个功能安全体系，却无法直接使用其关于安全相关系统的定义，而只是简单地将安全相关解释为："对安全负有责任"，并没有给出关于安全相关系统的明确定义。失效(failure)，则是一个曾经在这两个标准中有所不同的基本定义。失效是"功能单元执行一个要求功能的能力的终止"；危险失效(dangerous failure)是"使安全相关系统处于潜在的危险或丧失功能状态的失效"；IEC 61508 此前所定义的失效情况相对简单而狭义，只考虑了功能丧失或部分丧失的情况，其主要对象显然是类似紧急停车，且仅针对单个 EUC 的这类只当功能丧失、无法执行时才影响安全的、专用于安全防护的系统。而 EN 50129 则以"与规定的系统行为相背离"的定义，将功能在执行时可能会发生偏差的情况也包含在失效范围之内。以计算机联锁系统的开放信号功能为例，两者的区别表现在：如果仅在成功执行和不能执行(功能丧失)的范围内考虑，该功能就只有安全失效模式(信号不能开放是安全的)；但若考虑因故障(如译码错误)而错误开放了其他信号的情况，该功能就显然还有危险失效模式存在。IEC 61508 在 2010 年发布的新版中对失效的定义进行了补充修正，修改为"功能单元执行一个要求功能的能力的终止，或功能单元以非要求的方式运行。"

对计算机联锁这类直接影响并决定行车安全的铁路信号核心控制系统，其安全性可以更具体地表述为：对行车安全负有责任的系统(安全相关系统)在规定的条件下、规定的时间内执行规定的功能时不导致可能危及行车安全的情况发生的能力；其安全度(安全完整性)的具体表述为：(行车)安全相关系统在规定的条件下、规定的时间内执行规定的功能时不导致可能危及行车安全的情况发生的概率。

在《铁路信号可靠性安全性理论及证实》一书中，根据对安全带来危害的大小、直接与间接、技术实现上要求的严格程度，将通常泛指的安全相关系统进一步划分为安全性牵连系统、特指的安全性相关系统和安全性苛求系统。计算机联锁这类要求具有最高安全完整性等级——SIL4 级的系统显然属于要求程度最高的一类，即安全性苛求系统。

(六)安全技术概念的基础

总体上，安全性的技术概念以下述内容为基础：

(1)系统在所有运行、维护和环境模式下可能发生的所有危险。

(2)以后果严重性表示的每个危害的特征。

(3)所有安全性/安全相关的失效，包括：

—所有可能会导致危险的系统失效模式(安全相关失效模式)，它是全部可靠性失效模式的子集；

—每个安全相关失效模式发生的概率；

—在应用中可能导致事故的事件(即导致事故的危险)的顺序和/或并发、失效、运行状态、环境条件等；

—应用中每个事件(可能导致事故的)、失效、运行状态和环境条件等发生的概率。

(4)系统安全相关部分的可维修性，包括：

—系统中与安全相关失效模式或危害有关的部分或其部件维修/维护的方便性；

—系统安全相关部分在维护活动期间内发生错误的概率；

—将系统恢复到安全状态的时间。

(5)系统运行(操作)与系统安全相关部分的维修，包括：

—人为因素对系统所有安全相关部分的有效维修/维护及系统安全运行的影响；

—用于系统安全相关部分有效维修/维护和安全运行的工具、设施和程序；

—处理危险并减轻危害后果的有效控制和措施。

(七)“失效—安全”

“失效—安全”(Fail-Safe)是“结合在产品设计内的一种理念，即发生失效事件时产品导向或维持在安全状态”。“失效—安全”及其基本原则是 EN 50129 在已有近 180 年历史的铁路信号传统“故障—安全”理念的基础上，基于当代功能安全概念和技术做出的重要发展，因为传统“故障—安全”技术的有效性以经验为基础，对大型复杂电子系统的开发与使用有很大局限性，“考虑到失效组合数值的指数增长，通常意味着确定性的方法是不可行的。在这样复杂的系统中，可以有效地使用概率法”。(EN 50126)

1.“失效—安全”机制的三种实现方式

EN 50129 在附录 B 中的单一故障影响一节列举并定义了“失效—安全”机制的三种实现方式。

反应式“失效—安全”(reactive fail-safety)：一个安全相关功能可由单个项执行，前提是通过快速的危险故障检测(例如通过编码，多路计算和比较，或通过连续的测试)和拒绝来确保其安全操作；检测和拒绝所需的最大时间不应超出规定的有潜在危害的瞬间输出持续时间限制。虽然安全相关功能只由一个项实施，但检查/测试/检测功能实际是允许其实施的第二项，因此必须是独立的，以避免共因失效。

组合式“失效—安全”(composite fail-safety)：每个安全相关功能必须至少由两个项来执行，只有当必要数量的项取得一致时，才允许进行非限制行为。各项之间必须相互独立，以避免共因失效。应能在足够短的时间内检测出一个项中的危险故障并加以拒绝，以确保在检测和拒绝期间出现第二个故障(第二个项发生相同故障)的风险小于规定的概率指标。“非限制行为”是指当其被错误执行时很可能会导致危险的行为。

固有(内在)式“失效—安全”(inherent fail-safety)：一个安全相关功能由单个项执行，前提是项的所有可信失效模式均为非危险的，且对任何被声称/认为是不可信的失效模式(例如因为固有的物理特性而被认为难以发生)也按照规定的规程(EN 50129 附件 C)进行确认评定。

此处的“固有”或“内在”指的就是物理特性。固有式“失效—安全”，就是利用某种固有的物理特性来达到(在一定条件下)其所有可信失效模式都是安全的目的。这基本上就是铁路信号传统意义上的“故障—安全”，也是三种“失效—安全”机制中最为理想的一种。因为这种方式在满足其所有可信失效模式所要求的前提条件下，本质上已经“自然”地具有能够强制实现安全状态的“拒绝”机制，并不存在在组合式和反应式中可能因多故障的叠加而产生危险的情况，理论上已无须再采取其他安全措施了。但“失效”与“故障”在 EN 50129 中是不同的概念，按照其给出的定义，“故障”(fault)是一种能导致系统错误或失效的异常情况，故障可能是系统性的或随机性的；“失效”(failure)则指与规定的系统行为产生偏差的情况，失效是系统错误或故障的结果。据此定义使用“失效—安全”的概念更为准确一些，一是因为故障的存在有时不一定会及时表现出来并导致失效的发生，二是这样表达可以有别于传统的“故障—安全”概念，因为“失效—安全”适用的范围更为广泛。

显然，EN 50129 对传统的“故障—安全”理念进行了扩展，将适合于复杂电子系统的反应式和组合式这两种“失效—安全”机制也纳入进来，并明确使用概率的概念对其作出了限定，即：必须在足够短的时间内，检测到可能直接或与第二个故障组合后造成危险的单故障，并予以拒绝（强制进入安全状态）；这一时间应确保在检测和拒绝期间出现第二个故障的风险小于规定的概率指标；即虽然有某两个或多个故障同时存在就会导致危险的可能，但只要对其中任何一个单故障的检测和处理时间都“足够短”，能够确保在这期间出现第二个故障的概率小于规定的指标，则其风险就应该是可以接受的。

事实上 EN 50129 的这种扩展在很长的时间内并不为传统的“故障—安全”理念所接受。值得一提的是，即便 IEC 61508 也是在 2010 年刚刚修订的新版中才对“失效—安全”概念采取了比较认可的态度，而此前则一直在引言中强调：“……未使用‘失效—安全’的概念，虽然这个概念在很好定义了失效模式和复杂性相对较低时可能非常有用。由于 E/E/PE 安全相关系统的复杂性均涵盖于本标准范围之内，因此‘失效—安全’概念并不适用。”特别是直至 1997 年，在 IEC 60204 中还禁止电子逻辑（硬件或软件）用于机械安全相关系统作为紧急停止使用的 0 类停止功能，并且在美国和日本同期的标准中也都有类似的规定。可见，电子系统在功能安全领域的使用，也从一开始就是在质疑和阻碍中发展的。

2. 三种“失效—安全”机制实现方式的特点

(1)反应“失效—安全”的特点

基于独立性的要求，反应“失效—安全”机制实际上通常是由将功能处理（控制侧）与故障检测和拒绝机制（监控侧）分开实现的两部分电子结构所组成的，以避免共因失效。反应“失效—安全”，首先是基于某种确定的条件或规律（编码、对比等），通过对特定的命令/条件/测试数据（相当于“输入”）及其经运算/驱动处理后的可预知结果（相当于“输出”）进行持续的校核监控来检出故障，进而达到“失效—安全”保障之目的。这在某种意义上可以说是现代控制系统普遍遵循的闭环控制原理的一种特例，其各种技术实现手段通常也是电子系统最具优势并普遍加以采用的。使用反应“失效—安全”技术时，通常更关注其“闭环”范围内“输入”与“输出”的内在关联规律，在许多情况下可以基本无须再具体地判别甚至无须再详细考虑、分析故障的具体失效模式、叠加数量以及发生的具体位置，就可以考虑如何检出故障且给出提示，并根据其后果对安全的影响程度决定是否启动拒绝机制（如切断驱动电源/将表示信息置为安全侧），因而可以有效避免复杂电子特别是大规模集成电路系统失效模式难于确定、故障情况无法穷举的难题。

反应“失效—安全”的关键，在于其监控侧的独立性、对危险侧故障的检测及其“拒绝”（强制到安全状态）机制的实时性和有效性。特别是对系统末端控制部分而言，这种方式对故障检测及“拒绝”处理时间的要求，是三种方式中最为严格的，因为当危险故障发生在控制侧时，在其被发现并加以控制之前，相关的输出很可能已经给出，稍有迟缓（超过受控对象的动作时间）就会造成后级的错误动作而可能产生危险后果。

(2)组合“失效—安全”的特点

组合“失效—安全”本质上是使用基于比较/表决的多重系冗余方式（二取二、三取二等），由功能相同甚至硬件和软件也相同的多个独立子系统，以只有在取得必要数量上的一致时才允许进行“非限制行为”的原则，达到有效限制故障的危险影响（如二取二），或完全屏蔽故障的影响(三重系以上的多数表决,可使任何单故障都完全不影响系统的正常工作)之目的的“失效—安全”机制。

与反应“失效—安全”相比,组合“失效—安全”的硬件冗余度及成本更高,但其比较/表决机制对单子系危险故障的限制/屏蔽作用,可为对故障的检出、确认和拒绝提供充裕得多的时间,只要在这一时间内其他子系发生造成相同结果的故障概率小于规定的指标,而与受控对象的时间特性无关;并且该机制本身就同时起到有效的故障在线检测作用,无论单一故障如何复杂、如何难以被直接检测到,只要引发了导致错误影响的失效,在各子系独立性良好的前提下就可以通过简单的比较来检出,比较有差异就意味着有故障存在。实际上,这种通过在线持续进行的比较/表决,也完全可以理解为是由各独立子系对彼此之间运算处理与测试的过程或结果所进行的互检。

与反应“失效—安全”相类似,组合“失效—安全”的关键,也在于其各子系的独立性、对危险侧故障的检测及其拒绝机制的实时性和有效性;因其比较/表决机制已具有相当的在线故障检测能力,所以重点在于独立性以及拒绝机制的实时性和有效性。

(3)固有“失效—安全”的特点

从技术实现的角度看,固有“失效—安全”与反应“失效—安全”和组合“失效—安全”有本质上的区别。固有“失效—安全”主要通过利用某种或某几种物理特性,以巧妙的设计来构造具有明显故障不对称性的安全相关的电子电路(系统)。相对于组合“失效—安全”和反应“失效—安全”机制来说,可以说它在本质上就已经“自然”具有能够强制实现安全状态的“拒绝”功能,理论上可无须再另外设置任何比较/表决机制以及拒绝机制,其故障检测与处理是否及时、有效,都不会影响到安全性,更多的只是起到报警指示,以便及时修复或投入备份的作用。

固有式“失效—安全”是三种“失效—安全”机制中最理想,但也是适用情况最为简单、最为受限的一种方式,大多只能用于实现功能和结构都很简单的电路,如安全驱动电路、必要时强制系统进入或保持在安全状态的“拒绝”电路等。对以大规模集成电路(包括微处理器)为代表的现代通用电子器件,一般无法使用固有“失效—安全”技术,因为很难预测并确定其可能存在的所有可信失效模式,更无法穷举验证其所有可信失效都是安全的,通常反而能够很容易地在其已知可信失效模式中确定存在诸多的危险模式。

第二节 “失效—安全”的基本原则

铁路信号是最早从技术上产生并确立“故障—安全”理念和设计原则的领域。单一故障及一个误操作不应产生危险;对可能产生危险的叠加故障,应在其单故障发生时能够予以检测并报警,这是铁路信号传统的基本安全原则之一。“设计的电路最低限度应能防止发生一处故障与一次错误办理同时存在的情况下可能产生危及行车安全的后果”——TB 1774—1986《继电式电气集中联锁技术条件》第 2.6 条对我国继电式集中联锁设备设计做出的这一规定,从技术角度比较准确地体现了这一基本安全原则。EN 50129 则在上述传统理念和原则的基础上,通过定义固有“失效—安全”、组合“失效—安全”和反应“失效—安全”,将铁路信号传统的“故障—安全”引入并扩展到现代的可编程电子系统领域,并且在故障的影响方面深化、细化及量化,明确了以下对“失效—安全”的基本原则性技术要求。

一、“失效—安全”的实现原则及基本要求

1. 单故障处理原则

“在发生单个随机故障时，应确保系统/子系统/设备满足规定的 THR(可容忍危险率)。当可识别的任何一种单一随机硬件故障发生时，应保证 SIL3 和 SIL4 的系统保持安全。被证明其影响可被忽略的故障可以不予考虑。”

事实上，这一原则分三种情况全面、完整、准确地表述了对单个随机硬件故障情况下的“失效—安全”要求：

(1)对可不予考虑的故障需要证明其对安全性的影响可以被忽略。

(2)对已知的、可识别的单故障，应确定性地而不是概率性地保证 SIL3 和 SIL4 级的系统安全。这一点非常关键，其实际含义是并非对所有故障都只要简单地达到 SIL4 级安全完整性标准就可以了，对可识别单故障的要求更高，传统“绝对安全”的概念在此仍然有效。EN 50129还在附录C中给出了确认硬件元器件可信失效模式的三类规程和相关信息，列举了大量已在实际应用中得到确认的失效模式，以为故障识别之用。

(3)在排除掉(1)(2)两种情况后，这一原则显然就成为(或者说剩下)：对于不可识别的单个随机硬件故障，应确保系统/子系统/设备满足规定的可容忍危险率 THR；即对单故障而言，THR 要求针对的仅仅是不可识别的故障，主要是要确保发生不可识别的危险故障的概率低于 THR，这意味着需要以采用成熟技术为主而慎用新技术，因为“新技术具有巨大的潜在新危害(缺少经验)”，还有“由于引入新技术导致铁路系统原来固有的潜在危害的暴露；由于缺少恰当或合适的规范而产生的设计危害；特定操作模式可能不太适应既有铁路系统，并可能对操作者、维护者或其他成员、公众造成新的危害等。”

但慎用并非不用，而往往是晚用，是当新技术在其他领域、在铁路非关键领域使用、发展成熟，特别是对其主要危险故障及失效率与控制措施深入了解之后再引入安全相关系统，才有可能将不可识别的危险失效概率控制在可容忍的限度之内。事实上，车站联锁就是计算机工控技术最晚进入的领域(之一)。

显然，三种情况中无论哪种情况，对故障及故障危害的识别都至关重要。

2. 单故障检测原则

必须在足够短的时间内，检测到可能直接造成或与第二个故障组合后造成危险的单故障，并予以拒绝(强制进入安全状态)以实现规定的量化安全目标；这一时间对于组合“失效—安全”而言，应确保在检测和拒绝期间出现第二个故障的风险小于规定的概率指标，对于反应“失效—安全”，则不应超出对有潜在危险的瞬间输出持续时间的规定限制(如对信号继电器这一时间小于 100 ms)。

这一主要针对组合“失效—安全”和反应“失效—安全”故障检测与拒绝机制的原则要求，明确使用了“时间”和“概率”指标，作为对其单故障安全防护的有效性在考虑两个故障叠加情况下的衡量标准；即只要对其中任何一个单故障的检测和拒绝的处理时间“足够短”，使得在这期间出现第二个故障的概率小于规定的指标值，就应该能够判定是符合“失效—安全”标准的(虽然这些指标值的确定，在操作层面仍然具有很大的不确定性)。

具体而言，上述直接造成危险的故障，主要指反应“失效—安全”中控制项的危险故障；叠加后造成危险的故障，主要指组合“失效—安全”中单个项中的危险故障和反应“失效—安全”

中检查项的故障。所以实际上对反应“失效—安全”而言，严格意义上存在着两种情况或者说两种指标，即对其控制侧中的危险故障是由“有潜在危险的瞬间输出持续时间的规定”所决定的一个“绝对”数值；而对其监控侧的危险故障则是一个与组合式相类同的概率指标，即对在这期间控制侧再出现危险故障的概率的限定值；只因在实际操作中不易、且通常也无须再对是哪一侧中的故障加以区分，所以只取保守侧为准。

3. 多故障防护原则

应及时检测可能直接造成危险或与继发故障组合后造成危险的多重故障(例如两重或三重故障)，并在能够满足规定安全指标的时间内强制达到一个安全状态。

此项要求考虑的多重故障组合(同时或相继发生)，主要是针对某个部件单故障的及时检测和拒绝是不可能或不适宜的情况。对此 EN 50129 在其参考性的附录 D 中要求再增加独立部件，采用三取三(3oo3)结构以确保两个部件同时故障是无危害的；如果对这三个部件中两个部件的双故障的及时检测和拒绝还是不可能或不适宜的，则应确保三个部件同时故障是无危害的，这意味着至少需要四个独立部件(4oo4 结构)。EN 50129 还给出了相应的分析、确认流程图，体现了以安全指标为准的原则，对危险故障检测与拒绝的苛求并不仅止于两个故障叠加的情况，但也没有再涉及更多故障叠加的情况。实际上，对于已能识别的故障而言，当其难以或不可能在线检测时，通常对其进行离线检查及测试并不十分困难，尤其是对连续运行时间不长、和/或专用于安全防护等具备较好离线测试条件的系统(如车载 ATP)。与在线检测综合考虑，有针对性、合理地安排离线测试的检测内容和时间间隔，也是保证对危险故障的检测覆盖率及多故障叠加概率满足规定量化安全目标的重要技术措施；如前所述，这在 IEC 61508 标准中已有详细的表述与计算。

4. 系统性故障防护原则

“除通过质量管理和安全管理技术来减少人为错误的概率之外，还应采取技术性措施，以使得即便存在一个危险性系统故障，也尽可能地防止它产生不可接受的风险。”例如：“对操作者和维护人员所犯的可预见的致命失误，只要有可能都应通过设计来防止和消除，或者在完成该动作之前对这些动作进行二次确认”。铁路信号在传统上一直非常重视对误操作的防护，EN 50129 强烈推荐 SIL3、SIL4 级的系统对每个输入命令都进行合理性检查。

这一原则的内涵实际上非常广泛，远大于对误操作防护的范围，需要在产品的研发和工程化的过程中就针对工程实施和使用维护各阶段(工程设计、软/硬件生产、现场施工、检验、使用、维护等)的具体情况，以尽量减少必须通过质量管理和安全管理来保障系统安全完整性的相关工作内容为目的，在全面、细致分析的基础上，进行大量的技术工作；而不是相反，把许多本可由技术手段能够解决，尤其是在并不显著增加成本的前提下就能够解决的安全保障问题推给管理，长期将一干相关人员置于本可在研发过程中就能一次性解除的“险境”。例如，因列车运行监控装置(LKJ)不合理的线路数据配置方式而造成的 4·28 特别重大事故就是非常典型的例子。

对系统性危险故障的技术防护，很多时候还需要在应用层面的“应用设计”和应用软件的参与和介入，虽然往往无法定量衡量与规定，但一般都可以找到很多非常有效、且通常并不十分复杂的此类技术性措施。譬如在计算机联锁系统中，普遍采用的“双驱”(驱动两个继电器吸起道岔才能动作)道岔启动防护、信号继电器表示接点状态与驱动控制命令的校核检验等，都能够非常有效地对设计错误、配线错误、数据错误，乃至计算机平台软件错误、联锁软件错误等系统性故障进行安全防护；在联锁软件中比较完备的各种误操作防护处理，能够非常有效地对大多数人为操作错误进行安全防护。

总体上，EN 50129 的上述四项原则性要求，明确了铁路信号安全苛求可编程控制系统在故障影响下的"失效—安全"功能，应能有效涵盖发生多个随机故障及一个系统性故障的复杂情况；各项要求完整覆盖了可识别的和不可识别的故障，覆盖了从单故障、双故障再到多故障的各种情况下，对系统"失效—安全"功能相应的设计实现原则和性能判据指标。可以说是对铁路信号电子控制系统"失效—安全"原则的具体实现所给出的完整而细化的基本核心要求。

二、"失效—安全"的前提条件

1. 独立性

各子系/项的独立性，是组合"失效—安全"和反应"失效—安全"的强制性先决条件，它们应在物理上和功能上充分独立；系统研发、设计时亦应有流程上的独立性保证；应采取在系统整个生命周期内有效的措施，尽量最大限度地减小由于各种独立性的丧失而带来的潜在危险后果。必须采取措施防止因电连接、电磁耦合等物理连接而可能形成的各项间意外的（内部）物理干扰，以及基于物理连接的各项间的（内部）功能干扰；应采取措施防止电磁、静电、电源、外部输入输出、气候、机械等因素引起的意外的外部物理干扰；必须采取措施屏蔽外部功能干扰。对此，EN 50129 给出了相关的诸多措施和标准。

2. 故障检测与拒绝

故障检测特别是对危险故障的检测及强制到安全状态的"拒绝"机制的有效性，显然也同样是组合"失效—安全"和反应"失效—安全"的先决条件。EN 50129 推荐以固有"失效—安全"技术实现组合"失效—安全"和反应"失效—安全"的拒绝机制，并在其资料性的附录 E 中对其强烈推荐用于 SIL3 和 SIL4 级系统的结构之一、基于"失效—安全"比较的双电子结构（组合式"失效—安全"），强调了对其故障检测（比较）自身的"失效—安全"要求。事实上对于反应式"失效—安全"也同样，故障检测（及拒绝）机制自身也应具有"失效—安全"性能，才能在整体结构上保证"失效—安全"的完整性，但似乎是由于技术实现方面的问题，EN 50129 对反应式"失效—安全""网开一面"了。

固有"失效—安全"的前提条件，则是必须能够逐个确定在限定的条件下其所有可信失效模式均为非危险的；分析确定过程中需要考虑的元器件失效模式，应使用 EN 50129 附件 C 规定的程序来鉴别。

三、硬件随机失效模式的识别

对于风险分析乃至"失效—安全"设计至为关键的故障后果分析，EN 50129 明确规定了以下三类硬件元器件失效模式的识别确认规程。

1. 一般规程

一般规程主要针对常见的分立元器件，以极具可操作性的、可扩充的列表形式，给出多种元器件的必须作为设计和分析的基础加以考虑的多种可信失效模式（其中还包括许多可在一定条件下确定为不可信的失效模式）；因为"为了分析单一故障的后果，有必要识别每个硬件元器件可信失效模式。"

"可信失效模式"，是指该失效模式并非仅是存在于一般性的分析或假想之中，而是已经发生过或已经过了充分的分析而被确认。

2. 针对集成电路的规程(包括微处理器)

“采用集成电路的设计需要特殊对待,因为很难预测设备可能存在的所有可信失效模式。对于可编程设备更应如此,因为在设备边界观测到的失效模式是和具体应用相关的。”

应对特定应用的危险失效模式进行识别并作评估和论证,以表明每个已确定的危险侧失效模式:要么由于内部软件构造和数据结构不大可能发生;要么在外部被检测到,并且在规定的时间内强制进入安全状态。

3. 针对基于固有物理特性的元器件的规程

如果使用固有“失效—安全”技术,无论其使用哪种技术或技术组合,都必须使用适当的结构分析方法来进行证明,以确保单个器件的随机失效模式是非危险的。分析过程中考虑的元器件失效模式应按照规定的程序来鉴别,还必须对被认为是不可信的任何元器件的非可信失效模式提供充足的证明。证明包括但不限于对内在物理特性的理论解释;与公认的质量标准一致的证据;元器件特殊结构、特殊装配或其他预防措施的说明;超出元器件额定值(例如由于故障或过载)并非是失效模式出现的原因的证据;用测试结果来论证元器件在不利条件下的“失效—安全”行为(通过物理测试、技术论证、仿真等方法);已有的元器件内在/固有的“失效—安全”特性可信赖的经验证据。EN 50129 还对其元器件失效模式列表中某些在一定条件下能够被证明为是不可信的失效模式,列举了近 40 项相关条件的说明和指南。事实上,对于采用固有“失效—安全”技术来说,此类证明极为重要并且往往是比较困难的。

综上所述,在 IEC 61508 所确立的功能安全体系的基础上,EN 50129 通过定义三类“失效—安全”机制,提出四项故障处理原则,将主要以理念、经验、几乎无定量标准为特征的铁路信号传统的“故障—安全”加以扩展,细化、深化、量化及理论化,进而引入到现代的可编程电子系统领域;确立了以非“故障—安全”器件/组件构成故障(失效)—安全系统的方法,全面改变了需要依靠设计自身具有某种固有物理特性的、符合“故障—安全”原则的设备或器件,并以此为基础构建安全系统的传统方法,使得以计算机联锁为典型代表的现代铁路信号复杂可编程安全苛求系统得以实现。上述原则以及由 EN 50129 所明确的“失效—安全”前提条件、所给出的三种失效模式确认规程和相关的大量列表,形成了完整的“失效—安全”体系,基本解决了铁路信号安全苛求系统的“失效—安全”应该怎样做、做到什么程度以及如何衡量的原则性问题;可以说是在技术方面,对包括计算机联锁在内的铁路信号安全苛求电子系统“失效—安全”分析和设计的核心要素、实施原则与指南。

第三节　可靠性和安全性的影响因素及一般改进途径

一、系统性失效与随机失效

失效是影响可靠性和安全性的根本因素。从失效机理特征的角度,失效分为随机硬件失效和系统性失效两大类;按照 IEC 61508 的划分,安全性完整性可认为由与之相对应的硬件安全完整性和系统(性)安全完整性两部分组成。

随机硬件失效,是完好的产品在运用中因多种不确定因素的诱发而随机出现的物理故障所导致;具有典型的随机特性,是可能随时发生、却无法预知及控制其何时发生的失效(譬如,微电子器件因高能粒子的撞击而产生的失效),但其失效率可以用统计方法量化度量和预计。

因而硬件安全完整性可使用可靠性数学方法通过失效率、可靠度等指标“用合理的精确度来预计”的方式对其进行定量度量。

系统性失效，则是由系统性故障所导致的原因确定的失效，虽然有时很难发现并确定复杂系统、特别是复杂可编程电子系统的系统性失效产生原因或条件，但一旦确定就可以通过控制这些条件确定性地复现或避免该失效的发生。系统性故障是在系统/子系统/设备的规范、设计、制造、安装、运行或维护阶段中因内在缺陷引起的故障，是在生命周期的各阶段中由人为错误导致的故障。一般认为，系统性失效是无法进行定量度量(分析)及预计的失效。因为“系统性故障的影响与引入它的生命周期阶段有关，且为避免系统性失效的各种单一措施的有效性都与应用有关”，且永远无法全部一一列举，因而“尽管与系统性失效有关的平均失效率(也许)可以估计，但失效的分布难以预计”，这会使得失效率计算具有与特定(应用)情况相关的很大的不确定性。

随着系统功能及其构成复杂度，尤其是可编程系统软、硬件复杂度的快速增长，系统性失效往往已经成为影响系统可靠性及安全性更为广泛的主要因素。对于计算机联锁这类复杂可编程安全相关电子系统，无论在可靠性还是在安全性方面，软件错误引发的失效甚至已经是构成系统性失效的主要部分，故 IEC 61508 和 EN 50128 都还使用了软件安全完整性等级概念。但 IEC 61508 的“一种离散的等级(四种可能等级之一)，用于规定在安全相关系统中软件的安全完整性”只能称之为是一种侧面的表述，EN 50128 的定义更为确切、明了：软件安全完整性等级是“一组分级数字，它确定了为将残余软件故障降低到一个适当水平所应采用的技术和措施”。这种几乎直接将安全完整性等级与应采取的技术和措施等同起来的方法，显然只是一种在操作层面控制(工程)应用标准的评判方法，与有可靠性数学体系为理论支撑的可靠度预计(计算)及评判方法有很大的不同。盖因系统性的失效无法定量度量，故与其相关的系统性安全完整性无法像硬件(随机失效)安全完整性那样使用与可靠度相对应的安全度的概念，而只能大致以等级的方式来表示。“当使用与指定安全完整性相应的方法、工具和技术开发产品时，可声明该产品是安全完整性为 X 等级的产品。此声明表明该产品在规定环境条件下、在某个完整性级别上具有指定的功能”，EN 50126 清晰地表述了产品 SIL 等级的实际意义，重点在于使用了与指定安全完整性相应的方法、工具和技术。

从失效的角度分析，一个产品从用户表达需求到产品实现及最终失效，可用图 3-7 所示的过程来表示。

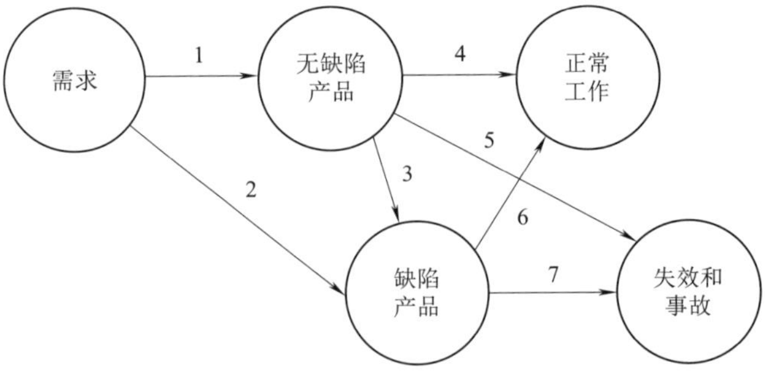

图 3-7　从用户表达需求到产品实现至失效导致事故的过程

图中节点到节点的迁移含义如下：

1. 需求功能得以正确表现且完整无误地实现，得到了一个无缺陷的产品。

2. 需求功能在实现时出现人因差错，致使实现的功能不正确或不完整，所以得到了一个缺陷产品。

3. 一个无缺陷的产品由于内部随机出现的一个永久性（非瞬时）物理故障使它变成一个缺陷产品。

4. 产品在使用中所实施的都是符合规程的操作，无缺陷产品得到正常的结果。

5. 产品在使用中随机发生了误操作、违规操作，也就是通过无缺陷产品得到的是失效和事故。

6. 产品在使用中甘愿损失一部分功能，在符合规程的操作中回避一些会暴露已知缺陷的操作。在这种情况下，即使使用缺陷产品也能得到正常的结果。

7. 除了 6 以外的所有操作。

从需求直到失效，一共是 3 条路径，即{1,5}、{1,3,7}和{2,7}，都包含具有随机性质的事件，区别在于：有的发生在前期的开发阶段，有的发生在后期的运用阶段；有的是人因的，有的是物理的。其中，{1,3,7}是典型的或者说是完全由随机出现的物理故障所导致的随机失效（途径）；其余两个通常作为典型的系统性失效（途径），{2,7}实际上是完全不考虑或忽略了迁移 2（设计与实现过程）中人因差错中的随机性因素，而对导致迁移 5 的违规操作或误操作可由其他措施或系统自身的安全功能（铁路信号尤其注重系统自身对误操作的防护）加以防范，前提是首先要对所有可能导致危害的误操作给予足够充分的识别，尤其是对复杂系统。

实际上，在需求的确定及表达过程中也存在着人因差错风险；对于复杂可编程的安全苛求系统而言，这类风险往往还很可能是比较大的。

二、保障、提高安全性和可靠性的一般方法

显然，硬件安全完整性与系统性安全完整性在其所对应的失效机制以及失效数据处理方面存在巨大差异，这些差异也必然反映在为提高或保障可靠性、特别是安全完整性所采取的相应的技术与措施上。与此相对应，可靠性及功能安全保障主要依赖于两类措施，一类是用于防护系统性失效的、避免或容许故障的恰当措施，一类是用于控制随机故障的措施；而安全完整性等级被用作为匹配定性方法（避免系统性失效）和定量方法（控制随机失效）的手段。“对每一个功能均应有一个定性的安全目标和与之关联的定量目标；定性目标应以安全完整性等级的形式给出，且应涵盖系统失效完整性；定量目标应以失效率的形式给出，且应涵盖随机失效完整性”。EN 50129 并未使用 IEC 61508 的系统性安全完整性和硬件安全完整性概念，而是更为直接地从失效的角度使用了与之相对应的系统（性）失效完整性和随机失效完整性概念，只是其中文版标准中“失效完整性”的这种直译方式，若仅从字面理解有逻辑相悖的感觉，因为失效（无论系统性的还是随机性的）是器件/设备/系统故障后的某种异常状态，其状态本身并无（安全）完整性可言，且“失效完整”在逻辑上也讲不太通，《铁路信号可靠性安全性理论及证实》一书中就使用了更为准确的系统（性）失效防范完善度和随机失效防范完善度的说法。EN 50129 从防范系统性失效和随机失效的角度，给出了满足安全完整性等级要求的所有要素条件及其相互间的关系，如图 3-8 所示。

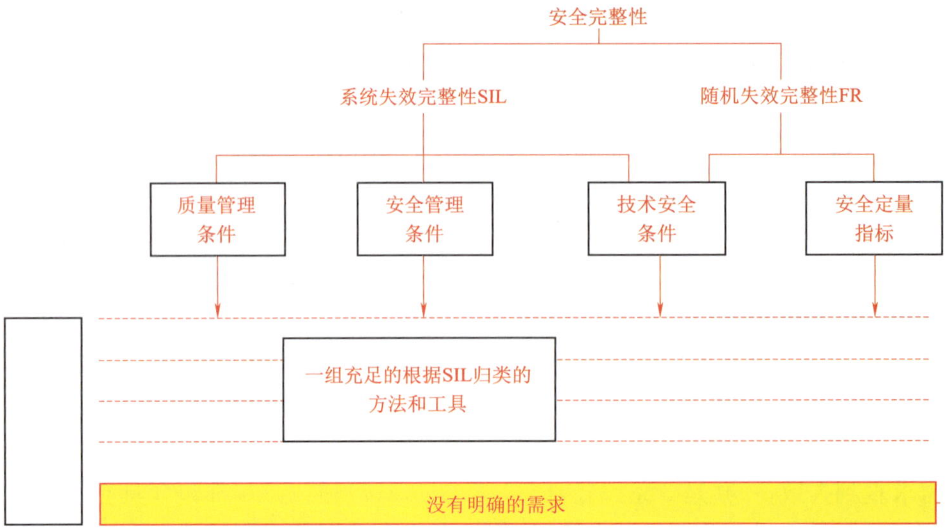

图 3-8　SIL 与技术的关系

图中的三个条件和一个定量指标是决定产品安全完整性的四个要素，其中的三个都与系统性失效有关，并且系统的功能和结构越复杂（包括复杂的硬件和复杂的软件），通常系统性失效所占的比重就越大。对系统性失效的防范，要依赖于在技术安全条件基础上的质量管理和安全管理，特别是安全管理。EN 50129 正文的主要部分，就是对安全管理的核心内容做出的规定，包括直观反映安全生命周期主要过程结构的 V 形图定义，安全组织及其独立性要求，安全计划、需求规范、评审、验证和确认等。通常对涉及安全管理的人员的技术要求高于质量管理，并且更注重其在相关领域内的经验和业绩。

技术安全是关键要素，既是防范随机失效造成危害后果的唯一措施，也是防范系统性失效造成危害后果的有效措施。尤其是对系统的研发而言，正确的设计理念、对关键技术的深刻理解和把握，不是对方法和流程的管理所能决定和替代的；技术安全条件可以影响甚至决定管理的水平和有效性，而对方法及流程的正确管理可以有效避免疏忽和遗漏。基于铁路信号的传统，EN 50129 对以技术安全措施防护系统性故障也提出了明确要求："除通过质量和安全管理技术来减少人为错误的发生概率之外，还必须采取技术性措施，以使得即便存在一个危险性系统故障，也尽可能地防止它产生不可接受的风险。" EN 50128 则通过对轨道交通控制和防护设备应用中可编程电子系统的软件开发，在规程和技术要求方面做出的一系列规定明确了保障软件安全完整性的措施；这些规定和措施涉及软件计划、需求、结构、设计与实现、验证和测试、软硬件集成、软件确认、软件评估等软件生命周期的各个阶段。其中类似于硬件组合式安全冗余结构的异构多版本编程也是提高软件安全性非常有效的技术手段，虽然对计算机联锁这类复杂软件系统而言，这往往要付出极大的人工成本代价并给软件的维护、升级带来很大困难。

对于随机失效，可以说技术安全是唯一措施，因为安全定量指标的确定和分配基本上也是技术性的。以技术措施提高系统的硬件安全完整性，总体上就是要减小其危险失效率 λ_D；对于复杂电子系统而言，尤其是应减小其中不能被在线检测到的危险失效的失效率 λ_{DU}（即提高对危险故障的在线检测覆盖率 DC 和安全失效分数 SFF），因为当发生可被在线检测的危险失效时，有效、及时的故障检测及拒绝机制仍可保障系统安全。由于 λ_D 是系统总失效率 λ 的一部分，所以减小 λ_D 有两种途径：一种是在保持比值 λ_D/λ 不增加的前提下减小总失效率 λ，即在保持危险失效比率不升高的前提下，提高系统的可靠性也就提高了其安全性。由于在故障模式没有向危险侧明显恶化的情况下，这个前提通常总是能够满足的；还有就是对于典型的紧急停机类安全防护系统，需要时不能成功动作就是危险的，其失效率 λ 和危险失效率 λ_D 基本就是一回事，因而在某种程度上造成了只要提高可靠性就可以提高安全性的普遍印象。另一种途径就是通过直接减小 λ_D 或 λ_{DU} 来提高安全性，尤其是当总失效率 λ 难于或无法降低到满足要求时。

提高可靠性有基础性的和结构性的两种途径，当采用材料，工艺、器件等基础性方法仍达不到要求时，或因成本及其他原因不能或不宜采用上述基础性的方法时，可靠性冗余结构就是唯一的选择。提高安全性也有基础性的和结构性的两种途径。基础性的途径就是使用固有“失效—安全”技术，从整体上减小危险失效率 λ_D。其中最理想的情况是由“故障—安全”器件构成专用的计算机联锁等安全相关系统，这种方式在理论上可以使 $\lambda_D=0$。我国和日本早期都进行过此类研发但均未获成功。固有“失效—安全”技术现只是在计算机联锁系统局部的某些关键部位得到使用。基于通用器件的复杂电子系统，尤其是可编程系统，无法以固有式“失效—安全”作为主要的技术安全保障方式；主要依赖于冗余结构和冗余技术的组合式和反应式“失效—安全”才是提高其安全性的主要技术手段，这两种方式都是通过有效的故障检测（减小 λ_{DU}）与拒绝机制进行安全保障的。

“对于硬件安全完整性，安全功能所声明的最高安全完整性等级，受限于硬件故障裕度和执行该安全功能子系统的安全失效分数”，IEC 61508 将可反映硬件冗余程度的硬件故障裕度和反映对危险故障在线检测程度的安全失效分数，明确作为对安全相关系统达到所要求的硬件安全完整性的必要结构约束条件，并分 A、B 两类给出了安全相关子系统的硬件故障裕度、安全失效分数与其所能达到的最高 SIL 等级的关系列表，见表 3-3、表 3-4。

表 3-3　硬件安全完整性：A 类安全相关子系统的结构约束

安全失效分数	硬件故障裕度		
	0	1	2
＜60％	SIL1	SIL2	SIL3
60％～90％	SIL2	SIL3	SIL4
90％～99％	SIL3	SIL4	SIL4
≥99％	SIL3	SIL4	SIL4

注：硬件故障裕度 N 表示 $N+1$ 个故障将导致安全功能的丧失。

表 3-4　硬件安全完整性：B 类安全相关子系统的结构约束

安全失效分数	硬件故障裕度		
	0	1	2
＜60％	不允许	SIL1	SIL2
60％～90％	SIL1	SIL2	SIL3
90％～99％	SIL2	SIL3	SIL4
≥99％	SIL3	SIL4	SIL4

注：硬件故障裕度 N 表示 $N+1$ 个故障将导致安全功能的丧失。

A类安全相关系统系指同时满足下列3个条件的安全相关系统：

1. 所有部件的失效模式都已被很好定义；

2. 故障状况下子系统的行为能够完全确定；

3. 已通过现场经验获得充足而可靠的数据，可表明满足所声明的可检测到的和未检测到的危险失效的失效率。

B类安全相关系统则是上述条件中只要有任何一个不能满足安全相关系统，且系统中只要一个组件/部件是B类，该系统就应被视为B类系统。显然，包括计算机联锁系统在内的复杂可编程电子系统属于结构约束条件更为严格的B类安全相关系统。

按照表中对硬件故障裕度（冗余度）的定义，使用执行项与检查/测试项独立的反应式"失效—安全"，以及使用两个独立执行项的组合式"失效—安全"（二取二）的硬件故障裕度都为1（组合式和反应式"失效—安全"本质上都是采用增加硬件故障裕度，即冗余的方法提高安全性），采用三取三安全冗余方式的组合式"失效—安全"的硬件故障裕度为2。所以，对于目前使用最为普遍的二取二组合式"失效—安全"冗余结构，以及常用于实现反应式"失效—安全"的（闭环）检测控制等安全冗余结构，按表3-4的要求，其安全失效分数SFF至少应在99%以上才能达到SIL4级的安全完整性。

由前述IEC 61508关于安全失效分数的定义 $SFF=(\lambda_S+\lambda_{DD})/\lambda$ 表明，其可划分为 λ_S/λ 和 λ_{DD}/λ 两部分。实际上，这两个部分在提高系统安全性的实现层面上分别代表了上述基础性和结构性的两种技术方向，即：

1. 通过令安全失效率 λ_S 趋近于 λ 或者令危险失效率 λ_D 趋近于0，来加大式中的第一项。事实上，传统的"故障—安全"或固有"失效—安全"技术就是通过利用某种固有的物理特性扩大故障的不对称性，将危险失效率降低至可以接受甚至可以被忽略的程度的。但由于通用电子器件/组件乃至一般电路通常都不具有故障不对称性特点，普遍认为或可假设通用电子器件/组件的 $\lambda_S=\lambda_D=0.5\lambda$，即第一项一般可简单取值为1/2。

2. 此时决定第二项数值大小的DC（$=\lambda_{DD}/\lambda_D$，可在线检测的危险失效率与总危险失效率之比），通常就成为影响电子系统特别是复杂电子系统安全性的主要关键因素，即提高对危险失效率的在线检测覆盖率，尤其是对失效率较高的危险故障的检测覆盖率至关重要；反应"失效—安全"和组合"失效—安全"技术本质上都主要是结构性的、基于故障检测的安全冗余技术。

总而言之，能够保障硬件故障裕度的安全冗余结构和能够决定安全失效分数的对危险故障的在线检测覆盖率，是影响或者说是提高与保障硬件安全完整性的两个最为关键的要素。

第四章　计算机联锁系统中的常见冗余技术

本章对冗余的基本概念，常见冗余结构的要点、特点及其可靠性、安全性进行了介绍、解读和对比，分析了铁路信号系统的安全相关与冗余特点；分析了故障检测与冗余的关系以及计算机联锁系统主控层与执行层的故障检测特点；阐述了安全相关通信与冗余的关系。

第一节　概　　述

冗余技术是复杂电子系统在改进基础材料、器件和工艺之外，提高可靠性和安全性的唯一技术途径，也是进行故障检测及通信安全信息防护的有效手段。

一、我国计算机联锁系统的主要冗余结构

由于计算机硬件成本的降低和性能的提升，也由于计算机安全苛求系统的复杂性日益增加，以及社会发展对可靠性特别是安全性的要求持续提高，导致采用多重冗余、特别是整体多重系冗余结构方式的计算机控制系统日益普遍。我国计算机联锁系统历经三十年的发展，在我国铁路已达到工程规模化上道使用，获得或曾经获得上道许可的前后共计有 12 个型号系列。除去早期引进美国的 VPI 联锁系统为单机结构外(VPI 后来也改为双机热备结构)，其余全部采用了多重系整体冗余结构，共有双机热备、“三取二”和“二乘二取二”3 种冗余类型。由于冗余对于提高系统可靠性特别是安全性的重要作用，现在业内已把冗余结构作为划分甚至衡量计算机联锁系统的第一标准，提及某型计算机联锁系统时，几乎首先联想到的就是其属于哪种冗余结构。

二、冗余及相关基本概念

冗余(redundancy)作为技术术语，狭义上多含有相同的备份的意思，是用于提高可靠性和可用性非常有效的技术手段。EN 50129 给出的冗余定义即为：“通过一个或多个额外的(通常是同等的)方法容错。”IEC 61508 则给出了更为广义的定义：“对于执行一个要求功能的功能单元或对于表示信息的数据而言，除了够用之外还有多余。”并举例：“功能部件加倍和奇偶校验位的附加都是冗余的例子。” 计算机系统可采用的冗余技术，除基本的硬件冗余外，还有软件冗余、时间冗余和信息冗余等特有的冗余方式。合理的冗余应该是多而不余，“多”的是完成基本应用功能的单元，“余”的目的和作用则是提高系统的可靠性和/或安全性。

IEC 61508 以 $MooN(M\leqslant N)$ 表示在 N 个独立完成相同功能的通道结构中的 M 个通道。当采用以 M 为判值的表决原则构成冗余时，$MooN$ 就是标准可靠性模型中的 m/n[G]表决系统，即该冗余系统功能完好的条件为：N 个通道中有 M 个及 M 以上个完好。在此定义下，$MooN$ 在形式上可代表一大类冗余结构，上述常见的双机热备、二取二和三取二冗余，亦都可以统一纳入这种表达方式，分别表示为 1oo2、2oo2 和 2oo3。

需要强调的是：本质上，“*MooN*”能够清晰表达的只是包括输出选择方式（表决/比较/选择）在内的由多个“通道”构成的基本冗余结构或冗余关系，并未也无法表达该冗余结构在“通道”故障后的处理原则。而冗余系统的故障检出及其后的处理原则不但通常是影响和决定 *MooN* 系统具体技术实现的关键因素，而且对冗余系统可靠性、安全性的影响也至关重要。即冗余系统的可靠性、安全性不但取决于其 *MooN* 结构，还取决于其故障检测的有效性和故障处理原则，而且一般还与其安全相关功能的性质以及实现方式密切相关。当然，这些因素也都直接影响对冗余系统可靠性和安全性的分析与建模（可靠性框图等）、计算；特别是后者，甚至还可能会导致同一种 *MooN* 结构对安全相关功能性质及其实现方式不同的系统的安全性起到不同的作用。1oo2 和 2oo2 就是最为典型的两种此类结构，它们对 IEC 61508 标准所主要面向的“紧急停止”类安全相关系统与铁路信号安全苛求系统的安全性的作用就都是恰恰相反的（详见以下章节）。因此，了解、分析或计算某种冗余系统的安全性，在 *MooN* 结构之外还需要确定“通道”的安全相关功能是怎样和在什么条件下实现的（或者还需要确定其危险失效是怎样和在什么条件下发生的）；还需要确定检出故障后的处理原则。

IEC 61508 将通道定义为：“独立执行一个功能的一个或一组元素；可以用来描述一个完整的系统或一个系统的一部分”，“元素可能包括输入/输出模块、逻辑系统、传感器和最终元件”。其该类通道的基本典型结构如图 4-1 所示。

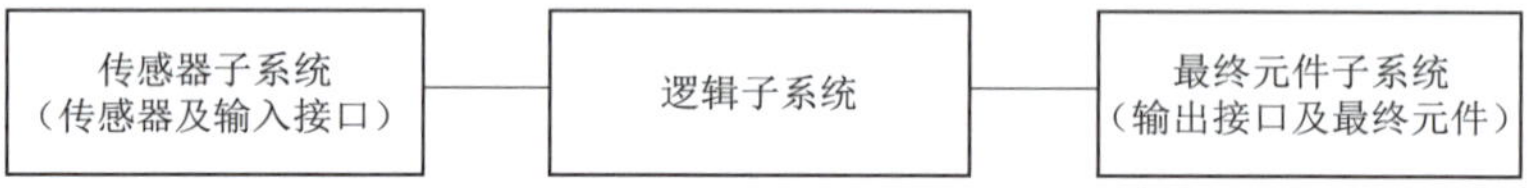

图 4-1　通道基本结构示意

图 4-2 为 IEC 61508 给出的电气/电子/可编程电子（E/E/PE）系统的典型基本结构示意图，具有与图 4-1 相同的典型通道结构。

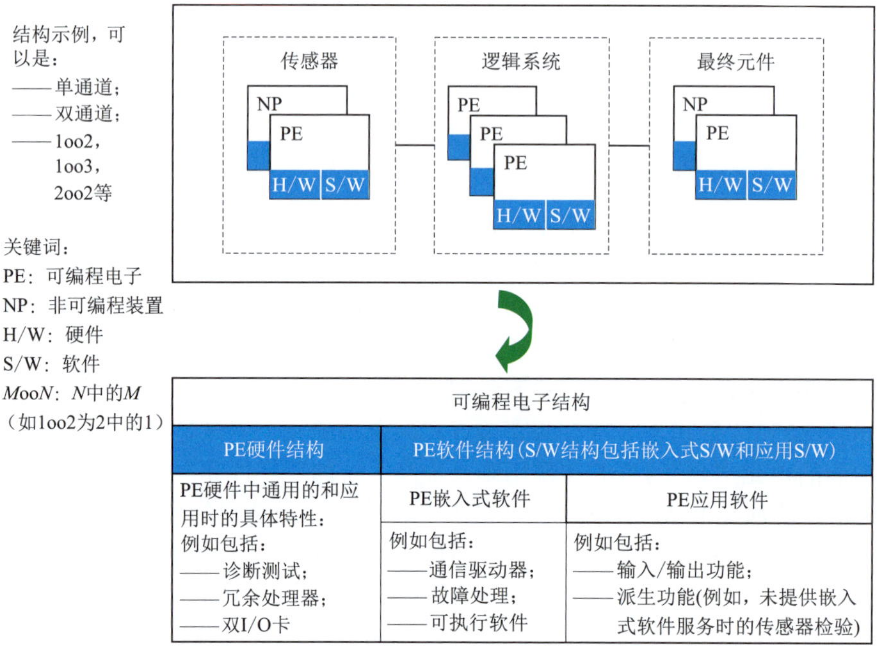

图 4-2　E/E/PE 系统的典型基本结构示意

显然，此类系统主要来自广泛用于化工、石油、冶金、电力等工业领域的过程控制系统，并具有明显的集散控制（集中管理、分散控制）系统现场控制单元的一般特点：功能单一或有限；对象单一或有限；单个单元的作用范围比较有限；各个现场控制单元之间的功能相对或完全独立；使用通道一词可谓是对上述特征比较形象而贴切的一种表述。

第二节 铁路信号系统的安全相关与冗余特点

以 EN 50129 为代表的欧洲铁路安全相关系统的系列标准，是在 IEC 61508 标准体系的框架下和基础上，根据铁路信号的行业特点及传统构建的适用于铁路应用领域的功能安全标准；虽然其全面采纳了 IEC 61508 包括生命周期、安全、风险、安全完整性等基本定义及其主要的衡量、控制管理体系和计算方法、技术、措施等，但正如本书第三章所述，由于铁路信号控制系统，特别是以计算机联锁为代表的地面（集中）控制中心类的安全苛求控制系统，具有与 IEC 61508标准所直接面向的、多为在工业过程控制领域中专用于或主要用于实现安全防护功能的安全相关系统显著不同的特点，以至于 EN 铁路系列标准不但无法直接使用IEC 61508 关于安全相关系统的定义，而且实际上还导致了在冗余结构对可靠性特别是安全性的作用，以及对系统危险失效率计算方面的影响也有很大不同。

事实上，冗余结构（主要是 1oo2 和 2oo2 结构）对安全性和可靠性的作用，首先取决于安全相关系统的应用特点以及对硬件结构的具体配置和使用原则。由于不同行业中系统的安全相关特点不同，包括应用特点不同、使用方式不同，甚至在不同的观察角度下，可能会导致同样的冗余结构对安全性所起的作用也是不同的，甚至还可能是大相径庭的（实际上这也是一个有时会给业内人士带来困惑的问题），因此应该首先了解各类安全相关系统不同的特点，特别是应用特点，即该系统在安全应用中的作用及“身份”特点。

以下详述这两类安全相关系统的主要不同特点，并分别以 A 类表示 IEC 61508 所直接面向的主要实现安全防护功能的“紧急停止”类安全相关系统、以 B 类表示铁路信号安全相关系统，采用逐项对比的方式以便于理解。

1. 系统安全相关功能的特点不同

A 类：大都在功能和/或物理上都相对独立，独立于受控系统或设备（EUC）；通常只面向各种安全防护功能，一般并不介入或并不直接介入受控系统或设备具体应用功能的实现，具有监控特征明显的特点。当特定的危险事件（可能）发生时，系统必须执行规定的安全动作（如紧急停止）实现其保护受控设备进入或保持在安全状态的功能，否则就可能造成危害；但如果 EUC 及其控制系统（如果有的话）正常，系统的安全相关功能通常并不需要被执行，即使其发生了（危险）失效（不起作用），只要没有执行安全功能的“要求”被提出，亦不会导致任何危害的发生；而如果系统在未要求时错误地执行了其安全功能，通常也不会有危险。实际上，对于 EUC 而言，典型“紧急停止”系统的功能基本上就相当或者类似于 EN 50129 在组合“失效—安全”和反应“失效—安全”中所定义的“拒绝”功能。

B 类：大都直接执行生命攸关的应用功能，且必须对自身的错误和失效所可能产生的风险给予安全保障。将控制和安全防护功能特别是“失效—安全”功能融为一体，在系统层面上可能反而没有仅在“要求”时才对受控设备起单纯安全防护作用的功能；这类安全相关系统直接面向各种信号系统的具体应用需求，实现所有或主要的应用功能，而非仅对受控设备进行“监控”;当其功能被正确地执行时没有任何风险,但执行错误时(包括执行对象错误、执行时机错误,执行不成功错误)就极有可能是危险甚至是非常危险的。

2. 系统功能的边界及对象特点有所不同

A类:功能的“通道”特征明显。其安全功能通常比较清晰、单一或比较有限;某个安全功能相关的直接受控对象单一或数量有限;基本功能单元的作用范围比较清晰、有限,各单元相互间的功能相对独立。这些特点使得功能在执行时发生执行对象错误的可能性较低(甚至不存在)而便于控制与防护。

B类:功能通常较多且比较复杂,功能的涉及面宽、整体性强,且功能与控制对象之间、安全功能之间及安全功能与一般功能之间关联紧密、“纠缠”较多,通常难于清晰地分割划分;而且直接的控制相关对象数量较大,甚至可以达到庞大的程度。这些特点使得功能在执行时发生执行对象错误的可能性较大,而对象错误往往风险性更大。严格意义上,这类系统通常并不具有狭义上的通道特点,通道对其完全是广义上的概念(亦称为单元、模块或项),是一个可以小到器件、大到复杂系统的范围很宽的泛指;在表述系统或子系统级的整体冗余结构时,通道就是系统或子系统(简称为系或子系,为了与习惯称呼相适应有时也称之为“机”)。

3. 实现安全保障的方式及策略有所不同

A类:强调与其他E/E/PE安全相关系统、其他技术安全相关系统或外部风险降低设施一道达到要求的安全完整性,即尽量同时运用多种技术措施以达到安全目的。A类系统所覆盖的领域广泛,新技术、新领域发展迅速,控制特点、运行及后果影响等情况具有多样性,相应的故障处理方式/原则亦比较灵活、多样;且多偏重于尽量不影响或不过多影响可靠性的处理方式,但也不排除采用“失效—安全”技术。

B类:由于铁路尤其是传统铁路具有安全侧明显且易于实现的特点,传承特点鲜明的“故障—安全”始终是铁路信号的核心理念和故障处理的基本原则,往往以牺牲一定的可靠性换取更高的安全性。事实上,特别是对于具有控制中心特点的大规模铁路信号安全苛求系统而言,由于其应用的功能复杂性和控制唯一性特点,较难甚至无法由多个技术系统共同实现复杂的应用需求及其安全保障功能。因而对计算机联锁等铁路信号核心控制系统在管理措施和辅助性的技术措施之外,大都不再使用其他也能够起主要或重要作用的技术安全相关系统;也就是说,这些核心信号系统通常就是行车安全在其相关领域中最后的主要技术保障,责任重大。

4. 危险失效的判定原则有所不同

A类:一般以在要求时能否正确执行规定的安全功能为其失效性质的判定原则,当失效导致不能完成该功能(如前述的通道关闭)时即为危险失效。

B类:需要对控制过程及其后果逐一进行全面分析,特别是各种失效的影响分析;以因失效而导致错误执行或执行错误的行为后,是否可能危及行车安全为原则,确定控制过程中的限制行为、非限制行为和/或控制对象的限制侧(对应于安全侧)和非限制侧(对应于危险侧),以及危险失效和安全失效。

其中,“非限制行为”是EN 50129在定义组合“失效—安全”时所直接使用的一个概念,就是导致系统进入或保持在非限制侧状态的行为。非限制侧状态则系指当因失效而导致系统状态发生错误后处于可能危及行车安全那一侧的状态,否则就是限制侧状态。例如:开放状态就是信号的非限制侧状态,因为信号的错误开放(包括错误保留)极为危险;而关闭状态为其对应的限制侧状态,因为信号的错误关闭或不能开放是安全的。相应地,开放信号的“行为”就是非限制行为，当这个行为被错误地执行(不应开放时开放)时是危险的；当这个行为在执行时出现错误则可能是危险的(如，开放对象搞错，错误地开放了其他信号)，也可能是非危险的(开放不成功)。关闭信号的"行为"则是与之对应的限制行为，当这个行为被错误地执行(不应关闭时关闭)时是非危险的；但当其在执行时发生错误则也有可能是危险的(应该关闭的信号未关闭)。

事实上，为了避免因非限制行为错误造成非限制状态错误发生或保留，以及限制行为错误也可能造成非限制状态错误保留的危险，铁路信号安全苛求系统的设计都遵循对非限制行为的控制必须持续、重复进行才有效的原则，且大都采用固有"失效—安全"或具有固有"失效—安全"特征的技术措施使得这种控制一旦中断(电路)就"自动"转为限制侧状态，以有效降低非限制行为和限制行为因执行错误所可能产生的风险。

"限制行为""限制侧"和"非限制侧"则都是与其相对应和相关的延伸概念，这些概念都是 IEC 61508 中所没有的。虽然 EN 50129 并未对"非限制行为"进行任何解释，但这一概念的内涵却能够比较准确地体现出铁路信号控制系统的主要特点；而将系统的行为或状态直接划分为安全侧和危险侧，严格地讲并不十分准确，因为如上所述，这些行为和状态本身都是系统实现其正常应用功能所必需的，只当其被错误地执行或执行中发生错误时才有可能是危险甚至是非常危险的，所以使用限制侧/非限制侧的概念更为严谨和准确。实际上，在联锁系统中类似的限制与非限制状态、限制与非限制行为还有很多，诸如道岔的锁闭与解锁、进路的锁闭与解锁等等；而且每种状态或行为对象的数量规模还可能相当大。

5. 提高安全性的冗余结构及其故障处理原则有所不同

A 类：采用 1oo$N$ 的可靠性冗余方式可提高安全性。

由上述对限制行为和非限制行为的定义及分析可知，典型的"紧急停止"类系统绝大部分时间处于非限制状态下，是以在要求时执行限制性行为为主的安全防护系统，除去其限制性行为不能有效执行(或者被错误"缓解")以外，并无其他可能因失效而导致危害的非限制性行为。因而采用 1oo$N$ 冗余结构提高其限制行为的可靠性就是提高其安全性，也肯定能够提高其安全性，因为虽然这同时也增加了其限制行为被错误执行的概率，但这并不形成危险，不会影响对安全性的提高；而 Noo$N$ 则会降低其安全性，因为 A 类系统的安全性就是在要求时能够正确执行其安全功能的可靠性，两者在此是完全一致的，降低可靠性就是降低安全性。

B 类：基于 Noo$N$ 一致性比较[或 Moo$N$($1<M\leqslant N$)表决]的组合"失效—安全"是提高其安全性的有效技术措施。

对于实现各种应用功能、一般需要实时进行多种复杂的限制性和非限制性行为的铁路信号安全相关系统，其任何不能被及时在线检出的危险失效都会因 1oo$N$ 冗余结构的使用而增加其发生概率，尤其是采用"并用"方式的 1oo$N$ 冗余结构，因为其中任何一个"通道"执行了错误的非限制性行为而未被"拒绝"，都会直接导致系统发生危险失效；而 Noo$N$ 结构则可通过一致性比较，在非共因失效的情况下，极为有效地避免因任何不大于 $N-1$ 个通道执行相同的、错误的非限制性行为而使系统发生危险失效，但以可靠性的显著降低为代价。

可以说，1oo$N$(最常见的如 1oo2)和 Noo$N$(最常见的如 2oo2)是 Moo$N$ 中的两个"极端"结构。显然，这两个结构对于上述 A、B 两类安全相关系统安全完整性的作用是完全不同的，甚至可以说是恰恰相反：对于 A 类，1oo2 可提高安全性，2oo2 则降低安全性；对于 B 类，2oo2 可提高安全性，1oo2 则降低安全性。

第三节 双机热备冗余(1oo2)

一、1oo2 冗余的三种实现方式

双机热备冗余可以说是 1oo2 冗余结构的最高级形式。作为最基本的可靠性冗余结构，1oo2 结构由两个完成相同规定功能并具有备份关系的基本单元构成，且只要其中一个不失效时，就能够执行规定的功能。如何确定单元的功能完好(故障检测)、两个单元是否需要及如何同时工作，当对功能的实现出现差异时是否需要以及如何进行切换，是采用 1oo2 冗余需要首先确定和解决的关键问题。若按照包括故障处理原则在内的实现方式的不同分类，1oo2 通常可划分为双机冷备/温备、双机并用和双机热备等类型。

图 4-3 为三种方式的基本结构示意，其中以 M 表示具有某种功能的基本单元模块。

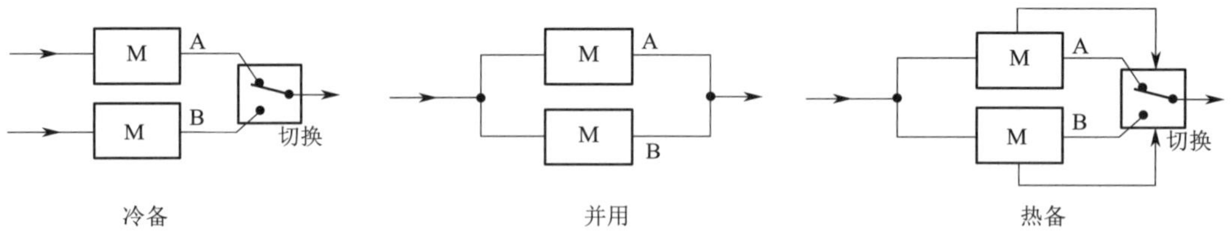

图 4-3 双机备用系统 1oo2 的三种冗余方式基本结构示意

1. 双机冷备/温备

双机冷备或温备，是备用系统并不同时参与工作，且一般需由人工确认系统的状态并进行切换或更换的冗余方式，两者的区别仅在于备用系统是否加电。这种方式简单、有效，适用于对可靠性、可用性要求尤其是对运行连续性要求不高的使用情况。

2. 双机并用

双机并用适用于显示系统、操作维护终端、电源系统等可以“独立”并行工作，且通常可不必进行切换的使用情况。数字输出电路亦可通过“线或”、对受控继电器的“双线圈独立并行驱动”等方式，实现对其有效控制侧的并行驱动控制。由于没有处于可靠性“瓶颈”位置的切换机制的可靠性制约以及存在切换时间的不利影响，双机并用方式更能够充分发挥双机可靠性冗余的优势，达到比双机热备更高的可靠度水平，且实现“无扰切换”完全不是问题。在安全性方面，如上节所述，双机并用也是典型“紧急停止”类安全相关系统理想的冗余方式。但对于铁路信号安全苛求系统，双机并用在有效提高系统可靠性的同时也会增加其未被及时检出与“拒绝”的危险失效的概率；而且由于没有“切换机制”对输出控制权的选择与限制，危险失效概率的增加是成倍的，应给予足够的重视。

3. 双机热备

双机热备，需要在两系之间实现自动切换，且通常要求切换时不对系统工作的连续性产生明显影响，甚至是毫无影响(无扰)的切换。系统输出的最终切换可以由硬件方式实现，也可以在硬件并用的基础上由软件控制实现。

上述三种 1oo2 冗余的实现方式在计算机联锁系统中都不同程度地在不同的范围内得到使用。

二、双机热备冗余及其要点

双机热备是双机分主、备两系同时工作，能够自动进行切换的 1oo2 冗余系统，是基于在线故障检测的可靠性基本冗余结构。

从技术实现的角度，根据系统性质及工作方式的不同，双机热备可分为同步和非同步两种类型。非同步方式是双机基本无须同步运行，且只需进行简单的切换（无同步切换）处理即可实现有效乃至无扰切换的方式；同步方式是双机必须同步运行，才能实现有效乃至无扰切换（同步切换）的方式。无须或只需进行简单同步的双机热备系统，多为具有输出状态简单，或其内部及输出状态主要是根据系统的外部环境和输入状态快速实时更新的设备，如供电系统、轨道电路发码设备等。而计算机联锁这类具有复杂时序机特征的安全苛求实时控制系统，备系必须通过同步运行的方式与主机保持相关状态（主要是进路状态）的一致，否则无法保证切换的有效和安全（切换过程中任何进路的丢失几乎就等同于迎面解锁）。

由于要在实时运行的条件下进行同步切换，并且是无扰的同步切换，导致计算机联锁系统的双机热备是技术实现难度最大的可靠性冗余方式之一；其关键是必须在完备的故障检测的基础上，构建安全有效的同步机制和快速可靠的切换机制。

（一）同步机制

同步是使相关系统或系统的相关部分，能够达到并保持某种对相互间的时间、时序有精确要求的，相互配合的运行状态的一种控制方式或工作机制。包括同步控制、同步比较及相关处理的同步机制，是实现具有复杂状态时序机特征的电子冗余系统，特别是可编程冗余系统的关键难点之一。

同步有许多种不同的使用目的和工作方式。适用于计算机冗余系统的同步机制，按照同步控制的方式划分，主要有可以实现 CPU 指令级同步的“时钟同步”（CPU 内总线同步）、可以实现串行总线传输信息“位同步”的系统总线级同步（系统总线同步）和主要由软件实现的“任务/事件”同步；按照冗余的目的和作用，则可分为用于实现双机热备冗余（1oo2）的主备同步、用于实现 $MooN(1<M\leqslant N)$ 冗余的比较或表决同步。双机热备系统主、备两系（机）的系间同步机制是典型的主备同步机制。二乘二取二系统主、备两系的系间同步机制与双机热备是完全相同的。

1. 主备同步的主要特点

对于计算机联锁主控层这类当前状态与历史状态密切相关、具有复杂时序机特征的实时控制系统，备机必须通过两系之间的同步机制快速建立并始终保持其相关的内部状态与主机一致，才能随时“无缝”地接替主机的工作而不对外部产生任何影响。这种主、备同步本质上是相同两系间的状态同步，需要通过对相关状态的交互和同步处理来实现。这些状态通常包括：系统的工作状态、控制命令、输入采集、输出控制以及与进路和进路处理相关的其他状态，等等。

由于“主、备同步”必须以两系均可单独使用且便于维护为前提，受到结构和技术方面的限制，无法使用“时钟级”的同步方式，“事件级”的同步方式通常成为主要的选择。一般而言，“事件级同步”是基于两系间的高速数据传输，由软件主导实现的同步方式；需将控制程序分解成为若干任务阶段，通过在每个任务阶段建立的“同步窗口”进行同步交换数据的方式，实现系间的数据、状态以及运行周期的同步。事件级同步允许各相关系统基本上完全独立，甚至可采用完全异构的硬件和软件系统，以有效降低“共模干扰”和“共因故障”影响的可能性；其比较表决机制，可完全由软件而不依赖于专用硬件载体进行，非常适用于采用松散耦合方式的冗余结构，特别是主、备冗余结构的系统。

2. 主备同步的一般过程

双机热备(包括二乘二取二)计算机联锁系统的主、备同步过程，实际上由两个阶段构成，即同步的建立阶段(联机阶段)和同步的保持阶段(同步阶段)。在这两个阶段进行的状态交互和处理是不相同的：在联机阶段，主机原则上需在一个运行周期内向备机传送所有与已有进路相关的全部状态信息，以供备机直接复制同步环境。联机阶段双系传输的信息量很大，甚至可能会使该运行周期延长，但在总体时间上还是一个瞬间阶段。同步阶段则是常态阶段，除主机需向备机传送控制台下发的控制命令外，在每一个运行周期，双系之间原则上只需交互为保持及确认同步运行所必要的关键状态信息即可，主要有各自的采集信息、锁闭状态信息、输出控制信息等等。而对这些交换信息的实时处理则是主、备同步的关键所在，其要点之一是“一致性处理”，尤其是对输入环境的一致性处理，这是两系将要各自进行的联锁运算的基础，以保障两系持续、稳定地同步运行。

(二)切换机制

控制系统的切换，主要是系统控制权的转换。控制权的管理原则、切换方式(怎么切换)和切换的执行方式(如何切换)是切换机制的主要关键内容。

1. 控制权唯一

控制权唯一是双机热备系统的基本原则，用以避免在双机控制状态不一致时所产生的控制混乱及其可能导致的危险。双机中具有控制权的一方为主，有效的输出控制(包括I/O接口电路的输出驱动和以通信方式传输的控制命令等)和状态显示，应由具有控制权的主系给出；在任何情况下均应可靠避免“双主”情况的发生。切换时控制权由工作机(主机)转换到备机，备机因此而升为工作机，原工作机则应脱机离线进入待机状态或停机。切换一般需要在两系之间进行输出控制、相关状态等的转换。切换机制，不仅是实现以控制权为代表的系统工作状态的转换所必需，也是双机工作时保持控制唯一性、特别是在两系状态不一致时保持控制唯一性所必需的。

2. 切换方式

双机热备系统的切换，通常有手动和自动两种方式，手动优先。手动切换可无条件地将备机切换为工作机。完善的手动切换，依据切换时备机工作状态的不同而选择不同的处理方式：

(1)对未与主机处于同步状态的备机进行切换，将会强制系统重新启动后进入信号关闭、无进路但全场锁闭的初始安全状态；在切换前需要人工确认现场状态，必须在列车和车列停稳的情况下才能进行。实际上，对备机未与主机处于同步状态时进行的手动切换与双机冷备系统的切换方式是完全相同的；或者可以说这种手动强制切换，是相当于在双机热备系统降级为双机冷备系统时使用的切换手段。

(2)对在同步状态下的备机进行手动切换时，备机则应在保留全部原有进路的情况下“自然”地升为工作机，不对行车产生任何影响；原有工作机进入脱机离线的待维护状态。

自动切换由软件控制，通常在工作系发生故障时进行，并应该是对使用不产生任何直接影响的“无扰切换”。对计算机联锁系统关键的主控层和执行层而言，无扰切换的基本核心要求是：当工作机发生采集、驱动或其他将会导致已开放的信号错误关闭、进路状态发生错误的故障时，能够及时切换至处于同步状态的备机工作，并保持信号和进路正常（已开放的信号不错误关闭、已下达的操作命令继续有效、不发生表示异常显示等）。无扰切换需要具有完善的故障检测机制，并至少在双机的进路状态和输出同步的前提下才能实现。

3. 切换的执行

在保持信号和进路正常的前提下实现无扰切换，需要切换的执行具有足够快的速度；且因切换的执行部分通常处于双机热备系统可靠性结构中的瓶颈位置（双机热备能够使系统的可靠性高于单机，但却无法超过处于公共位置的切换部分的可靠性），因此切换的执行机制应比系统其他部分更加可靠。

根据系统设计原则和技术实现手段的不同，切换的最终执行方式可有多种形式。早期采用动态驱动方式的双机热备联锁系统，曾有采用通过切换继电器的前、后接点决定控制权所属的简单切换方式的，但这种方式所用切换继电器的数量较多，且须对其一致性进行校核，因而体积庞大、配线较多，可靠性也受到一定影响。后改进为使两系各自的动态驱动组合对工作电源的极性要求相反，仅通过切换继电器的动作，对工作电源的极性进行转换的方式实现主、备切换，显著简化了切换电路并提高了切换的可靠性和安全性。这类“硬”切换方式的优点，是在物理层面就确保了控制权的唯一性，即使软件错误也没有两系同时都具有控制权，即“双主”的可能性。其缺点是切换电路的转换过程中会“瞬间断电”一定时间，要求最终的信号受控单元具有一定的“缓放”功能，因而无法直接控制信号继电器，也无法适用于对高速通信通道的切换。

直接控制信号继电器的双机热备系统（二乘二取二系统也同样），在硬件结构上都采用可实现主、备双系并用方式的驱动电路冗余设计；或者将主、备两系的驱动电路输出端直接“线或”在一起，或者将继电器的双线圈分开，由两系各自独立驱动；这样驱动控制权的转换过程就可完全由软件决定，可避免“瞬间断电”的发生，完成切换过程所需的转换时间不再成为问题；但由于双系的驱动命令在物理层面上可同时有效，驱动控制权的归属尤其是驱动控制的一致性保障，也完全取决于软件的处理逻辑，其中最为关键的是要在双系状态不一致（特别是双系又都未检测出故障）的情况下，能够确保禁止两系同时输出，并选择合理的切换策略。

（三）故障检测和主要安全措施

双机热备本质上是基于故障检测的可靠性基本冗余结构，因为无扰切换的有效性完全取决于对主、备两系故障检测，尤其是在线实时故障检测的正确性和检测覆盖率。其检测机制的完备程度，不仅直接决定热备冗余的有效程度，更重要的是它也直接决定系统的安全程度。任何对故障、特别是对危险侧故障的误检、漏检及“迟检”，都会埋下隐患。并且 1oo2 的主备冗余方式还会因其对非限制行为的“逻辑或门”作用而增加危险失效发生的风险；此外同步机制和切换机制中的错误（如错误同步、双主错误等）都可能造成十分危险的后果。这些失效一旦发生，特别是在工作机中发生或者发生在“双机并用”部分（如采用“线或”方式的输出驱动）时，就很可能导致事故，造成危害。

相比于二取二、三取二和二乘二取二系统，双机热备系统故障检测的难点主要在主控层；在于对主处理器、主存储器等诸多大规模集成电路的有效故障检测。由于没有多重系的安全冗余结构可以依托，无法使用简单比较/表决的方式进行有效的故障检测及安全防护，因而主要采用编码及程序异构的软件防护方式。

编码并进行校验，是可编程电子系统普遍采用的技术措施。冗余度较大的编码，能够非常有效地对各种故障进行检测与防护。在计算机联锁系统中,编码通常用于对程序中的关键变量和常量进行防护,并以只检错不纠错作为编码检验的基本原则,为了安全选择苛求而非容错。而对异构程序运行结果进行的比较,则可进一步对程序本身在存储和执行环节可能产生的错误,以及人为的编程错误,一并进行防护。在 20 世纪 90 年代原铁道部颁布实施的《计算机联锁暂行技术条件》中,曾要求双机热备系统采用异构联锁软件的原因即在于此。实际上并非只是联锁软件需要异构,至少还应在关键的输入、输出程序中采用异构双通道的数据结构和编程方式进行安全防护。

硬件、软件两方面的动态处理,也是双机热备计算机联锁系统最主要的故障检测与安全防护措施之一。国内主流的双机热备计算机联锁系统,均采用具有固有“失效—安全”特点的动态驱动技术,实现对受控继电器的驱动,采用动态输入的方式进行接点状态的采集。命令/状态生成持续动态更新与清除校验的原则,在状态采集、信息传输、通信、缓存及联锁运算的软件中也不同程度地被使用。

双机热备(包括二乘二取二)主、备两系之间的独立性,对系统的可靠性和安全性也至关重要:双机(系)之间应尽量保持物理上的独立性,特别是电隔离,重点包括电源、采集接点、驱动线包等等,以避免“共因故障”在两系中同时发生。两系之间良好的物理独立性对维修、维护也非常有利。

总体上,相对于具有安全冗余结构的计算机联锁系统,闭环控制、回读反馈等各种典型的控制及检测技术,各种采用特殊设计、能够有效提高故障检测覆盖率乃至具有“失效—安全”特点的专用技术,对于双机热备计算机联锁系统的作用都更加重要,因为没有整体结构上的安全冗余屏障,任何环节上的漏洞都有直接导致危险发生的可能。因此,对双机热备或单机系统实现全面安全防护的难度更大。

第四节　二取二冗余(2oo2)

一、概　　述

对于铁路信号安全相关系统而言,“二取二”(2oo2)是典型的、最基本的安全性冗余结构,是实现组合式“失效—安全”机制最常用的冗余结构。铁路信号业内俗称的“二取二”,系指符合“失效—安全”原则的二取二冗余结构,由两个完成相同规定功能的基本单元构成,且只有当两个单元取得一致时才能够执行规定的非限制性功能;否则导向安全状态,以避免错误地执行该功能所可能产生的风险。“每个安全相关功能应至少由两个项(对象)来执行。各项之间应相互独立,以避免共因失效。只有当必要数量的项取得一致时,才允许进行非限制行为。”“应能在足够短的时间内检测出第一个(危险)故障并强制达到安全状态,以确保在检测和拒绝期间出现第二个故障(第二个项发生相同故障)的风险小于规定的概率指标。”EN 50129 对组合“失效—安全”的定义,实际上也是对“二取二”安全冗余的完整诠释。图 4-4 左侧为基本单元具有数字量特征的二取二冗余基本结构示意,右侧为其冗余结构的逻辑示意。

图中的 M(1/$\underline{0}$)表示基本单元模块为数字量处理类型,其安全侧(限制侧)为逻辑 0;“与门”对 M(1/$\underline{0}$)而言,即起到当两者不一致时将输出限制在安全侧的比较器作用,并由“异或门”给出不一致的错误指示。

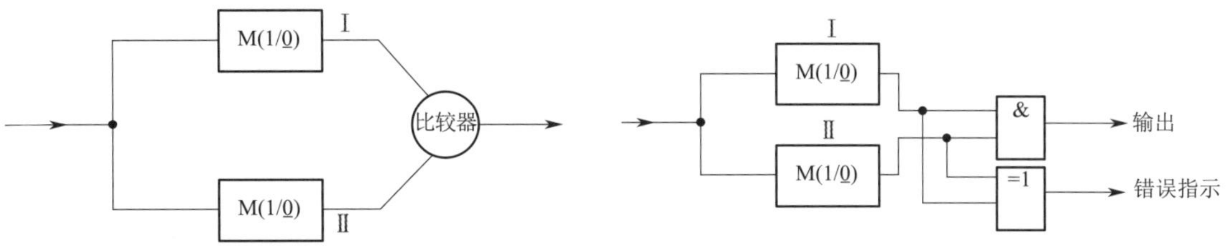

图 4-4　2oo2 冗余基本结构及其逻辑示意

二取二利用两个单元的一致性对安全相关功能的执行进行安全防护，是以牺牲可靠性为代价提高安全性的冗余结构。二取二与双机备用，在冗余目的和对基本单元的冗余使用原则上都截然不同。功能完全相同的两个单元，在双机备用中构成的是各自均可作为独立系统工作的主、备两系，以提高可靠性；二取二则用以构成必须两者一致，才能有效执行安全相关功能的两个子系，以保证安全性。

二取二是基于一致性校核原理的安全性基本冗余结构，以两子系对比的差异性作为差错发生，并进而将系统控制在安全侧的充分判据，其冗余同时起到有效检测故障并有效限制故障影响的作用，且可为对故障的检测和"拒绝处理"提供充裕的时间保障。在比较及拒绝的实现机制正确有效的前提下，能够对单子系任何可识别或不可识别的单个随机故障所引发的单子系失效进行有效防护；确保在任何单个随机故障下的系统安全，并实现对失效的高效快速检测。

二取二安全冗余的关键在于其两子系的独立性，以及有效、快速的比较、拒绝和同步运行机制。

二、一致性校核及其安全原理

对两个可编程子系统的一致性校核，一般是以比较的方式进行的；实际上是相当于以对比的方式进行的一种互检。在良好同步的基础上，无论是由硬件还是由软件实现都简单、易行，并且完全可以实时在线不间断地进行。在排除了瞬间差异的情况下，比较结果不同时，一定有故障或错误存在；结果一致时，要么没有相关的故障，要么有以下两种可能：

1. 有未被发现的共因故障存在

由于某种对两子系具有共同影响的原因的产生，而使两子系同时发生了同样的差错因而不能为比较所发现。两子系的独立性保证是解决此类共因故障问题的关键，也是二取二安全冗余有效的前提条件。采取合理的设计和有效的技术措施，增强子系之间的独立性和相异性，避免或防止内部缺陷，避免或防止内、外部物理干扰和内、外部功能干扰，可有效控制共因故障的发生。

2. 发生了导致同样差错结果的多重非共因故障

多重非共因故障的发生，是在一定的时间内先后独立发生了多个随机故障。短时间内多个随机故障的叠加，应是小概率或极小概率事件；而恰能在独立两子系中造成相同差错结果的多个随机故障叠加的可能性，显然应该会更加明显的低。缩小比较校核（故障检测）的周期，可提前发现故障，减小形成故障叠加的机会；扩大子系的状态空间，可有效地降低叠加故障产生相同差错结果的可能性。

用于安全冗余的比较校核，必须是实时持续进行的在线比较，有硬件和软件两种基本实现方式，其可在线持续进行的比较校核周期，取决于系统的软、硬件设计。软件比较的方式要比硬件慢得多，但其取决于同步周期的比较间隔，也不会超过最大数百毫秒的应用软件运行周期，相对于电子器件的可靠寿命也已经足够短。在比较周期一定的情况下，应尽量扩大每个周期内比较所涉及的范围，如将涉及的所有安全相关运算都采用动态更新方式，每周期重复进行（联锁运算本身就有这个特点和要求），并对可能较长时间不使用的内存和变量等增加专门的检查测试等。

正确扩大子系状态空间的作用，会因2oo2冗余而呈现指数级倍增的效果。例如对关键变量采用一字节长度的危险侧（限制侧）唯一编码（信息冗余），该变量随机错为危险侧代码的概率，将是其发生错码概率λ的1/256，而独立的两子系该变量都发生同样错误代码的概率则是这个数值的平方。

事实上以周期性在线测试方式进行的一致性比较，是EN 50129对大规模集成电路的故障检测所推荐的唯一具体措施，特别适合用于计算机联锁主控层这类可编程安全苛求控制系统的逻辑处理部。如前所述，因其大量采用大规模集成电路而具有极复杂的故障模式和海量内部状态，状态空间巨大，无法以任何专用技术进行全面、快速的故障检测，并达到高安全完整性级别所苛求的检测覆盖率；且无法完整确认其所有的失效模式。但也正因如此，在独立性良好的情况下，两子系在极短的时间内产生造成同样结果的错误的可能性是微乎其微的。因此，基于简单、易于在线持续快速进行的简单一致性比较，即可对其达到极为有效的故障检测效果，使复杂的故障检测反而简单化了；若排除比较机制失效的可能，可以认为“比较一致”就是没有故障发生。

三、比较及拒绝机制

在排除了瞬间差异的情况下，两个子系比较不一致，则一定有故障或错误存在；“拒绝”即是强制系统到安全状态，是铁路信号安全苛求系统特有的“失效—安全”技术的一个关键环节。对于大量使用大规模集成电路的主控层来说，由于通常无法快速、清晰地确定故障的起源，可能导致的后果是否危险很难判断，且更多的情况很可能是无法确定是哪一个子系不对，因而直接“拒绝”是唯一选择。所以，拒绝和比较更多的时候直接关联在一起，在机制上成为一体而没有其他中间过程，不一致就必然“拒绝”；虽然这会显著影响可靠性（二乘二取二可有效弥补二取二的这一缺陷），但可使拒绝的执行简单、可靠，并使“失效—安全”技术、特别是固有“失效—安全”技术的运用成为可能。显然，二取二安全冗余是以降低可靠性为代价、为了安全而苛求，其基于简单、易于在线持续快速进行的一致性比较，有差异就拒绝的原则，实际上是绝不容错。事实上在功能安全领域，特别是以“故障—安全”为特征的铁路信号领域，包括冗余在内的安全性提高措施，在很多情况下都是以牺牲可靠性为代价的。

二取二安全冗余机制，是典型的组合式“失效—安全”机制。依据EN 50129在附录E中的“强力推荐”，适用于安全完整性为SIL3和SIL4级安全相关系统的组合“失效—安全”的双电子结构应是基于“失效—安全”比较的安全相关系统。即该系统的比较及拒绝机制也应该是“失效—安全”的，否则组合“失效—安全”机制在整体上就存在一个关键缺陷，使组合“失效—安全”机制最终得以实现的这个关键环节自身却没有“失效—安全”保障。

“比较与拒绝机制”既可用软件的方式实现，也可用硬件的方式实现，也可以两者兼用。但如能以固有“失效—安全”技术实现比较与拒绝机制是最为理想的，这也是EN 50129在定义固有“失效—安全”时举例建议的；因唯有这种机制在理论上可以不再需要检测/比较乃至拒绝环节，可以不需要再对比较及拒绝环节进行安全冗余的考虑。

四、二取二的同步机制

二取二需要在两个子系之间建立同步关系，以保证执行相同功能又独立运行的两个子系能够始终保持协调一致，为两子系间的比较机制提供基准。二取二的同步机制是典型的比较同步机制，既可采用硬件同步方式实现，也可采用软件同步方式实现。

（一）时钟级同步

时钟同步是传统的硬件同步方式，可在处理器时钟级实现两子系 CPU 的指令级同步运行，并可在两者的内总线之间由硬件比较器实时进行比较。这种时钟同步方式的优点是，能够实现速度极快的比较，而且是连续进行的过程比较，对非共因故障的检测覆盖率极高；其弱点是，因两子系的硬件必须完全相同，两 CPU 的运行节拍也完全相同，同受共模干扰影响的可能性较大；“差分同步”方式对此进行了改进，使两个 CPU 的运行节拍前后错开一个固定的相位值，以使干扰失去共模效应。另一方面，由于要在总线上进行比较处理，以及新几代的处理器基本上都不再支持在其外部进行时钟同步的集成方式，现有时钟同步系统的处理速度和能力都相对有限。

（二）事件级同步

随着各种高速数据传输技术的迅速发展，以及处理器内部的高速、并行运算技术的普遍运用，主要由软件实现的事件级同步方式越来越普遍。如在前面双机热备冗余一节的主备冗余机制中所述，此种同步方式对平台的硬件要求较低，一般只需通过两（子）系间的某种高速双向数据传输通道即可实现，但对软件的要求较高。

软件实现的比较同步，要保证两子系的 CPU 对采集驱动、接收发送、信息交换、逻辑运算及一致性比较及处理等，都在同一个任务周期内同步进行。同步的具体实现方式与前述的主备同步是基本相同的，只是由于同步的目的不同，二取二比较同步的处理原则更加简单而清晰；任何瞬间的不一致（譬如两子系采集的瞬间差异）均应取安全侧为准；而较长时间的相异时，除继续导向安全侧之外，通常只需再确定是否启动拒绝机制即可。

（三）系统总线级同步

现代计算机控制系统，普遍采用以系统总线为主干的分布式智能架构。作为此类计算机的主信息通路，系统总线对计算机的体系结构和性能起决定性作用，对其可靠性及安全性起关键作用。而通过对若干此类计算机的系统总线进行同步控制，或者更准确地说是构造一种在计算机核心的信息传输层面具有多重系同步功能的特殊系统总线，则是在传统的硬件时钟同步方式和软件事件同步方式之外的另一种实现计算机整体冗余结构的同步方式。

与基于事件触发的软件同步方式截然不同，系统总线同步基于并可提供良好的时间触发任务调度机制。事件触发的主要关键特征是一个任务可以被任意时刻发生的事件所触发。事件触发调度机制具有灵活性、适应性强，响应快速的优点；其缺点是不确定性强。对于系统总线而言，若要充分满足通常是小概率的多个随机外部事件同时发生的处理需求，可能会带来极高的总线带宽成本；而绝大部分时间内高带宽总线又可能处于几乎被“闲置”的浪费状态。但当总线带宽达不到要求时，又会在随机事件发生的高峰期给系统带来不确定的延时、冒险和抖动，并可能导致不易分析的系统失效，使系统的可靠性和安全性设计难以保证；而且开发的测试工作量大、很难或无法保证测试的完备性。此外在事件触发机制下，总线故障容易蔓延，某个节点的失效（例如，持续占用总线或地址错误造成误写入）很容易造成整个系统的失效。

时间触发则是按时间顺序在预先设定好的时刻对任务进行触发，其确定性很强。适用于系统总线的时间触发机制，可有效提高总线带宽的利用率并降低带宽成本，其系统稳定性、可测试性好，并且由于具有鲁棒性分时分区特征，易于将故障节点从总线上及时、可靠地隔离出去而不会对其他节点的正常运行产生明显影响。时间触发方式不但需要以系统总线为中心实现时钟同步，即总线上各个（通信）节点间的精确时间同步，并且在程序的设计阶段就必须做出完整、精确的规划，使每个节点都在规定的时间段使用总线资源，即进行“时间规划”。这很类似于铁路运输按照提前制定的周密的列车运行时刻表进行调度的工作方式，具有统一、高效、准时、稳定、可靠、安全的特点；事件触发则类似于公路运输，灵活方便、机动性强，当流量不大时最为快捷，但不稳定，可靠性、安全性较差。

显然，时间触发更适合应用于任务及任务周期相对比较固定的控制系统，尤其是又具有高安全性等级要求的控制系统。事实上时间触发机制的另一个特点对于安全苛求计算机平台而言可以说更为重要，那就是在串行时间触发总线提供的总线上各节点间容错的时间同步和数据传输功能的基础上，可以很容易地实现组合式“失效—安全”所需要的比较/表决机制，而且是以分布于总线各节点的硬件比较器来实现，具有良好的独立性、实时性，以及相对于软件的“透明传输”安全保障特点；尤其是还易于实现将两子系相互独立的 CPU（或主逻辑处理单元）及其各自的发送、接收单元等全部包含在内的完整的 2oo2 机制，并且对其“外围”单元通过硬件比较器的一致性校核及“转换”作用，可仅以单个对外通信端口实现具有完整 2oo2 安全比较机制保障的安全相关信息传输；即对外在整体上好似一个 1oo1 系统，在确保内部安全保障（两独立子系比较）机制完整独立性的同时又具有安全而简单的“外部通信适配”良好性能；非常适用于采用由 EN 50159 定义了标准的安全相关通信协议、通过非置信的通用传输系统进行安全相关通信，构建分布式、多智能中心的安全相关系统。

系统总线同步实际上也是主要由硬件完成的时钟同步方式，与 CPU 指令级时钟同步方式的主要不同在于：

1. 同步实现机制与精度不同

CPU 时钟同步的时钟是 CPU 的“运行”时钟，可以实现在 CPU 并行内总线上进行的指令级同步控制，同步精度更高。系统总线同步的时钟则是其串行总线的“传输”时钟，是在主 CPU/主逻辑处理单元与各智能处理单元之间的串行通信总线上，进行能够达到在规定传输速率下信息“位”一级精度的同步控制，使得其各子系的接收与发送过程能够在传输信息的“bit”一级的水平上完全同步地进行。因而可以在两子系各自的收发器之间通过独立的硬件比较器，实现对在不同总线上传输数据的一致性实时校验。

2. 同步比较的位置与覆盖范围不同

CPU 时钟同步的同步控制与比较处理是集中的，集中于 CPU 内总线，其集中式的比较器可覆盖其主 CPU 相关范围内全部的程序执行过程及其所涉及的信息；系统总线级同步则是分布的，分布于系统总线的各个“节点”，位于各“节点”的比较器组覆盖的是在总线上交互的全部信息。

仅就技术实现方式而言，系统总线级同步方式的比较速度和对比较内容的覆盖率一般高于软件事件级同步方式但要低于 CPU 时钟同步方式。相对于 CPU 时钟同步方式，系统总线级同步方式和事件级同步方式的优点在于能够支持软、硬件完全异构的 2oo2 结构，具有抗共模干扰和避免共因故障的更好的独立性保障；特别地，系统总线级同步分布式的比较器更有利于提高比较机制的性能和独立性及安全性保障。

系统总线同步方式还有一个其他两种同步方式所没有的显著特点或者说优点，就是已在航空工业领域形成了先进、完备、成熟、开放的系统总线国际标准及技术体系，并且已开始在铁路信号核心控制领域得到成功应用。具有代表性的 ARINC-659 总线规范，不但详细规定了该类总线的物理层和数据链路层的特征和行为，而且针对四余度总线结构及自监控对校验的特点，给出了可依据系统可靠性、安全性目标/策略进行选择的可用性（优先）或安全完整性（优先）的数据表决（使用）表，从信息传输的角度为满足需要极高可靠性、安全性等级的模块化电子设备制订了一个开放式的总线规范标准，从而使基于冗余结构的安全性和可靠性冗余技术就此有了一种具体而详尽的技术实现标准。

事实上，航空飞行控制系统（飞控系统）具有与有“贴地飞行”别称的高速铁路列车运行控制系统（列控系统）相近的安全理念、在某种程度上十分类似的控制对象特点；特别地，代表当前先进技术水平、基于时间触发总线同步和时间规划技术的 SAFEbus，其四余度总线结构和自监控对校验的概念及其在正常情况下的运用原则，与铁路信号核心控制系统的二乘二取二（2×2oo2）原则极为接近（详见本章第五节），成为经适应性改进后运用于铁路信号核心控制系统安全平台的基础。

第五节　二乘二取二冗余(2×2oo2)

二乘二取二（2×2oo2）系统，是由两个具有二取二（2oo2）安全冗余结构的系统，再以双机热备的可靠性冗余方式构成的组合式冗余系统；也可看作是将双机热备系统中的两个单机（1oo1）均替换为 2oo2 安全冗余系统之后的安全性升级系统。图 4-5 左侧为基本单元具有数字量特征的二乘二取二冗余基本结构示意，右侧为其冗余结构的逻辑示意。

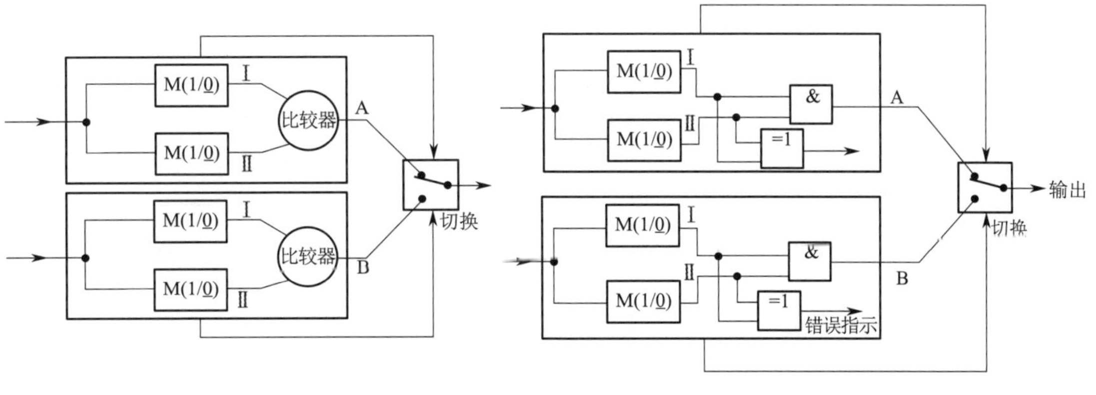

图 4-5　2×2oo2 冗余基本结构及其逻辑示意

二乘二取二，是二取二安全性和双机热备可靠性这两种目的完全不同、但具有很强互补性的典型冗余结构的组合。其中的二取二，在基于一致性比较原理实现安全冗余的同时，亦为其上一级的双机热备冗余提供了主备冗余原本对于大规模集成电路难于做到的、具有极高覆盖率的故障检测判据，使其可靠性冗余更加有效且易于实现。

二乘二取二具有上下两级整体性冗余结构，集双机热备和二取二于一身，是由两组 4 个基本功能单元构成的复杂冗余系统。二乘二取二在已述的各种典型冗余结构中是技术实现难度最大的一种，尤其是一致性比较所需的系内二取二两子系的同步和无扰切换所需的主备双系同步同时存在，要以这两种目的和处理方式都截然不同的双重同步机制，同时协调四个基本功能单元，对系统平台的设计、性能以及软件编程的要求都比较高。

一般而言，对具有时序状态机特点的实时控制系统，采用 *MooN* 多重系整体冗余结构的主要难点，也在于各子系之间的同步控制，需要在各系/子系的输入、内部状态和输出之间确定合理、充分的同步原则，确定快速有效的同步建立和保持机制，并选择与之相适应的同步方式；而采用 *MooN* 冗余的此类安全苛求控制系统，无论是安全性冗余还是可靠性冗余，其同步机制都是安全要点，尤其是需对其安全平台的主控层和执行层确定严格的状态和输出同步要求(其中部分要求通常还与应用需求密切相关)，因为同步的错误或遗漏甚至很可能会直接导致危险情况的发生。

图 4-6 为一种基于系统总线同步机制，可实现二乘二取二冗余架构的 SAFEbus 结构示意。

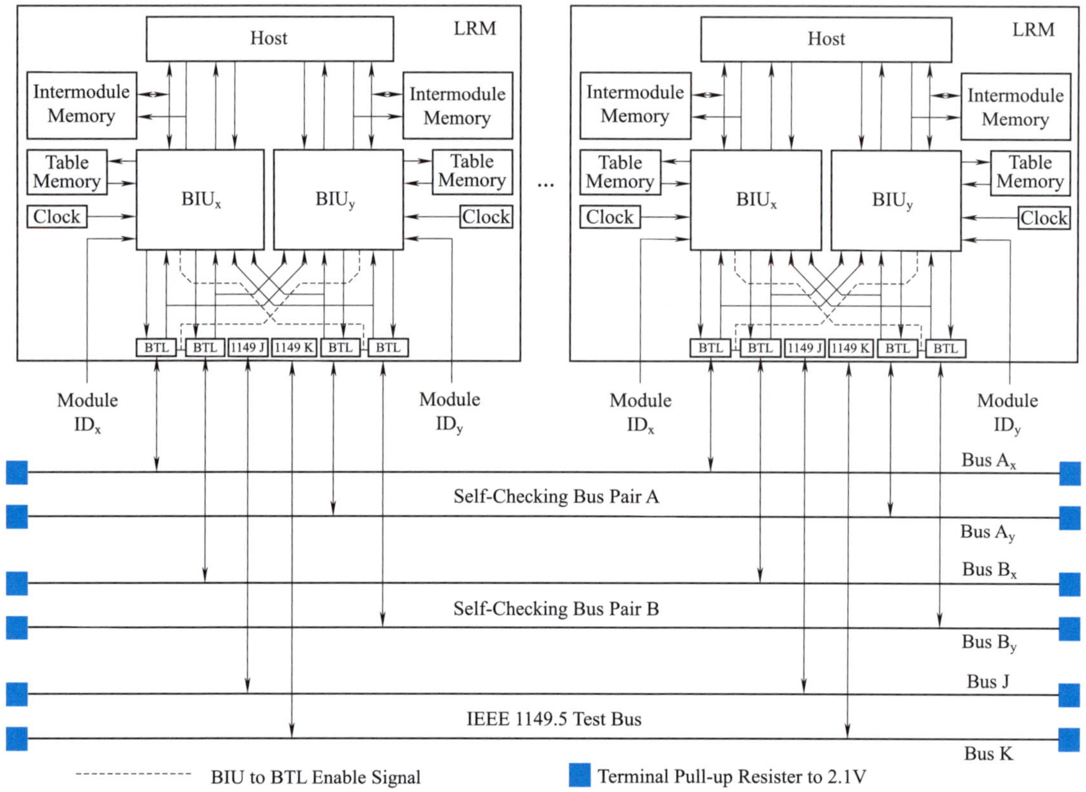

图 4-6　SAFEbus 结构示意

SAFEbus 主要由 A_x 和 A_y、B_x 和 B_y 两组(四路)自监控串行(背板)总线对和若干组作为总线节点、用于实现各类功能板卡与背板总线进行安全可靠(内部)通信的总线接口模块对,即 BIU_x 与 BIU_y"自监控对"所构成;此外还有一组主要用于实现对 BIU 进行时间规划表的在线加载、对 BIU 及整个 SAFEbus 总线进行调试等功能的 IEEE1149.5 测试与维护总线。每个总线接口模块 BIU 除以平等"身份"挂接在 SAFEbus 总线上,还都以从设备的属性同时挂接在 IEEE1149.5 测试与维护总线上。BIU 主要由 BIU 控制器、SAFEbus 和 IEEE1149.5 总线收发器、时钟发生器和 SPI 接口的 EEPROM 组成。智能化 BIU 控制器的功能和性能指标完全遵循《SAFEbus BACKPLANE DATA BUS 1993》和《IEEE1149.5 MTM Bus》协议规范,通过统一的接口与各类功能板卡的主控制器 HOST 连接,由软件管理对 BIU 的接口操作。

正常工作时,SAFEbus 由时间触发驱动的两对 A_x、A_y 和 B_x、B_y 四余度总线同时以不同的数据线编码传输相同的数据(兼顾安全性和可用性),其两条数据线(D0、D1)编码格式为:

A_x:正常数据电平(在总线上逻辑"1"为高);

A_y:正常数据与{010101…}序列进行异或操作后的数据;

B_x:正常数据电平的反相,即 A_x 线的反相;

B_y:正常数据与{101010…}序列进行异或操作后的数据,即 A_y 线的反相。

这种数据线编码方式除可有效抵御共模干扰和共因故障的影响外,还具有以下优点:

(1)可以检测总线开路、短路、搭 0 或搭 1 等故障;

(2)四路线吸收的平均直流及交流功率都为常量,运行功率最平稳;

(3)B 和 A 总线始终反相,可以合并看作差分总线,能够改善 EMI 性能。

SAFEbus 中的"自监控对"概念十分重要,其本质是主要基于二取二比较的组合式"失效—安全"冗余结构所进行的故障检测与安全完整性保障;SAFEbus 包括 BIU 节点及背板总线在内的总体架构均以此为基础,其每一个节点都以 BIU 自监控对为桥梁与背板总线相连接、能够在信息传输时同步进行一致性安全校验,可为在节点上采用二取二安全冗余结构的各种功能板卡(如主处理器、辅处理器、各类智能通信板卡等),提供安全可靠、快速高效、透明便捷、完备彻底的组合式"失效—安全"冗余机制。时间规划和总线的时间同步机制,不但可避免 BIU 之间出现发送冲突也使其知道应在何时接收数据;由 BIU_x 和 BIU_y 组成的自监控对据此在每一个节点对传输数据同步进行比较校验。如图 4-6 所示,各自具有独立晶振和 EEPROM 的两个 BIU 中的每一个,分别控制两路总线的发送(x 侧或 y 侧)并接收全部四路总线的数据;且其发送驱动器的输出使能端互由对方控制,每个 BIU 仅在自己认为应该要发送数据的时刻才打开对方的发送使能(不发送数据时保持发送使能关闭),并时刻监听对比本方及对方的发送/接收数据,只有在与己方一致时才允许对方(继续)发送数据,否则在停止本方发送时亦关闭对方的发送使能使其下一个 32 bit 字的数据无法送上总线。这种同步比较及"相互封锁"的差异拒绝机制,可保证安全冗余的有效性并能够将节点间的故障完全隔离,提供了节点对外的 Fail-Silent 能力,可杜绝 BIU 故障蔓延至整个总线的可能性。

图 4-7 在两个层面上对 ARINC 659 Backplane Bus(SAFEbus)规范的总线构成进行了概括:其下部示出了 A_x、A_y、B_x、B_y 四路总线的芯线构成及分组定义;上部则给出了由 BIU 自监控对及其与四路总线的连接方式所决定的使用总线数据的四种有效组合方式,BIU 自监控对同时对这经由 A、B 两组自监控总线对、分别来自 x 和 y 两个独立子系的四种数据组合(监控数据对)进行一致性比较校验,而所余的 A_xB_x 和 A_yB_y 两种组合的数据因为来自于同一个数据源所以未被使用。

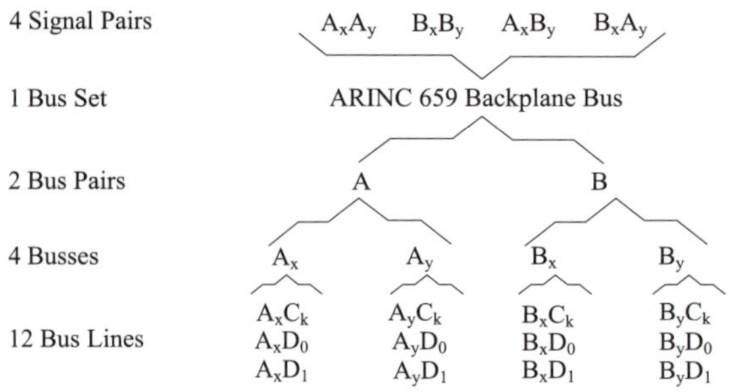

图 4-7　ARINC 659 Backplane Bus 规范给出的 SAFEbus 结构及数据监控对组成示意

显然，SAFEbus 的总体架构完全是以二取二一致性比较的安全性冗余结构为基础，与目前我国铁路信号核心控制系统普遍采用的二乘二取二架构相比，两者的基本安全冗余结构是相同的，但 SAFEbus 的四余度背板总线及构成节点的 BIU 自监控对与四路总线全部连接的拓扑结构，提供了可靠性冗余度更大的上述四种进行数据（一致性）校验选择与表决的组合方式，而整体性的二乘二取二架构实际上只有两种（对应于 A_xA_y 和 B_xB_y）组合方式。

图 4-8 为由 BIU 在数据传输时同步实现的对监控数据对进行一致性比较及表决处理所依据的规范（表决表）。每个 BIU 都通过对 A_x、A_y、B_x、B_y 四路总线的检测结果（状态）和 A_xA_y、A_xB_y、B_xB_y、B_xA_y 四组监控数据对的内容总共 8 个输入项进行表决的方式，来确定每一次接收所能使用的最终有效数据；可据此检测出所有双 bit 错误，并能够纠正全部单一错误和部分二次错误，在某些双故障的情况下，表决处理原则的确定依赖于对系统具体应用情况的风险分析以及在可靠性与安全性之间的平衡策略：如果“不做动作”好于“给出可能有错的输出”，就应采用完整性（Integrity）表决；如果“给出可能有错的输出”好于“不做动作”，就应采用可用性（Availability）表决。表决以查表的方式进行，ARINC-659 规范分别给出了基于可用性和基于完整性的两种数据表决表，表格全排列。

								Availability					Integrity				
Quanta Received				Syndrome				Quanta Valid				Reson	Quanta Valid				Reson
A_x	A_y	B_x	B_y	$A_x=A_y$	$B_x=B_y$	$A_x=B_y$	$B_x=A_y$	A_x	A_y	B_x	B_y		A_x	A_y	B_x	B_y	
T	T	F	T	T	T	T	T	Y	Y		Y	All match but B_x missing	Y	Y		Y	All match but B_x missing
T	T	F	T	T	T	T	F	Y	Y*		Y	Cheker failure;data is fine	Y			Y	Cheker failure;distrust A_y & B_x
T	T	F	T	T	T	F	T	Y*	Y*			Cheker failure;distrust B_y					Cheker failure;can't isolate
T	T	F	T	T	T	F	F	Y	Y			$A_x=A_y$; B_x missing;transient on B_y	Y	Y			$A_x=A_y$;B_x missing;transient on B_y
T	T	F	T	T	F	T	T	Y	Y		Y*	Cheker failure;data is fine	Y	Y			Cheker failure;distrust B_x&B_y
T	T	F	T	T	F	T	F	Y	Y		Y	B_x bad（normal syndrome B_x missing	Y	Y		Y	B_x bad（normal syndrome B_x missing）
T	T	F	T	T	F	F	T	Y	Y			B_y bad & B_x missing	Y	Y			B_y bad & B_x missing
T	T	F	T	T	F	F	F	Y	Y			$A_x=A_y$; B_x missing; transient on B_y	Y	Y			$A_x=A_y$;B_x missing; transient on B_y
T	T	F	T	F	T	T	T	Y*			Y*	Checker failure;distrust A_y					Checker failure; can't isolate
T	T	F	T	F	T	T	F	Y			Y	A_y bad & B_x missing	Y			Y	A_y bad & B_x missing
T	T	F	T	F	T	F	T					B_x missing & A_x bad=>Uncorrectable					B_x missing & A_x bad => Uncorrectable
T	T	F	T	F	T	F	F					Dual non-identical failure on A_xA_y					Dual non-identical failure on A_xA_y
T	T	F	T	F	F	T	T	Y			Y	$A_x=B_y$; B_x missing; transient on A_y	Y			Y	$A_x=B_y$; B_x missing; transient on A_y
T	T	F	T	F	F	T	F	Y			Y	$A_x=B_y$; B_x missing; transient on A_y	Y			Y	$A_x=B_y$; B_x missing; transient on A_y
T	T	F	T	F	F	F	T					Dual non-identical failure on A_xB_y					Dual non-identical failure on A_xB_y
T	T	F	T	F	F	F	F					Nothing match-triple failure					Nothing match-triple failure

图 4-8　SAFEbus 规范的数据表决表（局部）示意

总体上，SAFEbus 独特、完备的基于时间触发方式的系统总线级同步与时间规划技术，不但可使总线上的各节点达到高精度同步，实现软件任务之间与传输信息顺畅衔接的统一有序、稳定精准的同步配合；而且以分布于总线各节点的硬件比较器在传输信息的同时实现了对四余度数据的比较/表决，为应用系统提供了具有良好独立性、实时性，以及相对于应用软件"透明"的安全保障机制；尤其是其以系统总线同步、时间触发为基础的时间规划技术，通过对各智能节点程序设计的统一安排，还可显著提升通常基于事件触发的多智能对象复杂可编程系统的运行稳定性，并能有效减少冲突测试，尤其是压力测试的复杂度。经适应性改进之后，以该系统总线架构为基础的安全计算机平台已成功应用于我国高速铁路的车载 ATP 系统。

第六节　三取二冗余(2oo3)

三取二(2oo3)是基于表决原理的、兼顾了可靠性和安全性的典型多重系冗余结构，也是实现组合式"失效—安全"机制常用的冗余结构。它由三个完成相同规定功能的基本单元或子系构成，其输出符合多数表决原则(输入一般也如此)，能够屏蔽任何一个单子系的任何可识别或不可识别的故障，使系统的整体功能在单子系故障时能够保持正常。图 4-9 左侧为基本单元具有数字量特征的三取二冗余基本结构示意，右侧为其冗余结构的逻辑示意。

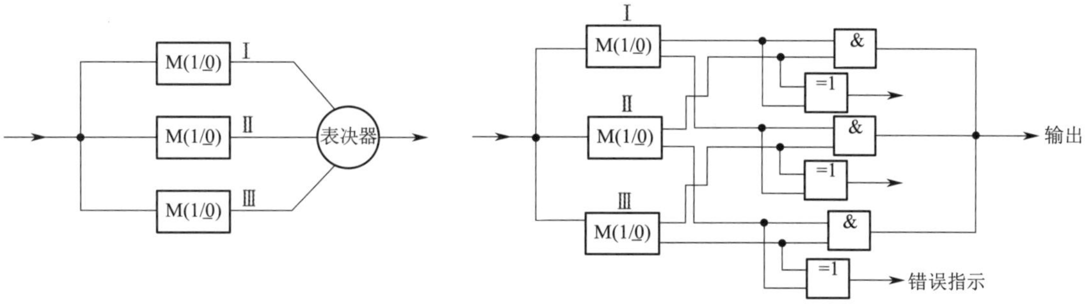

图 4-9　2oo3 冗余基本结构及其逻辑示意

三取二的表决及相关的同步机制，可由硬件实现，也可用软件实现。其表决逻辑可以分解为由 3 个子系两两构成的 3 组二取二比较的"线或"逻辑；硬件表决器的电路或软件表决逻辑通常也是照此逻辑来实现的。显然，三取二实际上与二取二同样是以比较方式实现其安全冗余机制的，基于同样的一致性校核原理，以有效地检测故障并阻止其产生危险后果；但三取二能进一步利用其三重系冗余的优势对故障子系诊断定位，"线或"则同样基于一致性原理，以"比较一致即为对"为输出原则，实现对单子系任何故障的屏蔽，提高可靠性。

符合"失效—安全"原则的三取二冗余结构，应能在确认任一单子系出现非瞬间性故障后对该子系进行"拒绝"，强制其进入并保持在安全状态，以避免因故障叠加而产生危险；此时三取二冗余实际上降级为了二取二继续工作。与二取二相同，三取二安全冗余的关键也同样在于(3 个)子系的独立性，以及有效、快速的比较/表决、拒绝和同步运行机制，但其同步和比较/表决的技术实现难度，要明显大于二取二方式。

图 4-10 为一种曾用于计算机联锁系统的、全面采用三取二冗余结构的典型容错计算机结构原理。

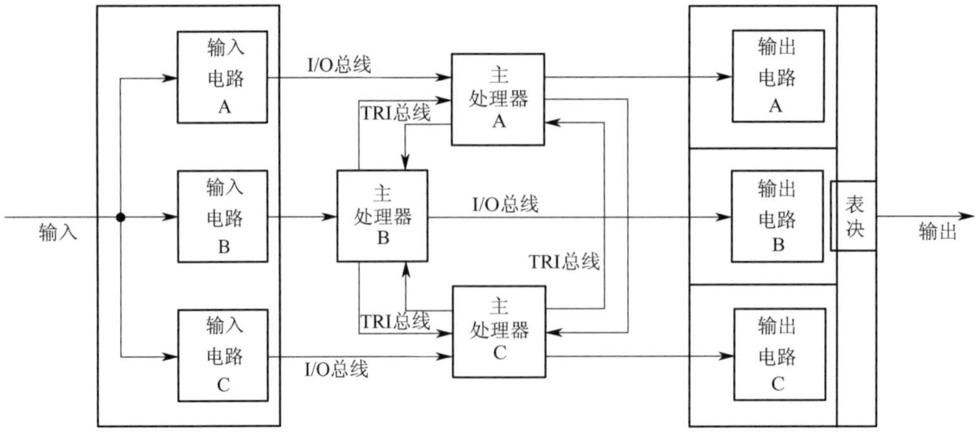

图 4-10　一种 2oo3 容错计算机的结构原理

该系统对输入、主处理器和输出三个主要环节全面采用三取二冗余；采用三重化的高速总线由软件实现事件级同步，每个主处理器都要同时与其上、下游的两个处理器保持稳定的周期同步关系。

第七节　1oo2D 冗余

1oo2D 也是 IEC 61508 定义的一种具有故障诊断（系指在线故障检测）功能的特定两通道冗余结构，但在铁路信号领域中并未使用这种表达方式。

如图 4-11 所示，两个通道均能通过一种与另一通道无关（独立）的方法确定另一通道的状态。正常工作时该结构与 2oo2 结构相同，只有当两个通道在要求时都进行安全处理，安全功能才能实现；但其故障发生时的处理原则为：

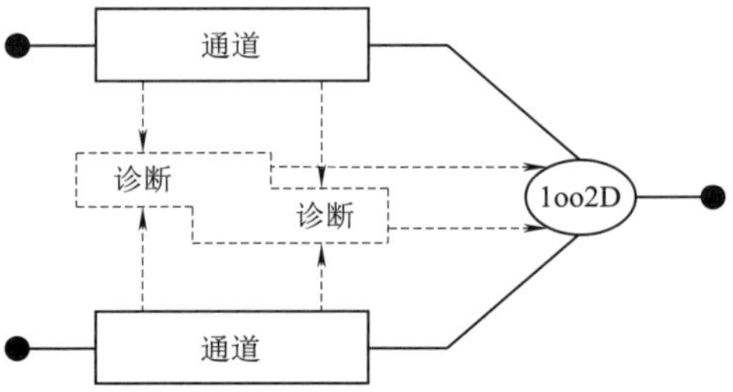

图 4-11　1oo2D 物理块图

(1)“如果其中任何一个通道的诊断测试检测到一个故障，则将采用输出表决，因此整个结构系统的输出取决于另一通道的输出状态”。

即当“诊断出”的故障位于一侧通道（无论是否能够区分是通道故障还是其相关的诊断电路故障）时，就通过“表决”（故障检测电路的结果也相当于参与“表决”的一方）的方式，以另一侧诊断仍然正常的通道继续工作且使其输出有效，达到使整个结构系统的应用功能不受任何影响的目的，提高其可靠性和安全性。

(2)“如果诊断测试在两个通道同时检测到故障，或者检测到两通道间存在的差异时，输出则转到安全状态”。

结合(1)所述的情况，(2)实际上意味着或者当两个通道都检测到故障，或者当两个通道都未能检测到故障但存在差异时均转入安全状态。事实上，独立性良好的“比较”本身就是十分有效的故障检测，尤其是对大规模集成电路而言；存在“固定”差异就意味着有故障发生，虽然往往无法确定故障发生在哪一侧。尽管此时强制进入安全状态存在错误防护的可能，甚至这可能性还可能相当大，但仍然为了确保安全而“拒绝”，这正是“失效—安全”理念的体现，虽然

IEC 61508 并未使用这个说法。

显然，与前述几种结构都不相同的是，1oo2D 是一个可变结构：正常时是一个 2oo2 结构，任何单一故障尤其是“瞬间”故障不会导致其误动；故障时，由上述(1)所定义的是基于故障诊断(在线检测)的 1oo2 结构，根据故障诊断的结果选择未检测到故障的通道继续工作(或许这就是 1oo2D 所要表达的含义)；而由上述(2)所定义的，实际上是一种既基于故障诊断又基于一致性比较原则的“拒绝”机制，在多通道故障或无法确定故障与正常通道时强制进入安全状态，只是 IEC 61508 并未明确“安全状态”的确切含义，因为这取决于具体应用。

与前述几种 *MooN* 结构相对比，作为 EN 50129 组合“失效—安全”机制中最小基本结构的二取二(2oo2)，与 1oo2D 在结构和故障处理原则上最为相近，但也有明显差异。主要异同有：

- 两者的基本结构均为 2oo2 ，且在故障报告之外都还具有“拒绝”机制。
- 1oo2D 以对故障的诊断和两通道的“比较”为依据，决定在检出故障时选择某个通道的输出还是将输出转为安全状态，以尽量兼顾可靠性和安全性；二取二则仅以检出故障并尽快拒绝为唯一原则，力求以尽量简洁、安全的方式确保安全性。

实际上，1oo2D 可以说是为了适应前述 A 类(“紧急停止类”)系统的安全需求而对 2oo2 进行的“改进”。因为在石油、化工等工业过程控制领域，某些大规模或关键过程控制的异常终止或错误重启往往会造成很大的经济损失；采用 1oo2 结构会增大“误停止”的概率，而采用 2oo2 又会显著降低安全性，此种情况下 1oo2D 显然就是更好的选择，在这个意义上 1oo2D 的作用与铁路信号安全相关系统大都选择 2×2oo2 是相同或是相对应的。

第八节　四种冗余结构的可靠度、安全度对比

本节以基本结构 1oo1 的可靠度和安全度为参照，从以下两个方面对上述铁路信号安全相关系统常用的 1oo2、2oo2、2oo3 和 2×2oo2 四种冗余结构的可靠度和安全度进行对比与分析。

一、冗余结构的失效率对比

IEC 61508 在其硬件失效率评估技术示例中，以对基本结构 1oo1，即单通道结构在要求时的平均危险失效率的一种计算方法为基础，给出了常见的 1oo2、2oo2、2oo3 和 1oo2D 结构的定义、物理块图、可靠性块图，以及平均失效概率(低要求操作模式)和每小时失效概率(高要求或连续操作模式)的计算公式，及其在几组典型参数值下计算结果的列表。这些都是 IEC 61508 所构建的功能安全完整性体系的重要组成部分，由此而形成的设计、计算方法，已广泛地在各个功能安全领域成为或发展成为系统设计的依据，成为系统安全评估、认证的依据。

1. 1oo1 的失效率

如图 4-12 所示，IEC 61508 定义的 1oo1 是一个具有故障诊断(系指在线故障检测)功能的单通道结构，该通道具有将受控设备(EUC)导入或保持在规定安全状态的安全功能；该功能或者仅当要求时才执行(低或高要求模式)，或者该功能是正常运行的一部分(连续模式)；在要求时任何“危险失效就会导致一个安全功能的失效”。

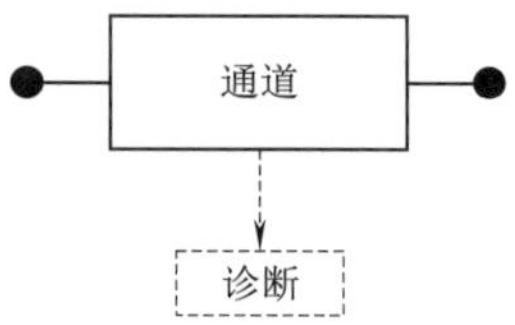

图 4-12　1oo1 物理块图

对于低要求操作模式的单通道结构，IEC 61508 建立了如图 4-13所示的可靠性块图，其中：

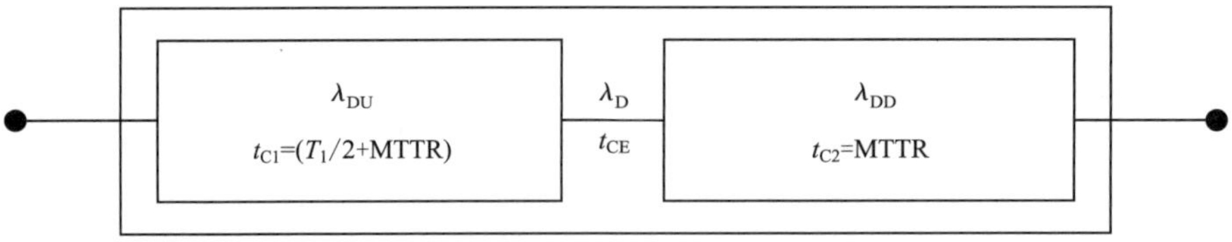

图 4-13　1oo1 可靠性块图

λ_D—通道的危险失效率。危险失效是导致通道关闭而不能执行其安全功能的失效；对于通用电子系统一般可假设其 $\lambda_D=\lambda_S=0.5\lambda$，即危险失效和安全失效各占一半。

t_{CE}—由（危险）失效导致的通道等效平均停止工作时间。通道停止工作将使受控设备（EUC）失去功能安全防护（如果没有其他安全防护措施的话），即此时意味着有危险存在。

T_1—离线检验测试时间间隔(h)；

MTTR—通道的平均恢复时间(h)，应包括平均修复时间、平均等待修复的时间和平均的失效检测时间；此处并未包含离线的失效检测间隔（因单独使用了 T_1）。

图 4-13 显示，通道的危险失效率 λ_D 由可被和不可被（在线）检测到的危险失效的失效率 λ_{DD} 和 λ_{DU} 两部分组成，即 $\lambda_D=\lambda_{DD}+\lambda_{DU}$；$t_{CE}$ 也相应地与和这两个失效率相对应的等效平均停止工作时间 t_{C2} 和 t_{C1} 有关。对于可被在线检测的故障（失效率为 λ_{DD}），1oo1 结构的通道停止工作的平均时间 t_{C2} 显然即为 MTTR；对于不能被在线自检测到的故障（失效率为 λ_{DU}），通道失效被发现的时刻取决于其安全功能被要求执行的时刻和离线检验测试的执行时刻哪一个在前，即或者当危险失效已经发生并产生实际影响（要求时该安全功能未能执行）后，或者在定期的检验测试时（虽然通道已经失效，但失效后一直未要求执行该安全功能）由相关的人员来发现。显然，此类失效的实际检出时间要大于在线自检的时间，还有可能远大于故障的修复时间。如果在规定的离线检验测试的时间间隔内，受控设备（EUC）要求执行安全功能与通道发生不能正确执行该功能的危险失效这两个事件相互独立无关，且都各自以不变的概率随机发生，则其危险失效的平均检出时间为 $\frac{T_1}{2}$，故 $t_{C1}=\frac{T_1}{2}+\text{MTTR}$。再考虑到 λ_{DD} 和 λ_{DU} 对通道危险失效概率的影响比率，则由危险失效导致的通道等效平均停止工作时间：

$$t_{CE}=\frac{\lambda_{DU}}{\lambda_D}t_{C1}+\frac{\lambda_{DD}}{\lambda_D}t_{C2}$$

$$=\frac{\lambda_{DU}}{\lambda_D}\left(\frac{T_1}{2}+\text{MTTR}\right)+\frac{\lambda_{DD}}{\lambda_D}\text{MTTR}$$

对于可靠度服从指数分布的一个由上述危险失效率、离线检验测试间隔和平均恢复时间条件决定其关闭时间为 t_{CE} 的通道，其在要求时的平均失效概率为：

$$\text{PFD}_{G1oo1}=1-e^{-\lambda_D t_{CE}}$$

$$\approx\lambda_D t_{CE}\qquad(\because\ \lambda_D t_{CE}\ll 1)$$

$$=(\lambda_{DD}+\lambda_{DU})t_{CE}$$

其中 $\lambda_D t_{CE}$ 远小于 1 假设条件的成立是基于实际情况，危险失效率和平均恢复时间数值较大的安全相关系统根本就不会被使用，且对系统可靠寿命的可靠度要求也很高，通常在 0.9 以上，在 $\lambda_D t_{CE}$ 没有显著变化之前系统就应已被及时替换。此外，由可靠性块图及 t_{CE} 的表达式不但包括未能在线检出的危险失效的故障发现和修复时间，而且还包括能够在线检出的危险故障的恢复时间可以看出，还有另一个隐含的关键假设，即任何诊断仅对发现的危险故障进行报告，而不对受控设备（EUC）采取任何附加的“拒绝”措施，只是依靠或者说等待故障被修复后才会消除这一风险。

IEC 61508 对高要求或连续模式的 1oo1 结构给出的每小时失效概率的计算公式为：$PFH_{G1oo1}=\lambda_{DU}$，其中改变了上述隐含假设，明确“假设在检测到任何失效时安全相关系统将使 EUC 进入某种安全状态”，故 PFH_{G1oo1} 只取决于不能在线检出的危险失效的失效率，明显小于前面没有这个假设的 PFD_{G1oo1}。

2. 1oo2 的失效率

如图 4-14 所示，IEC 61508 定义的 1oo2 结构是一个具有故障诊断（系指在线故障检测）功能的双通道结构；且两个通道中的每一个都能处理安全功能，如果两个通道都发生危险失效，则在要求时安全功能才会失效；假设诊断仅对发现的故障进行报告，但并不改变任何输出状态或输出表决。对于 1oo2，故障时可不改变输出意味着其输出机制具有“双机并用”特征；只进行故障报警意味着对故障的确认及故障处理交由人工处理，因而通道的 t_{CE} 与 MTTR 和 T_1 都相关。

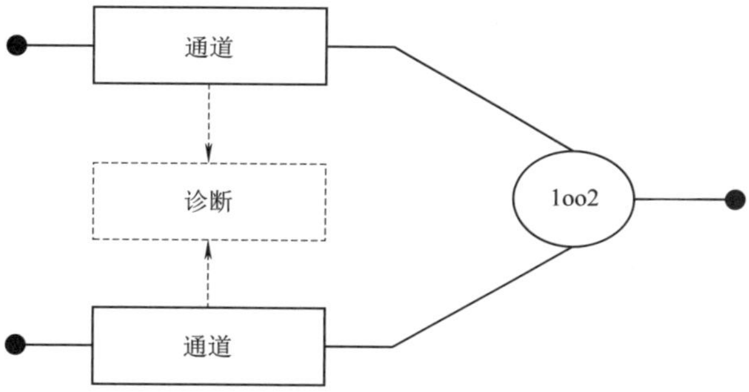

图 4-14　1oo2 物理块图

由于 1oo2 结构存在共因失效的可能性，IEC 61508 给出的可靠性块图是一个考虑了共因失效因素（串联）的可靠性并联冗余结构。其中每个并联支路与前述 1oo1 结构的完全相同，只考虑与安全相关的危险失效率 λ_D（$\lambda_D=\lambda_{DD}+\lambda_{DU}$），以及由（危险）失效导致的通道（支路）等效平均停止工作时间 t_{CE}。

显然，如果将图 4-15 中通道的危险失效率 λ_D 替换为通道的（总）失效率 λ（$\lambda=\lambda_D+\lambda_S$），则该图就是 1oo2 通道结构既包括危险失效影响、也包括安全失效影响的总的可靠性框图。在这里，无论何种结构，通道安全性与可靠性的区别仅仅在于所使用的失效率的性质及其涉及的范围不同：可靠性关心所有的失效及其失效率 λ，但无须细究失效的后果并据此再对 λ 进行划分；安全性则只关心全部失效率 λ 中可能会导致危险的那一部分失效率，需要对 λ 再进行划分，而且不但要分清危险失效率 λ_D 和安全失效率 λ_S，还要分清可在线检出的和不可在线检出的危险失效的失效率 λ_{DD} 和 λ_{DU}，才能实现对安全性的量化计算。

据图 4-15，1oo2 结构在要求时（低要求操作模式）的平均失效概率为：

$$PFD_{G1oo2}=2[(1-\beta)\lambda_{DU}+(1-\beta_D)\lambda_{DD}]^2 t_{CE}t_{GE}+\beta\lambda_{DU}\left(\frac{T_1}{2}+MTTR\right)+\beta_D\lambda_{DD}MTTR$$

式中，β 为具有共同原因的、未被在线检测到的失效分数（%）；β_D 为具有共同原因的、可被

在线检测到的失效分数(%);t_{GE}为整个 1oo2 结构系统的等效停止工作时间,

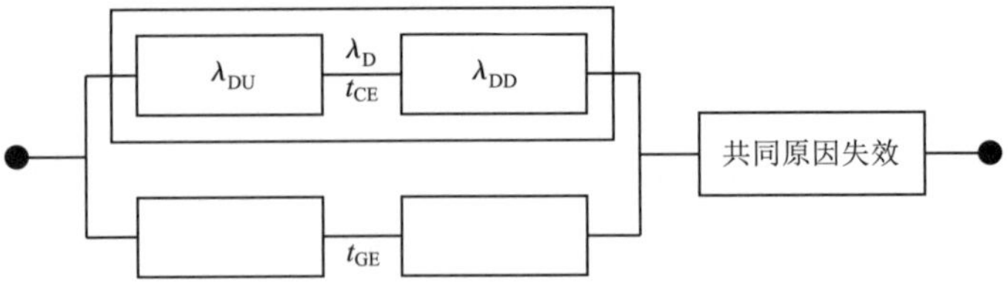

图 4-15　1oo2 可靠性块图

$$t_{GE}=\frac{\lambda_{DU}}{\lambda_D}\left(\frac{T_1}{3}+\text{MTTR}\right)+\frac{\lambda_{DD}}{\lambda_D}\text{MTTR}$$

为了便于对比,假设共因失效能够被消除或降低到可被忽略的程度,即 $\beta=\beta_D=0$,则:

$$\begin{aligned}\text{PFD}_{G1oo2}&=2[\lambda_{DU}+\lambda_{DD}]^2 t_{CE}t_{GE}\\&=2\lambda_D t_{GE}\times\lambda_D t_{CE}\\&=2\lambda_D t_{GE}\times PFD_{G1oo1}\end{aligned}$$

$\because\quad \lambda_D t_{CE}\ll 1$,且 $t_{GE}<t_{CE}$

$\therefore\quad 2\lambda_D t_{GE}\ll 1$

故有:　　$\text{PFD}_{G1oo2}\ll PFD_{G1oo1}$。

即在独立性良好的前提下,1oo2 结构在要求时的平均失效率远低于 1oo1 的平均失效率,也就是 1oo2 的安全性,即在要求时执行安全功能的可靠性远高于 1oo1。但 1oo2 结构在未要求时错误执行其安全功能的概率则显然要大于 1oo1,因为即使诊断测试覆盖率和准确率均为 100%,但在仅报告故障却并不改变输出状态的前提下,两个通道中有一个发生这一侧的错误,该安全功能就会被错误执行;只是这时影响的只是可靠性而并非安全性。即 1oo2 结构在提高上述安全防护系统在"要求"时执行其安全功能的可靠性(等价于安全性)的同时,事实上也加大了其在"未要求"时错误执行其安全功能的概率,或者说降低了另一侧对应功能的可靠性。

3. 2oo2 的失效率

如图 4-16 所示,IEC 61508 定义的 2oo2 是一个具有故障诊断(系指在线故障检测)功能的双通道结构;且只有当两个通道在要求时都进行安全处理,安全功能才能实现;假设诊断仅对发现的故障进行报告,但并不改变任何输出状态。

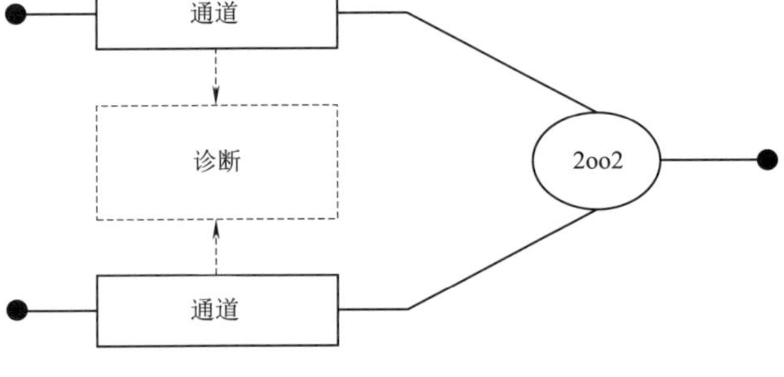

图 4-16　2oo2 物理块图

2oo2 两个相同通道的可靠性块图如图 4-17 所示，具有典型的可靠性串联结构，其失效率为两者之和：

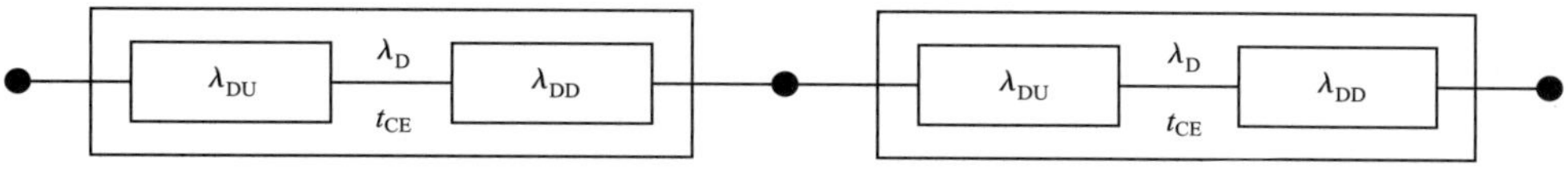

图 4-17　2oo2 可靠性块图

$$PFD_{G2oo2}=2\lambda_D t_{CE}=2PFD_{G1oo1}$$

对于在要求时需要执行安全功能，且其安全性就是正确执行该安全功能的可靠性的系统，使用 2oo2 结构会显著降低而不是提高其安全性。采用这种结构的实际目的，主要是为了防止此类安全相关系统在未要求时发生错误动作，导致受控设备被错误地强制进入“安全状态”而造成较大的经济损失。

4. 2oo3 的失效率

如图 4-18 所示，IEC 61508 定义的 2oo3 是一个具有故障诊断(系指在线故障检测)功能的三通道结构；其输出状态由三个通道以表决方式决定，假设诊断仅对发现的故障进行报告，但并不改变任何输出状态。

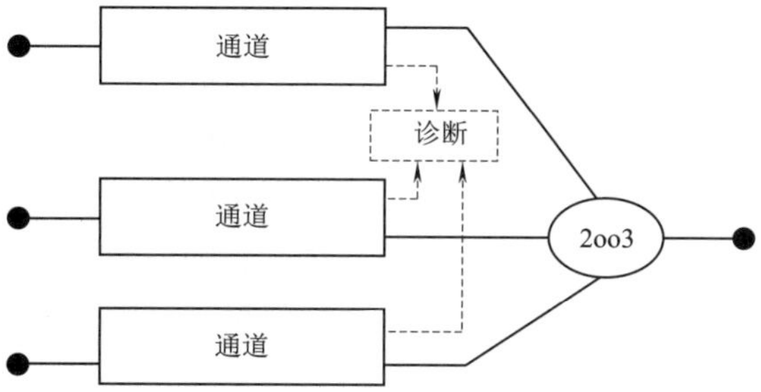

图 4-18　2oo3 物理块图

与 1oo2 结构相类似，2oo3 结构也需要考虑共因失效的不良影响；两者的可靠性块图也十分相似，区别主要在于 2oo3 多了一条并联支路，如图 4-19 所示。该结构在要求时的平均失效概率为：

$$PFD_{G2oo3}=6[(1-\beta)\lambda_{DU}+(1-\beta_D)\lambda_{DD}]^2 t_{CE}t_{GE}+\beta\lambda_{DU}\left(\frac{T_1}{2}+MTTR\right)+\beta_D\lambda_{DD}MTTR$$

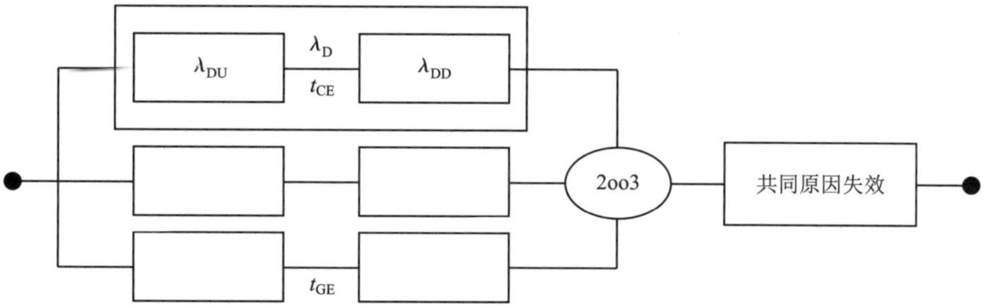

图 4-19　2oo3 可靠性块图

为便于对比，假设共因失效能够被消除或降低到可被忽略的程度，即 $\beta=\beta_D=0$，则：

$$\begin{aligned}
PFD_{G2oo3} &= 6[\lambda_{DU}+\lambda_{DD}]^2 t_{CE} t_{GE} \\
&= 3\times 2[\lambda_{DU}+\lambda_{DD}]^2 t_{CE} t_{GE} \\
&= 3PFD_{G1oo2}；(PFD_{G1oo2}=2[\lambda_{DU}+\lambda_{DD}]^2 t_{CE} t_{GE}) \\
&= 6\lambda_D t_{GE}\times PFD_{G1oo1}；(PFD_{G1oo1}=(\lambda_{DD}+\lambda_{DU})t_{CE})
\end{aligned}$$

$\because \lambda_D t_{CE} \ll 1$，且 $t_{GE}<t_{CE}$

$\therefore 6\lambda_D t_{GE} \ll 1$

故有：　$PFD_{G1oo2}<PFD_{G2oo3}\ll PFD_{G1oo1}$。

即 2oo3 结构的危险失效率远小于 1oo1，但大于 1oo2（是其 3 倍）；不过其在未要求时错误执行安全功能的概率则小于 1oo2。除了可以完全覆盖（单）故障的影响之外，可靠性和安全性指标都能够同时得到比较均衡的改善，也是以 2oo3 为典型代表的 $MooN(1<M\leqslant N)$ 表决结构的一个特点或者说优点。以类比的方式来说，对于 $Moo3(1\leqslant M\leqslant 3)$ 结构，1oo3 和 3oo3 实际上是对应于 1oo2 和 2oo2 的两个“极端”结构，“居中”的 2oo3 自然应该比较均衡。

至此，得到上述 1oo1、1oo2、2oo2 和 2oo3 四种结构的平均失效概率排序为：

$$PFD_{G1oo2}<PFD_{G2oo3}\ll PFD_{G1oo1}<PFD_{G2oo2}$$

即上述四种结构在要求时其执行规定功能的可靠性升序排序为：

$$2oo2<1oo1\ll 2oo3<1oo2$$

1oo2 最高，2oo2 最低，且 2oo3 远高于 1oo1。对于 IEC 61508 所主要面向的“紧急停止”类安全相关系统而言，“规定功能”就是其在要求时执行相关安全处理的安全功能，所以这个排序也就是其安全性排序；但若“规定功能”不仅仅只是“安全处理”功能而是系统的全部功能时，或者说上述失效率不仅仅是特定安全功能的危险失效率而是系统全部功能的失效率时，这一排序就同时也是这四种结构总体可靠性的排序。

二、冗余结构的可靠度与安全度比较

如上一节的所述及解读，IEC 61508 对冗余结构（危险）失效率的分析与计算揭示了安全相关系统可靠性分析的要点，共因失效、可在线检测和不可在线检测失效及其恢复时间、故障检出后的处理原则等的影响，全面表达了典型冗余结构对安全相关系统在生命周期高可靠性阶段（$\lambda_D t_{CE}\ll 1$）的作用。本节主要从全生命周期的角度对典型冗余结构的可靠性进行对比分析，从铁路信号安全苛求系统的角度进行安全性的对比分析。

图 4-20、图 4-21 分别给出了四种典型冗余结构及其对应的基本单元结构，在可靠水平 0.9 以上和在全生命周期内的可靠度曲线对比图。其中增加了 IEC 61508 中并未提及但已成为我国铁路信号系统主流冗余结构的 2×2oo2 结构。

图中的数据均基于如下假设条件计算：构成各冗余结构的基本单元都是完全相同的（双机备用 1oo2 和二取二 2oo2 均由 2 个基本单元构成、三取二 2oo3 由 3 个基本单元构成、二乘二取二 2×2oo2 由 4 个基本单元构成）；设基本单元的总失效率为 λ；为便于对比，不考虑共因失效因素并完全忽略 1oo2 的切换、2oo2 的比较、2oo3 的表决、2×2oo2 的比较与切换部分的失效因素，忽略相关同步机制的失效因素。

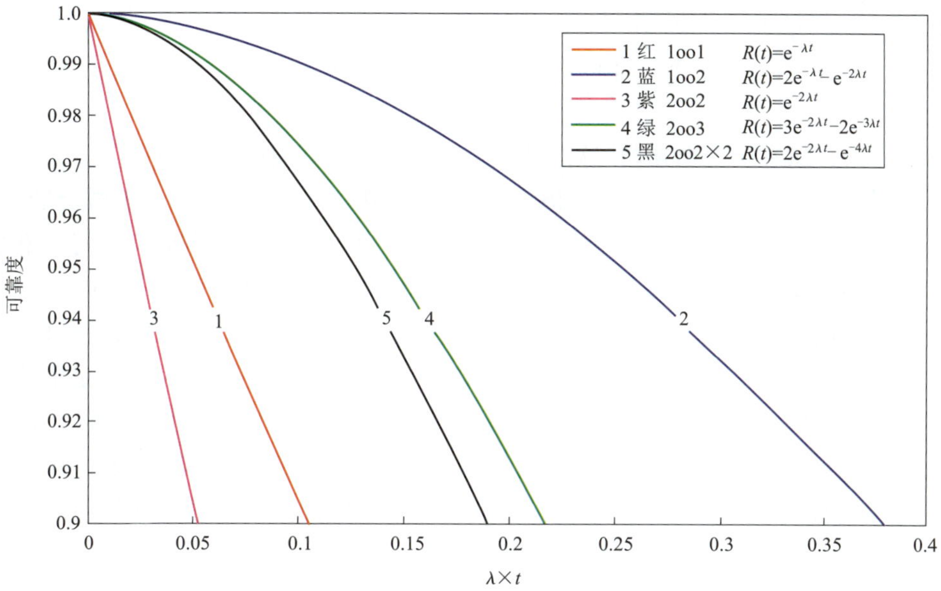

图 4-20　几种常见冗余结构的可靠度曲线(可靠水平 0.9 以上)

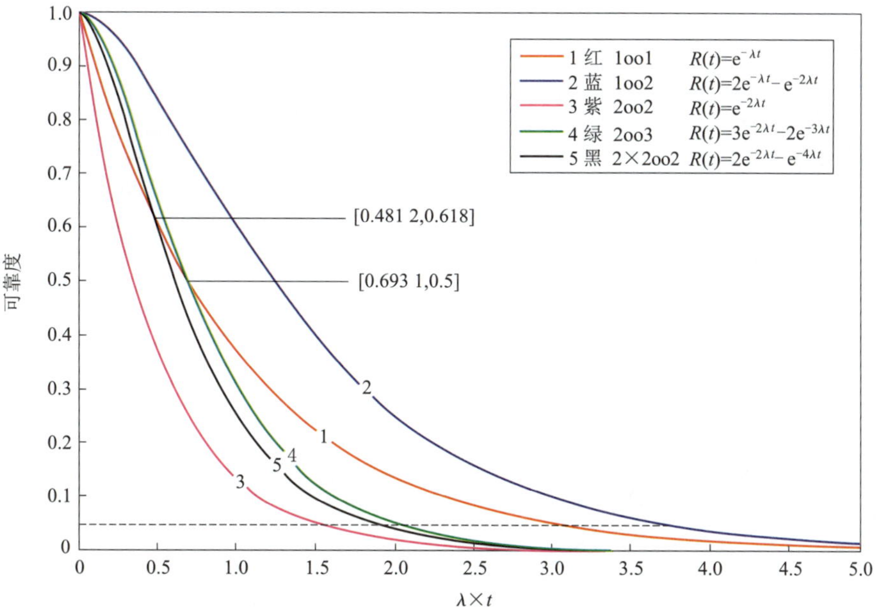

图 4-21　几种常见冗余结构的可靠度曲线

图中横坐标轴使用 $\lambda\times t$ 为归一化单位，以使图形与 λ 的具体数值无关。

由两图可见，1oo2 的可靠度明显最高，2oo3 次之，2×2oo2 与 2oo3 非常接近，2oo2 的可靠度明显最低。在图 4-20 所示的高可靠性部分，五种结构的可靠度升序排列为：

$$2oo2<1oo1<2\times 2oo2<2oo3<1oo2$$

去掉 2×2oo2，这一排序与上一节从 IEC 61508 对结构失效率计算得出的安全性(可靠

性)排序:

$$2oo2 < 1oo1 < 2oo3 < 1oo2$$

是完全相同的。

由图 4-21 可见,在全寿命期内,这四种冗余结构的可靠度曲线相互间并无交叉,可靠度的降序排列始终为:1oo2、2oo3、2oo2×2、2oo2。但 2oo3 和 2×2oo2 的可靠度曲线分别在 0.5 和 0.618 处与单结构的曲线有交叉,就是说这两种冗余结构的可靠度并非是始终高于单结构,而只是在寿命初期的高可靠度阶段明显高于单结构;其后则快速下降,2oo3 在可靠水平 0.5 以下、2×2oo2 在可靠水平 0.618 以下即低于单结构的可靠度,并在此后的时间里明显低于单结构,而且 2oo3 和 2×2oo2 的平均寿命也都明显低于 1oo1 的平均寿命 $1/\lambda$,分别是单结构的5/6 和 3/4;但在高可靠度区域,特别是在计算机联锁等高可靠性系统使用期内通常要求的 0.9 以上的可靠水平范围内,这两种冗余结构的可靠度均明显高于单结构;也就是说 2oo3 和2×2oo2 这两种冗余结构提升可靠性的作用,实际上只在系统生命周期的初期阶段明显有效,而在中、后期则为负作用。

图 4-22 给出了四种冗余结构及单结构的安全度对比。其中,假设基本单元的危险侧失效率为 λ_D,1oo2 为对安全性最不利的双机并用方式(其中任何一个执行了错误的非限制性行为而未被“拒绝”,都会直接导致系统发生危险失效),其他假设条件均与前述的相同。

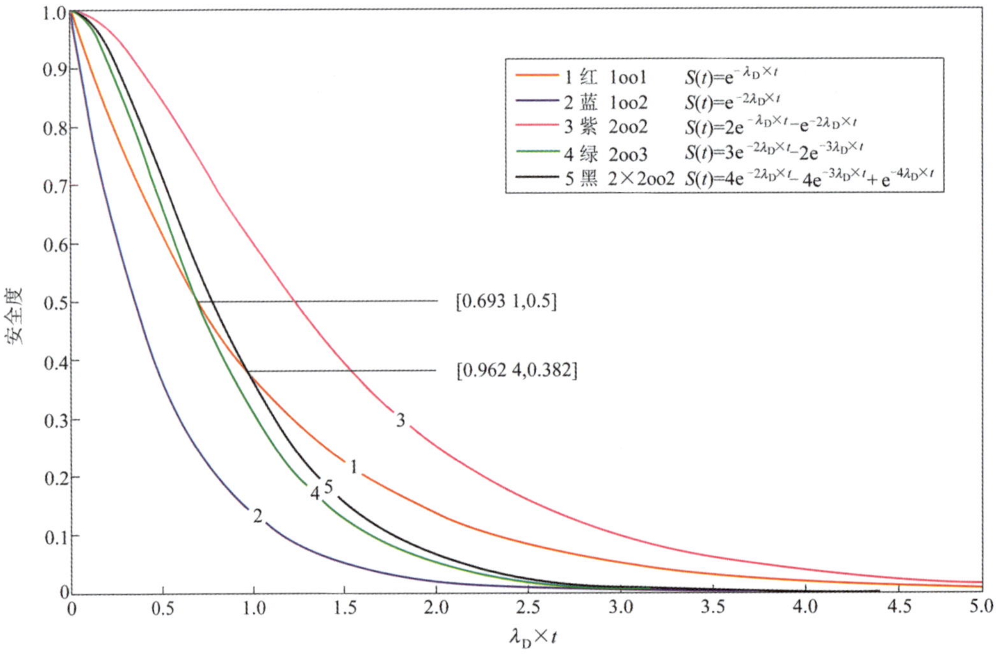

图 4-22 几种常见冗余结构的安全度曲线

由图可见,2oo2 的安全度明显最高,2oo2×2 次之,2oo3 与 2oo2×2 非常接近,1oo2 的安全度明显最低。在全寿命期内,这四种冗余结构的安全度曲线相互间并无交叉,安全度的降序排列始终为:

2oo2＞2oo2×2＞2oo3＞1oo2

与可靠性的排序恰恰相反。

显然，对于以故障/“失效—安全”为基本原则、采用组合“失效—安全”机制的铁路信号安全苛求系统而言，四种冗余结构的可靠度与安全度具有完美的对称性。事实上，适用于安全苛求系统的冗余方式有多种，但其主要目的只有两个：提高可靠性或/和提高安全性，并且安全性冗余的实现通常是以降低可靠性为代价的，反之亦然。

实际上这四种结构对冗余的运用原则有很大不同：双机热备切换是为了可靠而容错的可靠性基本冗余结构；二取二比较则是为了安全而苛求的安全性基本冗余结构，其有差异就拒绝的原则实际上是绝不容错；三取二表决是兼顾了可靠性和安全性的混合冗余结构，稍偏重于可靠性和性价比；二乘二取二则是二取二与双机热备的组合，更偏重于安全性和主、备双系间的独立性、易维护性和可用性。在可靠性和安全性性能方面，双机热备和二取二是两个极端，三取二和二乘二取二则比较均衡，在指标特性上两者之间也非常接近，且互有优劣。但从冗余系统独立性的角度，具有良好安全性和可靠性的二乘二取二结构，能够在机柜、机笼、采集接点和驱动线圈等方面实现更加彻底的物理隔离，更加有利于实现安全性、可靠性所要求的独立性保障，更有利于系统的维修、维护以及软件更换等。

第九节　故障检测与冗余

一、故障检测与冗余及“失效—安全”的关系

无论是对于冗余系统还是非冗余系统，有效的、能够在线快速进行的故障检测，都是提高实时控制系统可靠性和可用性所不可或缺的。对安全苛求系统的故障检测显然更为重要；对采用“失效—安全”机制的系统，特别是采用反应式“失效—安全”机制的系统来说，其功能安全保障首先并且主要取决于快速的故障检测、对危险侧故障的快速检测；对于组合式“失效—安全”，故障检测是防止故障扩大和叠加而产生危险的必要条件；即便是固有式“失效—安全”，通常也需要有效的故障检测来发出报警或维护指示。

电子系统的故障检测一般都需要根据不同的具体情况和思路进行设计，通常利用某种特定的条件或规律（编码、逻辑校验、对比等）对运算处理和测试的结果进行监督、检测。控制系统中普遍采用的闭环控制（校验）原理，很适合用于反应式“失效—安全”机制，常见用于对输出/输入控制这类最关键的边界对象进行回读/测试检查，能够将冗余系统关键的比较/表决机制也一并纳入检测范围，还有可能将故障检测的范围扩大至外部混线、断线，并对很多叠加故障也十分有效。

技术冗余措施通常也都是针对故障的，可以说双机热备是利用冗余切换掉故障，二取二是利用冗余阻止故障产生危险后果，三取二则是利用冗余完全屏蔽掉故障，但显然都离不开对故障的检测。组合式“失效—安全”的一个突出特点是：其比较（表决）机制本身就具备简单、有效且可在运行过程中同时进行的故障检测能力。其用哪儿检哪儿、随用随检的特点，即使在没有刻意地做专用测试检查的情况下也能保证很高的故障检测效率和覆盖率；特别是状态越复杂比较越有效的特点，尤其适用于大规模集成电路，非常适合于大量使用大规模集成电路器件的联锁系统主控层。

从广义的角度看，故障检测本身也属于冗余的范畴，因为相对于最基本的功能而言，故障检测也一定是在增加了某种冗余度之后才能做到。IEC 61508 在关于冗余的定义中，就把专用于故障检测的奇偶校验附加位作为冗余的例子。依此来看，故障检测和冗余也是相通的，2oo2 和 2oo3 这些增加了一倍以上冗余度的整体冗余系统，在结构上已经“天然”拥有通过对比发现问题的潜力。

二、计算机联锁系统核心安全层的故障检测特点

计算机联锁系统是典型的一类使用“失效—安全”技术、具有安全苛求特点的复杂可编程电子实时控制系统；其控制功能类型全面、层次特点分明，特别是具有 SIL4 级安全完整性要求的主控层和执行层，两者的硬件结构和构成特点不同，故障检测的要求和特点也差异很大。

（一）执行层故障检测的主要特点

执行层的主要特点之一，是拥有数量庞大但结构相同、使用分立元器件较多的采集和驱动电路单元，单元状态空间的复杂性低但危险侧故障的比例高（未采用安全设计的驱动电路末级器件的故障中有 50%是危险故障），故障可直接影响轨旁设备而没有太多的缓冲余地。快速的回读反馈及控制处理通常是这类电路的首选，这属于典型的反应式“失效—安全”保障措施。EN 50129 在附录 C 中列举了大量已在实际应用中得到确认的硬件分立元器件的可信失效模式，并给出了确认元器件可信失效模式的程序和信息，以指导对此类电路中的单故障和叠加故障如何进行检测与风险分析。

（二）主控层故障检测的主要特点

主控层的主要特点之一，是大量使用功能和性能强大的大规模集成电路器件。而复杂电子器件特别是大规模集成电路及其构成的系统，历来是故障检测和故障诊断的难点，因其故障模式错综复杂、相互关联程度高，状态组合空间巨大，早已无法用“穷举测试”或分析的方法来实现 100% 的故障检测覆盖（曾有估算，由大规模集成电路构成的系统，即使将其寿命周期的全部都用来对其所有状态的组合进行故障测试，也远远无法完成“穷举”）。因此，发展出许多故障检测和故障诊断的理论与方法，试图以较少的、有实际运用意义的测试案例，达到通常可以接受的、尽可能大的故障检测覆盖率。但这些理论和方法，往往是针对并局限于某些种类器件的故障机理和生产工艺，更适合于产品的出厂测试和检验；在系统的工程运用、特别是在线实时检测的使用情况下，通常会受到很大限制。对此，EN 50129 明确指出：“采用集成电路的设计需要特殊对待，因为很难预测设备可能存在的所有可信失效模式。对于可编程设备更应如此，因为在设备边界观测到的失效模式是和具体应用相关的。”显然，故障检测的最大难点是大规模集成电路，通常需要与具体的应用相结合；这些具体的应用包括电路设计、冗余结构、编码甚至应用软件等。

编码本质上是信息冗余，既可由硬件实现也可由软件实现。编码并进行校验，是十分有效且应用范围广泛的故障检测手段，是在硬件冗余之外的另一种十分适用于集成电路等复杂电子系统的技术措施，能够对传输、存储、处理等所有环节上的硬件错误进行检测。编码检测的有效性，主要取决于信息冗余度的大小与算法；随着硬件能力的提升和成本的降低，这种信息冗余的空间也在不断地扩大。在计算机联锁系统中，至少要对关键的状态信息进行有足够冗余度的编码，并对其非限制侧（危险侧）的取值及判别采用唯一代码对应，将包括非法（错误）代

码在内的其余代码均做安全侧处理，即采用"安全侧对应编码"及判定方式，这是计算机联锁系统设计的基本原则之一；在计算机联锁技术条件中，已对相关的码距要求做出了规定。

总体上，计算机联锁系统作为实时控制系统而言，其各类故障模式比较齐全、软件功能复杂、逻辑条件苛刻、控制对象众多；秒级的人机反应时间要求与数十毫秒级左右的电路执行反馈时间，虽说不上是很高的实时要求，但在 24 h 不间断运行的使用环境下，特别是不容有失的安全要求，实现完备的实时故障检测的难度非常大。

第十节　安全通信与冗余

安全相关通信技术的发展与成熟，促进了通信技术与信号技术的深度融合，尤其是 EN 50159 明确了使用通用传输系统实现安全相关通信的方法和标准，大大拓展了安全苛求控制系统在通信技术手段方面的选择余地，使许多在工业控制领域已经成熟的通信技术可以进入安全苛求控制系统，并使其规模得到空前的扩展。典型的如我国高速铁路的列控系统，可以说是有史以来最大规模的安全苛求控制系统，也是最大规模运用安全相关通信技术的安全苛求系统。

随着参照 ETCS 标准(欧洲列车运行控制系统)的 CTCS(中国列车运行控制系统)体系的建立和快速发展，在列控系统中引入的安全相关通信技术，首先通过对安全通信协议算法的应用开发，在车站列控中心系统的自主研发中得到了成功的自主应用。目前我国的计算机联锁系统，已普遍使用由原铁道部颁布的 RSSP-Ⅰ和 RSSP-Ⅱ安全通信协议，与车站列控中心(TCC)系统、无线闭塞中心(RBC)等系统实现安全相关通信。

对比孤立的系统而言，安全苛求系统的通信要面对复杂得多的环境，必须能够抵御通用传输系统中可能存在的各种干扰和威胁，也要适应安全相关和非安全相关设备被连接在同一个传输系统中的情况。EN 50159-1 和 EN 50159-2 为此将传输系统分为封闭与开放两类(新版 EN 50159-2010 进一步分为三类，详见第八章第二节三、安全通信协议)，并分别给出了对应的安全相关系统的结构和功能层次划分。依据 EN 50159 标准，安全相关通信应在传输系统的上层被构建，而传输系统自身从功能安全的角度考虑可以是非信任的。从结构上讲就是在应用层与传输层之间，建立安全相关通信层，简称安全层。需要传输的用户数据首先经过此安全层处理成为安全层数据报文之后再发往传输系统；从传输层收到的信息也先经过安全层过滤才被采用。无论传输系统采用什么协议和技术，在用户看来安全相关数据是在安全层上在安全过程和安全码的保护下进行通信的。

这种使用常用的通信技术手段通过非(功能安全)信赖传输系统实现安全相关通信的方式有两个关键要素：由安全处理过程和安全编码实现的安全通信协议以及实现这一功能的安全相关设备。显然，计算机联锁系统应使用其安全平台进行安全通信协议的过程处理和安全编码运算，而安全协议应符合 EN 50159 标准的要求。安全通信协议是网络通信、无线通信等通用的现代通信技术进入安全苛求控制领域的桥梁。安全协议在很大程度上也是运用冗余技术的结果，其达到安全需求的主要方式之一是运用信息冗余技术。

表 4-1 是 EN 50159 基于开放传输系统各项风险列出的对应防御措施。这些风险，概括起来要求安全通信系统应具备对报文真实性(message authenticity)、报文完整性(message integrity)、报文时间性(message timeliness)和报文顺序性(message sequence)进行保护的四类

防御功能。表中的四类8种应对措施，都或多或少、甚至是完全依赖于信息冗余的技术来实现的。可以说，安全冗余和安全相关通信两大特点充分体现了现代安全苛求控制系统的本质特征。

表4-1　防御措施与威胁对应关系

风险＼措施	序列号	时间戳	超时	源和目的身份标识	反馈信息	身份鉴别过程	安全码	密码技术
重复	√	√						
删除	√							
插入	√			√[2]	√[1]	√[1]		
重排序	√	√						
讹误							√[3]	√
延时		√	√					
伪装					√[1]	√[1]		√[3]

注：√　表示防御措施与威胁应对关系。

[1]　由应用决定。

[2]　只适用于源标识符；只检测来自于无效源的插入；如果因为用户未知而不能确定唯一标识符，应使用加密技术。

[3]　见安全编码和加密技术的选择和使用。

第五章　计算机联锁系统的硬件结构及特点

本章按照功能层次的划分，全面介绍了计算机联锁系统各层次、各子系统的一般结构、组成、冗余结构及相关特点；简介了相关的基本原则和技术措施要点；给出了几种典型采集、驱动原理电路的示例及分析。

第一节　概　　述

完整的典型结构计算机联锁系统如图 5-1 所示，一般由操作显示系统、记录查询系统、联锁计算机[联锁机（笼）]、执行表示机（笼）和电源五个子系统构成；此外通常还有 CAD 辅助设计、联锁软件仿真测试和现场接口测试三个主要的辅助子系统。

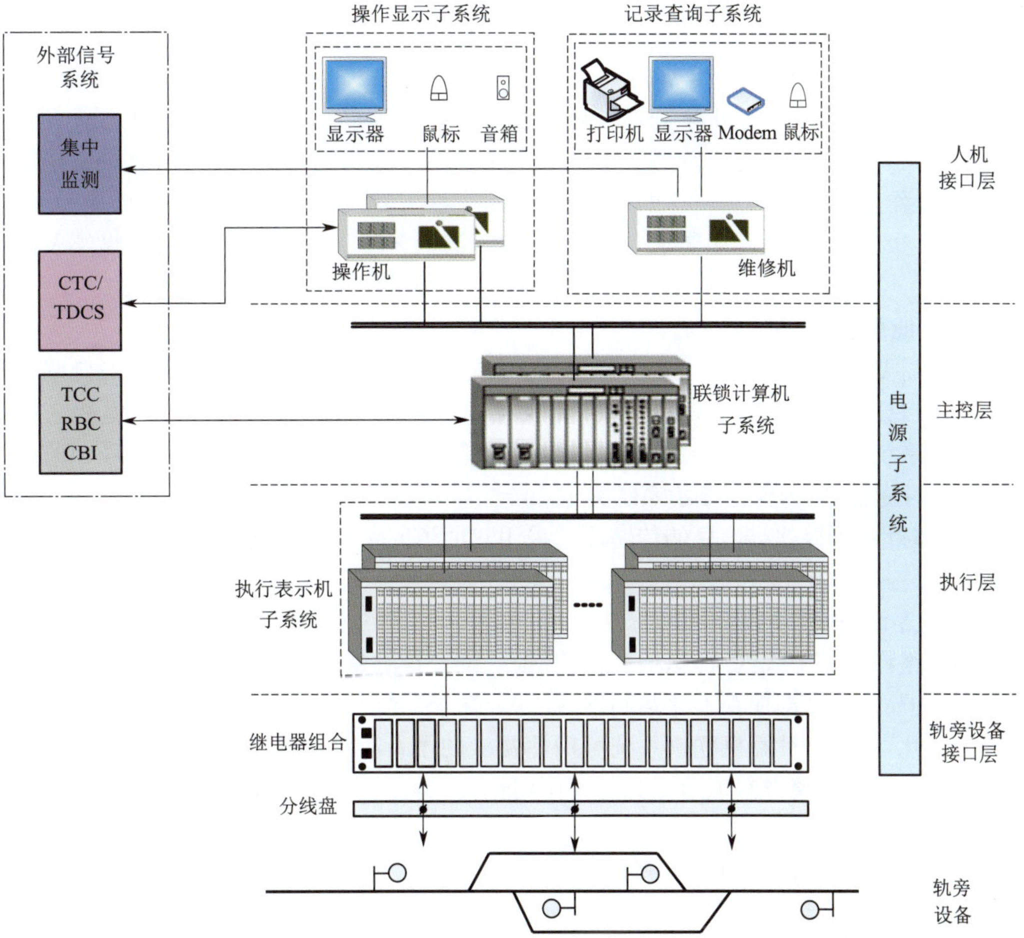

图 5-1　典型计算机联锁系统的基本构成示例

典型结构的计算机联锁系统，具有人机交互、联锁主控、联锁执行和与轨旁设备接口四个明显的功能层次特征。其不同层次有着明显不同的需求和使用特点，以及不同的可靠性、安全性要求，决定各层次子系统必然具有不同的组成结构和不同的冗余结构。事实上任何一种计算机联锁系统，通常都同时采用多种冗余结构和多种冗余方式，即便是结构关联很紧密的联锁主控层和执行层，也可以采用相异的冗余结构(例如在京津高速铁路使用的西门子 ECC 计算机联锁系统，其联锁机采用 2oo3 冗余结构，而执表单元则采用 2oo2 的冗余结构)，即使同一个子系统内，也可能会有不同的冗余结构，当总体上统称某种联锁系统属于哪种冗余结构时，一般是以其核心系统的主要冗余结构为准的，即以联锁计算机系统的整体冗余结构为准。

第二节　操作显示系统的构成及主要特点

操作显示系统的构成与其使用特点密切相关，且在很大程度上取决于其使用特点。

一、操作显示系统的使用特点

操作显示系统可以说是计算机联锁系统的“门户”，是人机交互的关键通道，其操作应可靠、方便且显示界面友好。

1. 规模较大、信息量比较丰富的实时人机界面

铁路站场特别是大型枢纽站场，规模庞大，信号种类和显示方式多样，各种方式的作业繁忙，对图形、文字的显示功能有较高要求。车站联锁的操控实时性较强，操作比较复杂且不容有误，要求操作显示系统信息传递的实时性良好、操作方式简单明了，显示清晰、提示完备，并有语音提示、报警功能；通常还要求有后台显示器，有时甚至还有增加异地显示终端及远程操作的要求。

2. 与其他系统的实时冗余通信

主要是需要与上层监控系统进行快速、可靠的信息交互；实时接收并执行来自调度集中(CTC)系统自律机的操作控制命令，向自律机或列车调度指挥系统(TDCS)的站机实时发送站场和联锁系统的各种状态信息。近年来计算机联锁系统与无线调车机车信号和监控系统(STP)的实时通信，也由操作显示系统完成。

除了实时性要求，此类信息的传输还需采用双通道冗余的方式进行，并应有足够的信息安全保障。

3. 常年连续不间断的运行方式

我国铁路特别是干线铁路，运输繁忙，联锁系统等核心基础信号设备几乎没有任何专有的可供停机检护的时间，即使在近年强制推行了“天窗修”之后，繁忙车站的“垂直天窗”也是非常难得的。因此，国内对计算机联锁系统可用性要求的严苛程度，可以说是处于最高水平，联锁的操作显示和维护系统也必须适应此种高可用性要求，尤其是直接影响到行车控制的操作显示系统。

4. 安全完整性要求及其限制条件

虽然操作显示系统在站场状态图像显示之外，主要只是对值班员的操作命令进行一般性处理，并不涉及联锁的安全逻辑，但如果不将其作为高安全完整性要求的系统，在设计实现时

对内、对外仍然都有严格的限定条件。

(1)对内的限定条件

主要是应确保由操作机处理的全部操作命令中涉及安全(信号意义上)的误操作防护，主要或全部都是由联锁软件完成的，而不是仅由操作显示系统完成的。这是因为：

①对操作机而言，现普遍采用的以输入某些固定的数字组合(“口令”)替代 6502 电气集中的“铅封操作”进行误操作防护的方式，显然不足以用来防护其自身发生的错误，主要起到的其实还是防“误碰”的作用，与只增加一个“确认”操作的防误碰效果基本相同。而对那些“鬼使神差”的误办操作防护意义也不大，因为应该几乎没有人会每按下一个数字按钮，就核对一次功能(不是口令的)操作是否有误。事实上，在“铅封操作”的防误碰、强制登记记录和防误办三个作用之中，主要还是前两个更加有效，因为一旦开封，误操作的真正风险其实是在对那些无法加封的众多按钮的错误操作上。

②对联锁机而言，若操作机故障恰好形成了有效的错误命令，这与人为的误操作命令是没有区别的，能防护后者也就能防护前者。

以区段故障解锁为例，命令错误下发到联锁机有三种可能：误操作，是值班员下达了错误的区段故障解锁命令；操作机出错，则可能是值班员的命令被错误地下达(错成了对别的区段)；或是该命令完全就是操作机“擅自”下发的(值班员根本就没有操作)。但无论是哪一种可能，对于联锁软件的防护而言都是没有区别的，与对误操作进行的防护(事实上误操作的可能性也远远大于操作机出错)是完全相同的；若能有效防护，那么操作机的区段故障解锁命令处理这个功能就可以认为是 SIL0 级的了。事实上，联锁软件能够做到对区段故障解锁误操作的有效防护，并且防护的有效性超过了 6502 电气集中利用第 10 条网路线送电防止“迎面解锁”、并需双人同时进行区段故障解锁操作的防护方式。因为计算机强大的逻辑处理能力，能够更加充分地利用进路与列车运行之间的逻辑关系进行更有效的判断。

但可能对行车安全具有实质性影响，却基本没有相关的逻辑关系可以用来进行误操作防护判断的操作命令，例如引导总锁闭的解锁命令——引导总解锁命令，情况就不同了，在操作层面之外，无论是继电联锁还是计算机联锁，都无法再对此类误操作做出更有效的防护。因而对操作机的引导总解锁命令处理功能，不应简单地同样对待，需要进行安全评估。虽然引导的车速被限制得很低，发生严重事故的可能性很小，但现在许多铁路局仍都明确禁止使用引导总锁闭的方式进行作业，因其几乎完全要依赖人工进行安全保障，尤其在大型复杂站场的情况下其实施难度也很大。如果引导总锁闭不被使用，引导总解锁的误操作就不成为问题了。实际上，对此类仅涉及信息的简单处理与传输的命令的安全防护，在技术层面以信息冗余的方式加以解决也并不困难，只是需要联锁计算机也参与其中，并将对命令的处理按照操作过程至少划分为两个独立的、各自与不同的操作动作相对应，且能够进行相互确认的相关部分，以足够的冗余度和相异性单独进行处理和传输，再由联锁机对先后收到的操作命令进行“组装”和校验、确认。显然，因操作机出错而形成两个具有严格契合关系的操作命令组合的概率远低于单个命令一次有效的情况，并且这个概率可随冗余度和相异性的加大而降低到任何水平。

(2)对外的限定条件

如果有使用由操作机提供(来自联锁机)的站场状态信息，自行进行安全相关控制的情况[如无线调车机车信号与监控系统(STP)]，也应采用能够自行对来自联锁机的相关信息帧进行源信息安全校验的信息传输和处理方式，即操作机应只对来自联锁机的站场状态等信息进行简单转发，须保留由联锁机对其发送的源信息所增加的一切冗余编码等安全防护，交由信息使用方进行解读和校验。

总体上，得益于我国铁路信号界历来极为强调的误操作防护理念，在联锁处理逻辑中，通常都对任何可能对行车安全产生危险影响的操作，尽可能地进行严密的防护检查，因而即使人机交互系统错误地发出了命令或是发出了错误的命令，也不致产生直接危及生命安全的严重后果；这使得人机交互系统的设计、实现变得相对简单，并且可以选择许多功能丰富、性能优异、价格适宜的通用型工控产品，来构造更为友好的人机界面。

二、操作显示系统的一般结构、组成及主要特点

经过近三十年的发展与选择，目前我国计算机联锁的操作显示系统，普遍采用通用型的工业控制 PC 机系列产品。通用型的工控 PC 机，其串行通信、图像处理及显示等功能丰富，兼具可靠性高、性能良好、产品线齐全、类型多的特点，比较适合用于计算机联锁的人机交互系统。

（一）操作显示系统的一般构成

操作显示系统，普遍以独立的、通用型的 PC 系列工业控制计算机作为操作机（也称监控机、控显机或上位机）；以操作机为核心，通过设在操作值班室内的控制台，向车务值班员显示站场状态和联锁系统的工作状态，并接受操作命令、给出相关的语音提示和报警。目前，控制台主要采用鼠标输入、由大屏幕显示器提供站场显示图像，并辅之以文字和语音提示的基本功能结构方式。此前曾一度规模化运用的显示器＋数字化仪、单元式（光带显示、按钮操作）控制台的两种方式，在我国铁路上已基本被淘汰。

操作机以通信方式与主控层的联锁计算机实现冗余连接，进行相关信息的上传、下达及处理；在调度集中/监督区段，与 CTC 自律机/TDCS 站机以通信接口的方式连接，向 CTC/TDCS 送出站场表示信息，并接收、处理来自 CTC 的操作命令。

（二）操作显示系统的冗余结构及主要特点

操作显示系统，均采用由相互独立、同时工作的两系构成完整或基本完整的整体性 1oo2 可靠性冗余结构，可在任何单系故障及维修的情况下，保证系统的使用功能不受影响，极其有效地大幅提升系统的可用性。这种冗余方式，对常年不间断连续运行的高可用性要求来说，几乎是一种必然的基本选择，也是构建联锁操作显示系统的一个关键要点。

计算机联锁的操作显示系统，属于可以并行工作而基本上无须在两系之间进行主、备同步（或只需进行简单信息交互）的系统，其 1oo2 冗余有双机并用和无同步热备切换的两种实现方式。

1. 双机并用方式

图 5-2 为双机并用示例的结构。包括显示器和鼠标在内的两套完整系统并行使用，结构简单，没有处于可靠性结构中瓶颈位置的切换机构，可靠性冗余度高，易于及时发现任何部位发生的故障，且任何单故障均不会对系统的使用产生任何影响。这种方式比较适合只需一个显示屏的较小规模站场，或需要两人同时操作的四屏及以上的大规模站场使用。当需要两个以上的显示器时，为避免显示器数目过多，通常不会按双系所需的数目配置双倍的显示器，而是只按单系的数目配置，并通过选屏功能使两系分别显示不同的站场部分，即由两系共同显示

一个完整的站场，使用分属于各系的两个鼠标，分别对不同的站场部分进行操作；当某一系发生故障时，可通过切屏或缩屏的方式，使用另一系对全站进行控制。

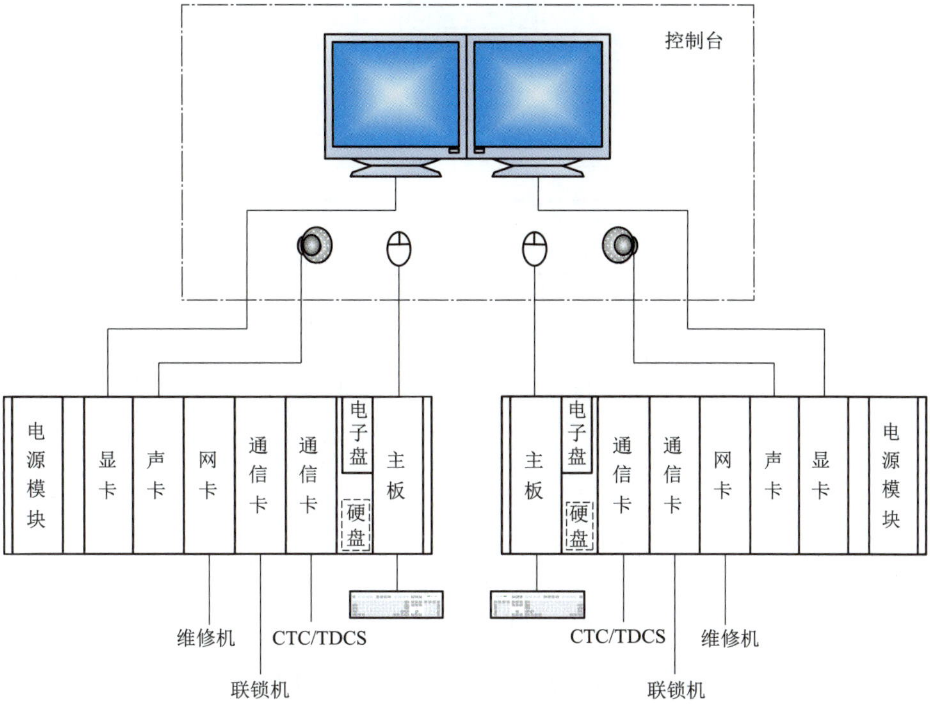

图 5-2　双机并用示例——操作显示系统的结构示意

2. 双机切换方式

双系切换方式，通常只在控制台上配置一套显示器，通过专用的切换装置，在两系的操作机之间实现对显示器、鼠标及音箱的连接关系的切换，如图 5-3 所示。值班员始终只面对由两系中具有控制权的主系提供的人机界面，使用一个鼠标，完成对全站的操作；当主系操作机发生故障时，可自动或人工切换至备系工作。这种方式中操作机的主、备工作状态明确，对任何规模的站场都可以只使用一个鼠标操作（也有采用由一系操作机支持可互为备用的多鼠标同时或分区域/咽喉操作的使用模式）；但只能实现对操作机部分的可靠性冗余，而显示器、鼠标和音箱的故障仍会影响系统的使用（当某个显示器发生故障时，也可通过切屏或缩屏使用其他显示器）。此外，切换装置本身也会发生切换失效及某些会影响视频、音频和鼠标控制的故障。

（三）工作环境及其他特点

操作显示系统的应用环境比较复杂。操作机通常设置在计算机联锁系统的专用机房内，由于设备机房与车务操作值班室都有一定的距离，需要用视频电缆连接控制台上的显示器、鼠标和音箱；需要注意地线的连接或采用光纤传输技术，以增强对干扰和雷电的防护能力。当距离较长（通常以 50 m 左右为界）时，还需要采取视频延长技术。以前也有将操作机放置在车务操作值班室内的情况，但由于环境较差且非常不便于设备维护，最终基本上又都移回至设备机房。车务操作值班室内的电磁环境也比较差，电台、对讲机的抵近使用，会产生干扰大幅度超过设备技术条件规定范围的情况，曾发生过对讲机致使鼠标左、右键误动的情况。

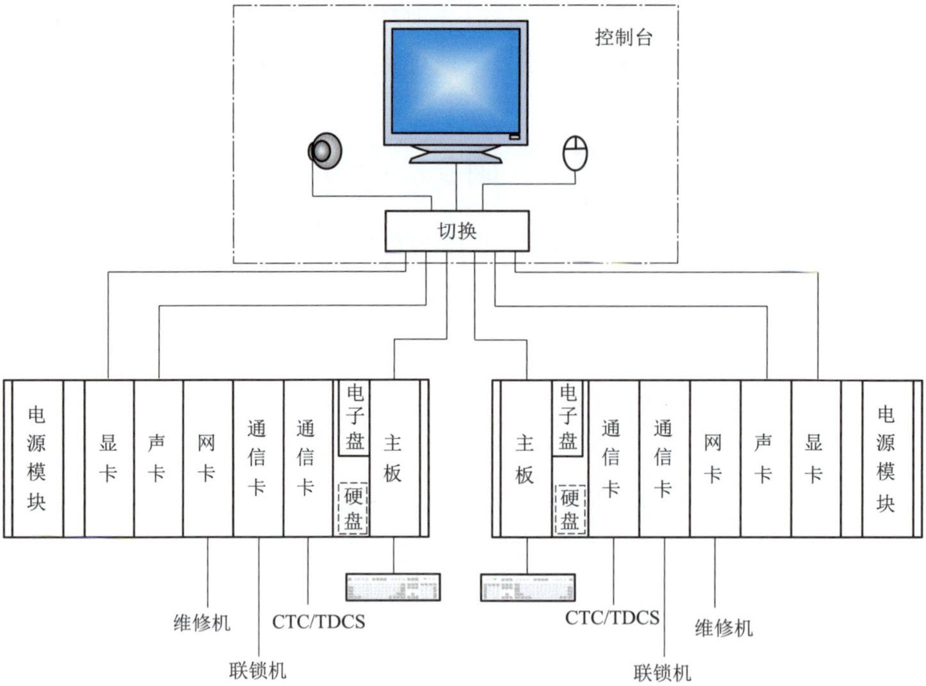

图 5-3　双机切换示例——操作显示系统的结构示意

通用工控计算机产品发展迅速，容量、性能提升很快，操作机现均采用无硬盘运行方式，以提高可用性。由于硬盘长期连续运行的寿命有限，使用硬盘的操作机除启动外一般都尽量避免在运行中使用硬盘，尤其是采用 DOS 操作系统的，硬盘故障往往只在启动时才能发现，因此即使采用了双系可靠性冗余结构，但如在运行中不能及时发现硬盘的故障并进行处理，就有可能在停电恢复等需进行双系重启的情况下，发生两系均无法启动的严重故障。使用电子盘是目前联锁操作机系统所采用的主要方式，电子盘的可靠性高，但容量相对有限，特别是早期的电子盘，因容量不足而对操作系统的使用限制较大，当操作系统较大时需要对其进行“裁剪”。

通用产品的更新换代速度快，也往往会带来一些麻烦，尤其是在操作显示系统中常用的图卡、网卡以及交换机等软件复杂度较高的智能产品，许多在联锁系统中本不需要的复杂功能，即使没有使用但参数设置不当时也可能在特定情况下造成重大影响。因此，系统构成中通用产品的长期跟随维护也是不容忽视的问题。

第三节　记录查询系统的构成及主要特点

计算机联锁的记录查询系统，本质上属于在线运行的辅助系统，不具有也不应具有任何对现场信号设备的控制功能，其故障也并不对车站的行车控制产生任何直接影响。因此，一般都按照单系结构的非功能安全系统来实现。

记录查询系统，通常以一台称之为维修机的通用型工业控制计算机为主体，配置相关的显示器和打印机等设备，采用简单的单系结构，如图 5-4 所示。记录查询系统一般通过联锁系统的内部局域网，与操作显示系统的两个操作机实现通信连接；也有同时与主控层相连接的。维修机对外主要与集中监测系统（CSM）以串行通信的方式接口[早期，列车调度指挥系统（TDCS）与计算机联锁系统，也是通过维修机接口的]，向其实时传送站场和联锁系统的状态信息。近年来，随着我国铁路集中监测系统快速、全面的发展及其在信号系统维护管理中起到的重要作用，对维修机系统的可用性要求也大为提升，目前普遍采用的这种单系结构，已有些显得不太适应：一旦维修机发生了影响向 CSM 传输信息的故障，用户通常都要求即刻派人到现场修复，而多年前处理维修机的故障可以从容很多。

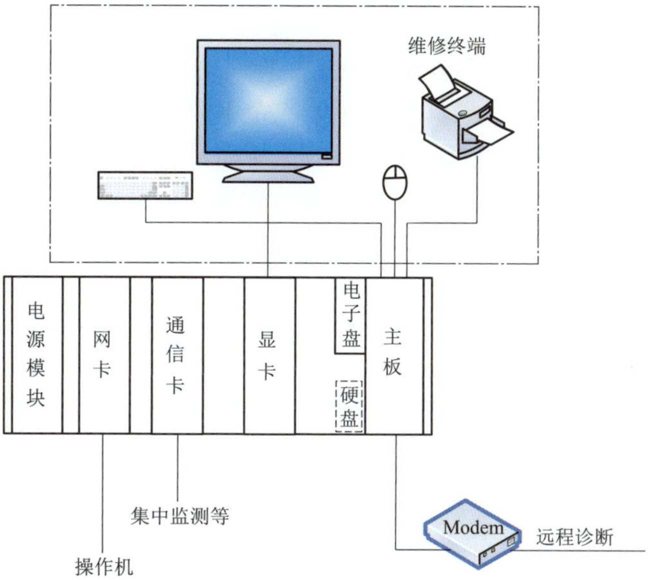

图 5-4　记录查询系统示例结构

维修机需要随时对全部的站场状态信息、值班员操作命令，以及联锁系统自身的状态和故障等信息，以滚动的方式不间断地进行记录并对记录进行存储。早期时以硬盘为存储介质，记录通常自动按天或每天数次存储；但因存储间隔时间很大，且对联锁系统进行故障处理时，电务人员误将维修机复位重启而造成故障记录丢失的情况较多。而在使用电子盘后，存储间隔已普遍缩短至 10 min 甚至更短。维修机对自动存储的记录，通常采用至少保留一个月的滚动储存方式，形成以“日”命名的记录文件，上个月同一天的记录文件会被覆盖，以避免记录的无限累积；而主要在发生故障或事故时，由人工手动储存的记录则永久保存。由于这些记录累积起来的数量比较庞大（尤其是枢纽大站），所以维修机一般需要配置容量大于操作机的存储介质。

维修机支持对记录进行多种分类查询检索，并能够以站场图像的方式对现场及设备运行情况进行再现（图像再现功能应是我国计算机联锁系统的首创甚至是独创），为故障或事故的查找、分析及处理，提供完整的记录数据和方便、快捷的查询、分析手段。这些都要求维修机具有较强的数据和图像处理能力，一般使用 Windows 操作系统，并对处理器和图卡有较高的配置要求。

维修机一般都配置有调制解调器，可通过“拨号”的方式实现与维修、监控中心的远程连接，将记录信息传回，以实现“远程诊断”功能。近年来，开始在维修机上采用图形化的故障提示方法，维修专家系统的发展方向逐渐显现。

第四节　联锁主控层的构成及主要特点

一、联锁主控层的使用特点

主控层是计算机联锁系统的核心。计算机联锁系统的主控层，需要具有全面的综合能力，主要包括：

1. 采驱扩展能力

我国铁路运量负荷巨大，且客货混跑的情况普遍，形成大型、超大型的区段站和枢纽站场较多的特点，要求车站联锁系统必须具有大规模、大范围的控制能力。对主要通过 AX 系列安全型继电器进行轨旁设备控制的典型计算机联锁系统而言，其主控层和执行层必须具有高效、大规模的数字量 I/O 系统的扩展能力和一定的远程控制能力。

2. 安全通信能力

传统的车站联锁系统，大多是相对独立或是只有较少相互联系的系统。但近年来，我国高速铁路列车运行控制系统的快速发展，安全相关通信技术的规模化使用，已经改变了这种情况，要求计算机联锁系统必须具有接入信号数据安全网，与车站列控中心（TCC）、无线闭塞中心（RBC）和相邻站联锁（CBI）等多个外部安全苛求系统进行安全相关通信的能力。这类通信须使用符合 EN 50159 标准的专用安全通信协议，具有编解码冗余度高、算法复杂、时间戳等时序检查实时性要求高等特点，对处理器的占用时间远长于一般的通信处理，且要求在有安全处理保障的前提下进行。

3. 高安全性和高可靠性

联锁主控层是计算机联锁系统的核心，其安全完整性必须达到最高的 SIL4 级；而作为计算机联锁系统的核心部分，其平均故障间隔时间（MTBF）应大于计算机联锁技术条件所要求的数值。在这样的条件要求之下，采用冗余结构几乎是联锁主控层的必然选择。

4. 信息传输能力和逻辑处理能力

系统核心平台的运行管理、联锁运算和安全通信处理，是联锁主控层的三大主要功能，都需要高速、大容量的信息传输和快速逻辑运算能力的支撑，才能在大规模站场或有多个安全相关通信对象的情况下，满足车站联锁控制的实时性要求。

主控层的平台运行管理软件最为关键，要实现对平台硬件的协调控制与故障检测，完成对各相关子系统的调度管理及信息传递的控制协调等等。其中首要的是对执行层进行控制、协调，通过采集信息、驱动命令、工作状态及故障信息等安全信息的快速交互，始终保持对现场设备实时有效、安全可靠的控制；要完成与操作显示系统的实时通信联系，上传站场和系统的状态信息，并接受操作控制命令；要为联锁运算等应用软件提供各类功能调用服务等，以安全、可靠地实现系统的联锁功能。应该强调的是，对于采用整体冗余结构的计算机联锁系统而言，冗余机制的实现通常是平台最为重要的工作之一，它涉及同步、比较/表决、切换/切除和在必要时强制系统到安全状态的拒绝机制。尤其是二乘二取二（2×2oo2）系统的平台管理，由于同时要处理二取二和双机热备两种不同的冗余机制，其复杂性更大，耗时也更长。

联锁逻辑运算是计算机联锁系统的核心功能。我国铁路车站的联锁逻辑，堪称是世界上最复杂的联锁逻辑。以对故障解锁最为严格的逻辑限制条件为典型代表的、尽可能充分地对人为误操作的防护要求，以平面单钩溜放为代表的、尽可能满足提高运输效率的要求，和以虚拟“标准站”为代表的、尽可能高的软件标准化与兼容性要求，使我国铁路计算机联锁系统的联锁软件，成为可以说是包纳了有史以来最为复杂、庞大的车站联锁逻辑体系的软件系统，导致联锁软件及其需要定义和处理的各种变量复杂而庞大，进而对联锁主机提出较高的运算速度、传输速度和存储空间的要求。

实际上，在引进国外高端安全计算机平台的计算机联锁系统中，已经有因大型枢纽客站的联锁运算周期超过限值而导致该平台运行不正常的情况发生。

二、联锁主控层的基本构成及冗余结构

联锁主控层主要包括联锁计算机以及在联锁计算机运算能力或安全相关通信能力不足时增设的（前置）处理机和通信机等（用于高速铁路的计算机联锁系统，就有很多增加通信前置机的情况，以应对同时与多个 TCC、RBC 及相邻站联锁系统等外部系统进行的安全相关通信）。

联锁计算机是主控层的核心（在通常情况下，主控层只由联锁计算机构成），高性能主处理器、大容量存储器、内部高速数据总线及各类数据传输机制，对执行层的高效易扩展总线/现场总线，对其他子系统和外部设备的通信网卡等，是联锁计算机的基本构成中不可缺少的。这些器件和板卡的共同特点，就是大量使用功能和性能都日益强大的大规模集成电路，并且嵌入式智能化器件和板卡的使用日益普遍，特别是大容量数据高速直传以及通信网卡，其中使用的很多处理器的性能水平，甚至并不亚于主处理器。因此，联锁计算机本身通常就是多个高性能智能平台的组合体，是整个计算机联锁系统中集成度最高、组成最复杂的部分。如前面章节所述，对于此类复杂可编程电子系统，仅依靠通常的故障检测手段所能达到的、很难确定或根本就无法确定的故障检测覆盖率，无法保证达到 SIL4 级所苛求的系统危险失效率。而一致性校核，则是最适于此类系统的故障检测乃至“失效—安全”保障方式。EN 50129 中针对大规模集成电路的故障检测，所给出的唯一具体措施，就是“n 取 2 系统中，通过周期性在线测试，同时加以比较（软件或硬件）的方式”，并且针对 SIL3 和 SIL4 级系统“强力”推荐四种安全结构，其中，基于内在“失效—安全”的单电子结构，完全无法用于集成电路。基于反应“失效—安全”的单电子结构，更适用于执行层驱动控制电路的闭环控制；因主控层输出的基本都是复杂运算的结果，是状态变量的值或若干状态变量的组合值，通常无法以简单的方式判别对错并做出反应。只有基于“失效—安全”比较的双电子结构，和基于“失效—安全”比较的不同电子结构，这两种结构适合用于大规模集成电路，并且能够通过前述在线比较的方式，实现故障检测。若严格按照上述推荐，联锁主控层采用二取二 2oo2 类的主体安全冗余结构，几乎是唯一的选择。

对于复杂计算机控制系统，两子系相异的不同结构意味着硬、软件结构都不同，独立性容易得到保障；但这相当于要将两个相对独立开发的系统同步到一起，实现难度很大，且其工作量远远大于两者的简单相加。在我国铁路复杂可编程安全苛求系统中，目前只有庞巴迪公司研发的、用于高速铁路的无线闭塞中心（RBC）系统，在相异的两种通用服务器的平台上，实现了这种软件、硬件都相异的安全冗余方式。而联锁计算机这类软、硬件都很复杂，并且具有庞大数字量控制对象的专用实时控制系统，采用的还都是子系构成基本相同的组合式“失效—安全”冗余结构；其安全冗余有效性的关键，是各子系的独立性与比较、拒绝机制的有效性。独立性要求各子系在物理上、功能上和流程上充分独立，以避免共因失效；而“失效—安全”比较，则是比较和拒绝机制有效性最可靠的安全保障。二取二安全冗余的比较和拒绝机制，通常是紧

密关联在一起的;在比较相异时,以继电器切断对外输出的控制电源,是联锁系统主控层中比较常见的方式;这个环节如能以固有"失效—安全"技术来实现,是最优的选择。

对可靠性而言,二取二的两子系是作为缺一不可的一个整体单机进行工作的。其有差异就拒绝、绝不容错的安全冗余,是以牺牲可靠性为代价的,两子系中的任何一个出现故障,就会影响甚至中断使用;而其修复时间的长短,基本完全取决于现场的应急维修水平和备品率,其中的不确定因素非常大。鉴于我国铁路计算机联锁系统几乎常年 24 h 不间断运行的苛刻使用条件,以及现有的维修、维护水平和条件,单机的工作方式通常是不被接受的,即使是同时兼顾安全性和可靠性的三取二冗余系统,也因不利于现场维护及测试而未能推广。因此,以热备冗余的方式显著提升了二取二系统可靠性的二乘二取二组合冗余系统,虽是常见冗余结构中冗余成本最大(四倍冗余)、结构最复杂的冗余系统,但具有可同时满足上述安全性、可靠性以及独立性和易维护性诸多要求的特点,因而成为我国计算机联锁系统首选的主体冗余制式。

由于要求具有大规模采集、驱动的扩展能力,良好的通信能力,高可靠性、高故障检测覆盖率,尤其是"失效—安全"要求以及安全性、可靠性冗余结构的使用,计算机联锁系统的主控层,基本上只能使用由高性能的专用硬件和专用软件构建的专用计算机系统。

第五节　联锁执行层的构成及主要特点

联锁执行层,可以说是计算机联锁系统的基础与支撑,与主控层共同构建了联锁系统的安全计算机平台。执行层具有与主控层完全不同的结构特点,在故障检测与安全处理方面也有一些不同的原则和方式。

一、联锁执行层的使用特点

1. 快速、大规模、易于扩展的采集驱动能力

站场规模差异巨大,地理分布情况复杂、多变,是我国铁路车站联锁系统经常需要面对的情况。我国大规模枢纽站场的计算机联锁系统,会面对超过上千点的采集和驱动对象,执行层与主控层具有规模强大、在数量及地域方面都易于扩展的合理架构非常重要;适应能力良好的执行层,能够有效降低系统的成本,并有利于可靠性的提高。早期有些计算机联锁系统(包括从国外引进的),规模适应能力有限,很难用于大站或是因结构不合理而成本高昂。

2. 良好的抗干扰能力

执行层(外侧)是联锁安全计算机平台的边界,是实现计算机内部逻辑电平与外部采集、驱动电平的转换与隔离的边界;在这个边界上有连接几百、上千个点的很多电缆引入,电磁环境复杂,对电路的抗干扰和雷电防护性能要求很高。尤其是执行层电路中大量存在的、易受干扰影响的译码、锁存等电路,其干扰防护能力直接影响到系统的安全性。

3. 高可靠性和高安全性

执行层的逻辑功能相对简单,但对其安全性和可靠性的要求与主控层是相同的,甚至在某种程度上可以说要求更高。因为执行层发生的故障,很可能会直接影响轨旁信号设备,没有多少可缓冲的时间和余地。并且相对于主控层逻辑运算复杂、状态空间庞大的特点,执行层的电路特别是其中输出驱动后级电路的逻辑非常简单,状态空间也极其有限,在同样采用 2oo2 安

全性冗余结构的情况下，两子系同时出现可能导致危险的故障发生概率，在理论上要大得多；尤其是还需将雷电甚至牵引电流侵入造成的多重击穿，视为无法完全避免的共因故障来加以考虑。此外，与站场规模相关的执行层板卡数量，往往远大于主控层的，也是对其可靠性和安全性必须考虑的重要因素。

二、联锁执行层的基本构成及主要特点

计算机联锁系统的执行层，主要由与联锁计算机连接的扩展总线和接口、采集、驱动单元电路及其控制电路三部分与相关的电源系统构成，如图 5-5 所示。

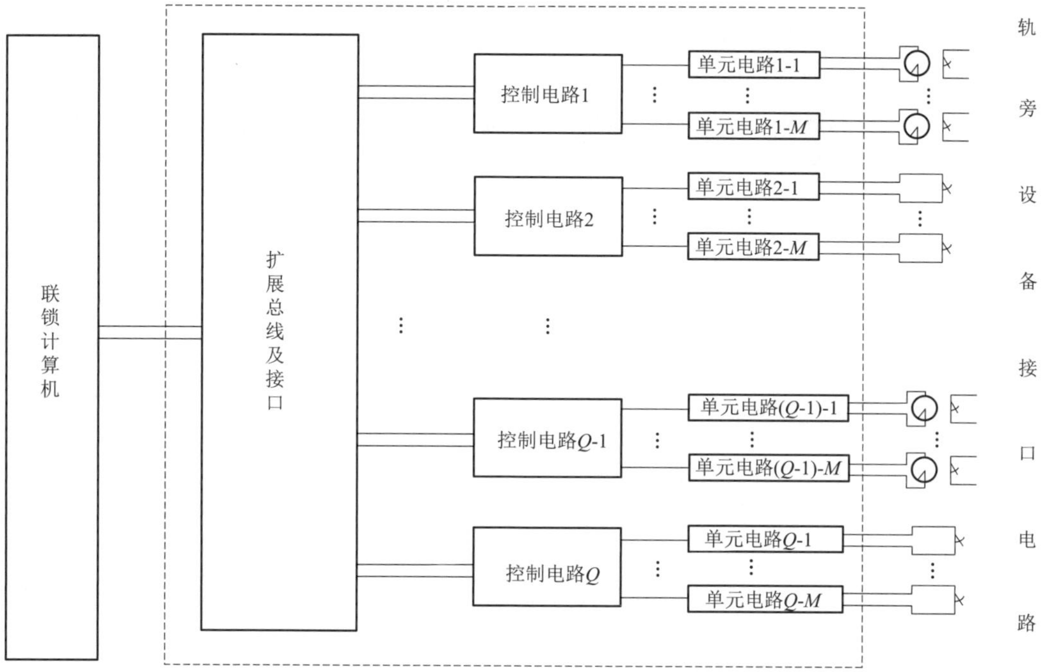

图 5-5　联锁执行层层次结构框图

（一）采集、驱动单元及其控制电路

计算机联锁系统的采集、驱动单元电路，都是处于安全计算机平台边界，直接面对平台控制对象，主要由分立和/或低集成度器件构成的“末端电路”，需要能够以与控制对象相匹配的电压、电流和功率进行安全可靠的输入状态采集和输出驱动控制；能够承受规定的过压、过流并保护后级电路不致损坏；能够以足够快的速度和足够高的（危险侧）覆盖率进行故障检测，并综合采用包括固有“失效—安全”技术在内的多种安全技术措施；需要针对与轨旁设备的接口电路综合考虑防雷及电磁兼容设计等。对于驱动单元电路，其输出一般还应受到“拒绝”机制的有效控制，以确保在危险故障发生时能够强制到安全状态；实现整体性的可靠性冗余时还需要解决好关键的驱动输出一致性/唯一性问题。

采集/驱动单元的控制电路一般以板卡（或模块）为单位，对其上一定数量规模的各个采集和驱动电路单元进行主要包括状态读取/命令锁存以及相关各种测试动作的控制。控制电路与单元电路之间通常采用光电耦合的方式，实现计算机平台内部逻辑电平与采集驱动电平的

转换与隔离。即使单元电路的采集、控制对象都是处于安全电压范围内的标准安全型继电器，这两种电路的电压、电流和功率特性也都有较大的不同，里弱外强需要转换；且对外侧继电器线包的高压反电势、各种外部设备产生的干扰、噪声等，也应予以良好的隔离。

采集/驱动单元的控制电路，通过并行扩展总线接受上一级电路的控制并实现两者之间的信息交互：通过对地址总线的译码，选择相应的受控采集/驱动单元；通过相应的数据总线和控制总线，进行状态和检测信息的读入、驱动和测试控制命令的写出。这一环节的故障检测尤其是闭环检测及安全防护至关重要，因为涉及总线类的故障往往具有发散而影响范围较大的特点，而且状态信息和控制命令在传输过程中发生的包括非受控保留在内的任何差错都可能是相当危险的。

整体上，采集、驱动单元电路及其控制电路都需要采用特殊设计，通常都由采/驱功能电路和故障检测电路两大部分构成；且两者之间需要具有良好的物理和功能独立性，使对每一个采集或驱动点（对象）都形成"功能执行"和"故障检测"两个互为校对的安全冗余独立通道，以排除共因故障对检测有效性的影响。

(二)扩展总线及接口

扩展总线及其接口电路，在联锁计算机与众多的采集单元电路和驱动单元电路的控制电路之间建立连接，使联锁计算机能够安全、可靠、快速地对采集、驱动单元电路进行选择、控制及全面的故障检测（尤其是危险侧故障的检测），实时传递采集状态、驱动命令、检测的相关数据等信息。扩展总线及接口电路本身任何可能导致危险的故障，也都必须能够被快速在线检测，并及时进行安全处理。

由于控制对象数量很大，尤其是故障检测及安全要求苛刻，计算机联锁系统的扩展总线及其接口也需要采用专用的特殊设计。早期的计算机联锁系统，多由联锁计算机利用其I/O控制电路，通过专门设计的某种并行扩展总线，直接控制采集、驱动板，完成信息采集、驱动输出、故障检测及安全处理等全部处理过程。执行层的基本结构示例如图5-6所示。

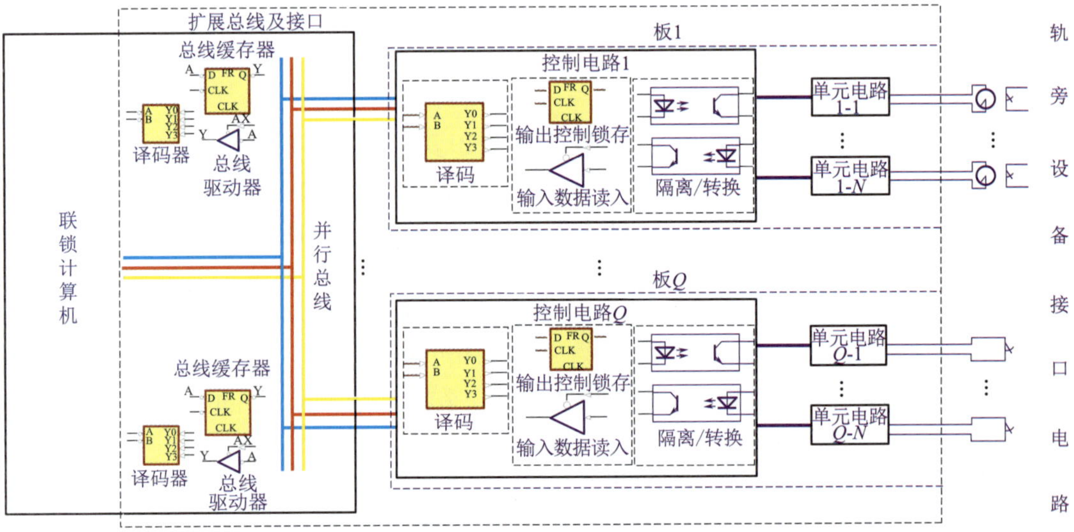

图5-6 联锁执行层基本结构示意框图

扩展的并行总线主要是由地址(包括译码电路)、控制(包括采集控制、驱动控制、回读控制及测试控制等)和数据(包括采集状态、驱动命令、控制回读及测试相关数据等)等若干组总线驱动控制电路所组成,通过多芯数据电缆、母板等连接方式,直接对采集、驱动板控制电路中关键的板选、片选、数据总线及故障检测等电路进行控制。地址、控制和数据等各组总线及每组总线中的功能部分(采集/驱动控制的地址、控制和数据总线部分)和故障检测部分(回读、测试的地址、控制和数据总线部分),需采用相互独立的电路设计,形成各自独立的安全冗余通道,以避免共因故障。

(三)主要安全原则及措施要点

相对于联锁主控层,执行层控制电路的上述基本逻辑功能并不复杂,采集、驱动单元电路的基本功能则更加单一,但这些功能都与现场轨旁设备的状态直接即时相关,在任何环节上发生的"张冠李戴"或危险侧故障,都会直接影响轨旁设备,而且没有多少缓冲的余地(即使采用二取二,其状态空间的冗余度也很低),直接导致危险后果的可能性非常大。因而快速、高效且无遗漏的危险故障检测以及各种"失效—安全"技术的综合运用,对于联锁执行层尤为重要。

1. 故障检测与拒绝机制的基本安全原则

执行层对故障检测的覆盖率,特别是对检测和拒绝的反应速度要求更为严格。尤其是对最外侧驱动的闭环控制及检查,在以继电器为直接驱动对象的情况下,一般应按照从故障检出至拒绝机制生效,能够保证继电器不致错误吸起的安全性保障要求,以及从故障检出至切换生效,能够保证已正常吸起的继电器不致错误落下的可靠性冗余要求进行设计。

对于执行层,特别是采集、驱动单元这类使用分立器件较多的安全苛求电路,EN 50129 在其附录 C 中要求,应按照其附表中大量列举的硬件元器件可信失效模式,逐个进行分析,以确保下列两个通用(对主控层也适用)的基本原则能够在所有已知故障和已知故障组合的条件范围内得到满足:

(1)任何可识别的单一随机故障发生时,必须保证系统保持安全。

(2)必须在足够短的时间内,检测到可能直接或与第二个故障组合后造成危险的单故障,并予以拒绝(强制系统进入安全状态)。这一时间对于所采用的反应式"失效—安全"措施而言,不应超出规定的有潜在危险的瞬间输出持续时间限制(例如信号继电器的动作时间 100 ms);对组合式"失效—安全"而言,应确保在检测和拒绝期间出现第二个故障的风险小于规定的概率指标。

适用于组合式"失效—安全"的二取二和三取二冗余,也是计算机联锁系统执行层采用最多的板级整体性冗余结构,能够对包括扩展总线在内的译码、锁存等无法以固有"失效—安全"方式来实现的电路,尤其是对因智能化而在控制电路中采用了集成电路的情况,以多重独立子系冗余的方式,在有效检测出故障的同时,亦能有效地限制住或屏蔽掉其后果,保证单故障时的系统安全,并可使拒绝机制有充裕的反应时间。

而实现反应式"失效—安全"最为典型的闭环控制,几乎是计算机联锁系统驱动控制电路中必然采用的基本控制方式,能够将对系统的故障检测延伸到最外侧,甚至也可将外部混线也纳入检测范围之内;并且依据控制命令与驱动输出的校核,在很多情况下即使在多个环节上同时发生多个故障,也能够及时发现并进行安全处理。

2. 动态驱动和动态采集

动态工作方式是在计算机联锁系统中普遍采用的、非常有效的故障检测和安全防护措施；尤其在采集单元电路、驱动单元电路及其控制电路的设计和实现方面，能够对静态故障特别是控制输出的“错误保留”，在相当程度上起到固有“失效—安全”的防护作用。

实际上，在各种导致错误输出的故障之中，输出的“错误保留”是计算机控制系统中特有的一种容易发生而不容忽视的情况。与继电联锁电路能够通过流过闭合接点的电流而始终不间断地持续检查所有相关条件完全不同，计算机本质上是依赖于储存的分时处理系统，对驱动单元电路的“实时控制”，其实是依赖于对控制电路中命令锁存器的不断快速更新；这些被锁存下来的、能够直接决定现场受控设备状态的“电平值”，只取决于其写入值，而与其他任何条件都没有关系。计算机联锁系统，不能简单地使用这种计算机固有的静态锁存输出控制方式，因为在总线传输、译码选址、锁存器等环节的许多故障以及软件错误，都非常可能导致已锁存的数据被错误保留。虽然采用组合式和反应式“失效—安全”技术可有效地防护硬件随机故障，但因软件共因故障所引起的程序漏清除，以及 CPU 停机、死机等，仍会造成已锁存的驱动命令持续性非受控保留；特别是采用各子系结构相同的二取二或三取二以及输出控制与闭环检查是同一 CPU 所为的冗余结构时，对可能因软件“死锁”而造成 CPU“死机”的共因因素，也必须重点防护。

“动态驱动”，就是在给出非限制性(危险侧)的驱动控制时，需要由软件按照一定的周期，对驱动电路交替地给出“ON”和“OFF”控制命令的驱动方式。与静态驱动方式不同，动态驱动电路实现的是动态的逻辑电平脉冲序列与静态驱动电平的转换与隔离，而不是静态逻辑电平对静态驱动电平的转换与隔离；动态驱动的关键，也主要在于其驱动单元电路中实现这种转换的方式及其安全性。由于动态驱动方式对于静态故障而言，本质上是具有固有“失效—安全”性质的驱动方式，通常都可实现采用某种固有“失效—安全”的技术措施，使驱动单元电路只在有一定频率的脉冲序列或某种交变信号输入时，才能给出有效的驱动输出(电平)，而任何不变的静态电平/电流输入(“固定 ON”或“固定 OFF”)对其都是无效的，因而也是安全的。

数字计算机类的硬件随机故障通常都是静态故障，而在并不复杂的驱动程序中，因软件 bug 而造成持续有规律脉冲输出的可能性极低，因而动态驱动方式是对驱动电路包括“错误保留”在内的任何导致“固定 ON”或“固定 OFF”的软、硬件故障，进行安全防护的最彻底的方法；特别是对雷击甚至牵引电流侵入等可能造成多子系、多级控制器件同时击穿的极端情况，也具有良好的安全防护能力。动态驱动方式，也多用于对强制系统到安全状态的“拒绝”机制进行控制，通常是在系统正常时驱动一个接通其控制电源的继电器，脉冲驱动一旦停止，即切断控制电源。这比以静态电平驱动两个接点串联的继电器来接通控制电源的方式(这也是常用方式)更加安全，因为后者的控制方式既无任何固有“失效—安全”保障，通常也无法在正常使用时随时检测其切断功能是否有效。

实现动态驱动方式的关键环节，在于能够实现脉冲-电平转换的(固有)“失效—安全”电路。由该电路将计算机给出的逻辑电压标准的驱动脉冲序列，以“失效—安全”的方式转换为继电电压标准的能量驱动电平，最终实现对安全型继电器的安全控制。由于脉冲驱动方式通常抗干扰能力稍差，且定时回读检测的方式，对频率较高脉冲的干扰作用，无法做到完全有效的监测，理论上还存在干扰未被发现而电路已经误动的可能，因此对前级脉冲驱动电路的抗干扰能力有严格要求。若辅之以其他技术措施，配合使用并构成安全冗余结构(譬如采用动态驱动和静态驱动两种方式互补，构成异构的 2oo2 安全冗余)是更加完善的解决方案。

动态驱动的一个附带好处是，能够在闭环的基础上，随时从容、动态地进行“全方位”的静态测试，不论该驱动点是否有驱动命令，都能对其“ON”和“OFF”两侧进行充分测试，使得故障检测更加全面和安全，因为无论是“ON”还是“OFF”都不会形成有效的输出驱动。事实上，这种动态的故障检测方式，对采集电路也同样是十分有效的，并且在铁路信号之外的功能安全领域更为广泛地被使用。

对采集单元电路及其控制电路采用特殊设计，通过某种可控的（动态）测试电路、依据能够预知的结果对电路进行校核检查，从而发现其静态故障是动态采集的一种主要实现方式。对计算机联锁系统而言，能够发现任何导致采集信息错误地“固定”在危险侧（譬如道岔的定/反位表示错为“有”）的静态故障是对动态采集的基本要求。

（四）智 能 化

近年来，随着嵌入式智能和工控通信技术的快速发展，智能化的执行层已成为计算机联锁系统所使用的主流方式。按照实现智能化层级的不同，有机笼级智能化和板级智能化两种基本及其组合的结构方式，两种基本结构的示意图分别如图 5-7 及图 5-8 所示。

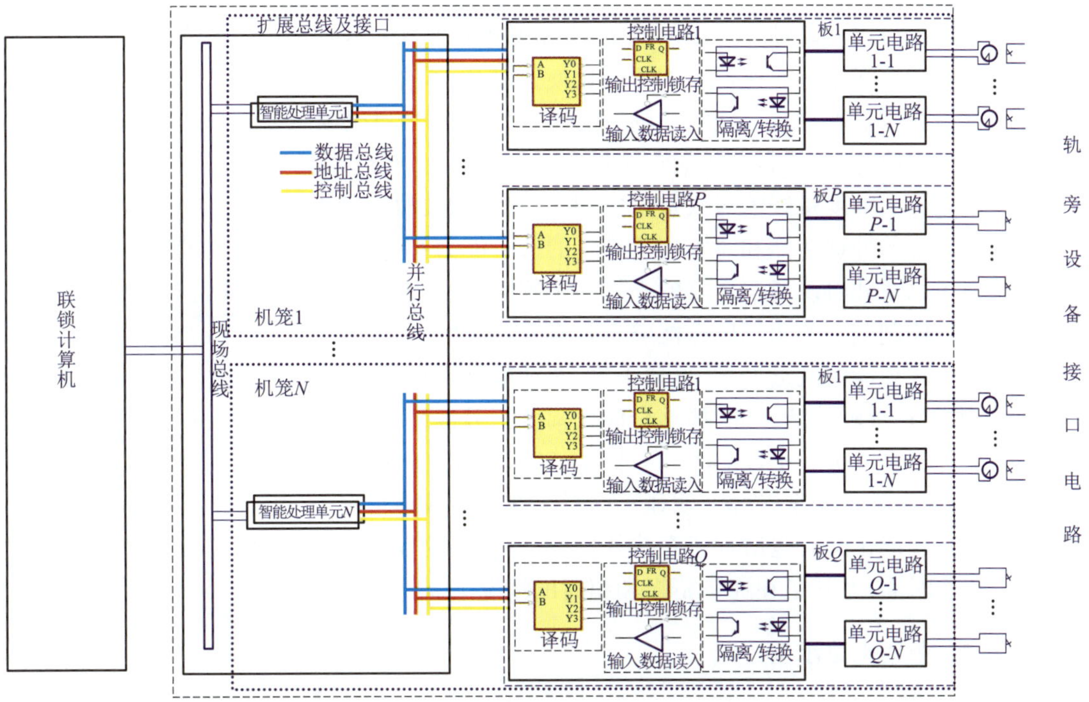

图 5-7　机笼级智能化的执行层示意框图

机笼级智能化是将一个或多个机笼作为基本控制结构，以智能的通信及控制单元为控制核心，向上以安全通信的方式与主控层交互信息；向下完全接替原来全部由联锁计算机进行的工作，通过专用并行扩展总线，控制机笼内的非智能采集板和驱动板，对继电器等控制对象进行状态采集和驱动控制；并同时对采集板和驱动板进行实时的故障检测及安全防护处理等等。板级智能化则是彻底将采集板和驱动板智能化，每一块采集板和驱动板都可各自通过其板上嵌入的智能芯片组合，与主控层进行协议通信，并通过板内的并行总线对板上的采集、驱动电路进行控制和处理。

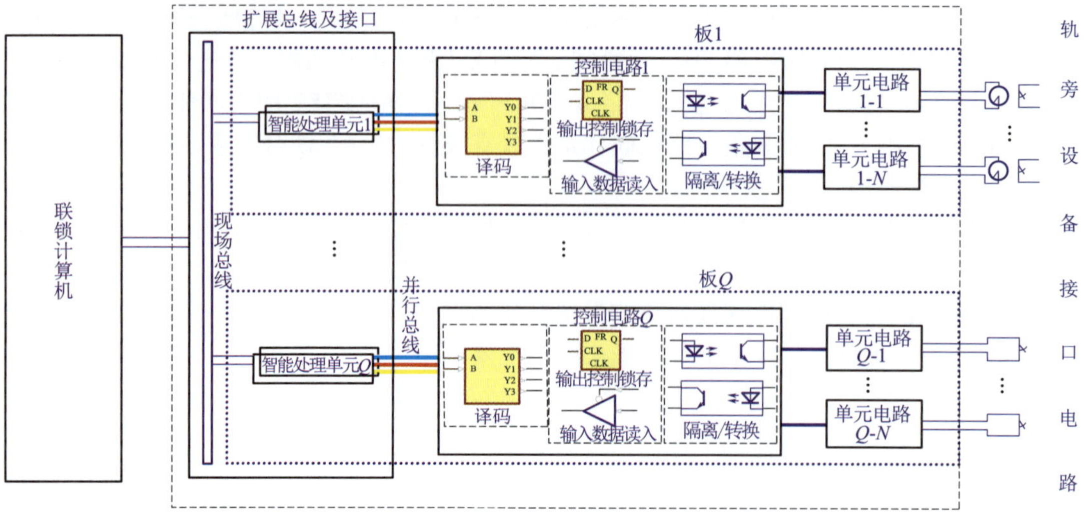

图 5-8　板级智能化的执行层示意框图

智能化的执行层与联锁计算机的连接，通常基本都采用能满足安全要求的协议通信方式，并使用某种现场总线进行。执行层的智能化使其结构、功能和性能都发生了明显的变化。在联锁计算机与并行扩展总线之间插入的（局部）智能处理器和现场总线，可使主控层与执行层之间的连接大为简化，并能显著扩展连接的距离和规模，而且使用灵活、信息传输量大；执行层的智能化还能够大幅度减轻因对大量采集、驱动对象的实时处理而带给联锁计算机的压力，明显增强联锁系统的处理性能和对大规模站场的适应能力；但更为重要的还有以下两点：

一是现场总线和协议通信良好的干扰防护能力，尤其是对作用范围非常有限的并行扩展总线的长度和控制范围的明显压缩能够有效提升系统的抗干扰能力。

二是嵌入式智能的就近处理，可使采集、驱动电路（包括其控制电路）的技术实现手段得到显著加强，尤其在故障检测方面，能够全面大幅度提升故障检测覆盖率，并将检测和“拒绝”的反应时间提升至毫秒级水平，能完全满足 EN 50129 标准的要求，有效提升执行层子系统的组合式和反应式“失效—安全”性能，明显提高系统在多重故障情况下的安全性。

执行层的智能化同时也增加了系统的层次、软硬件的复杂度和开发工作量，特别是加大系统的信息传输时间，尤其是在通信不畅和超时的情况下。

三、采集、驱动电路示例

本节简要介绍并分析几种在计算机联锁系统中使用的典型采集、驱动单元电路及其控制电路的基本结构与工作原理。

（一）采集电路

图 5-9 为一种典型的安全采集电路比较完整的原理示意图。图中示出了其扩展总线和接口、采集控制电路和采集单元电路三个主要部分。正中间是采集电路的控制（单元）电路部分，1 个控制单元通常对若干个采集单元电路进行控制，并在这两者之间实现了一级光电隔离与转换。在控制电路右侧示出了一个采集单元的基本电路。采集单元的基本电路多由分立元器件构成，将经继电器闭合接点由外部接入的采集条件电源，经防雷、信号调理等处理后引入，再经测试

(故障检测)电路后接入读取电路。控制电路由两个独立部分在采集软件的控制下协调配合,分别对同一对象单元的读取和测试电路进行寻址、信息读取/测试控制,并由软件进行校验处理。

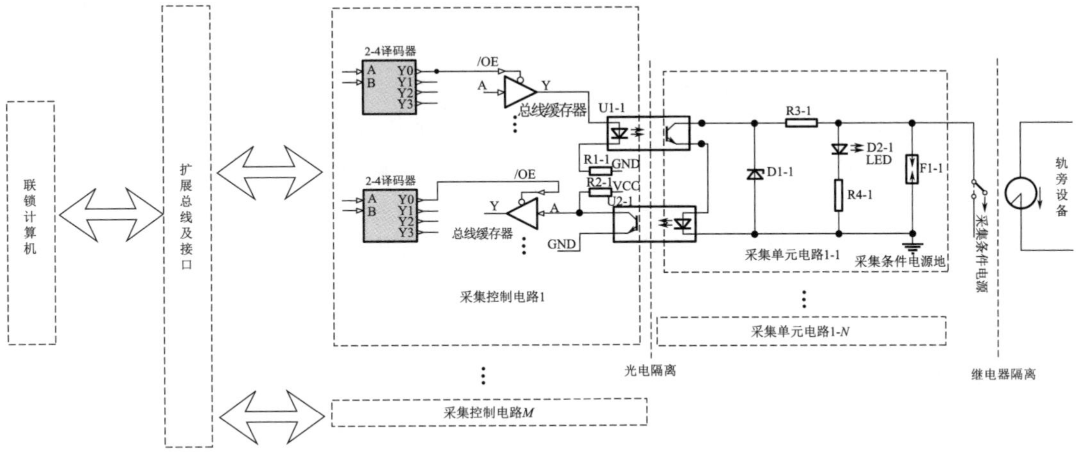

图 5-9 采集电路原理示例一

此电路的设计原则,是只对危险侧(对应于采集接点闭合)故障进行有效检测。其测试电路串接于采集电路中,以在关断采集回路时不应有接点闭合"ON"的采集状态为依据,来发现任何可能给出"假表示"的故障,并据此进行采集信息的安全处理;但其对安全侧(对应于采集接点断开)的故障则无从发现,这对采用双机热备可靠性冗余结构的系统而言,当其中一系的采集电路发生此类安全侧故障时因不能发现而会造成主、备双系采集信息稳定相异却无故障提示的不利情况。

图 5-10 是另一种典型的动态采集电路示例。这类采集电路也是通过对采集回路进行可以预测结果的控制,实现故障检测的;但其利用"异或"逻辑能够实现对"ON"(危险侧)和"OFF"(安全侧)双侧故障的有效检测,对构成双机热备类的主、备(包括二乘二取二)冗余方式更加有利,能够为其同步和切换机制提供更加全面有效的故障指示。

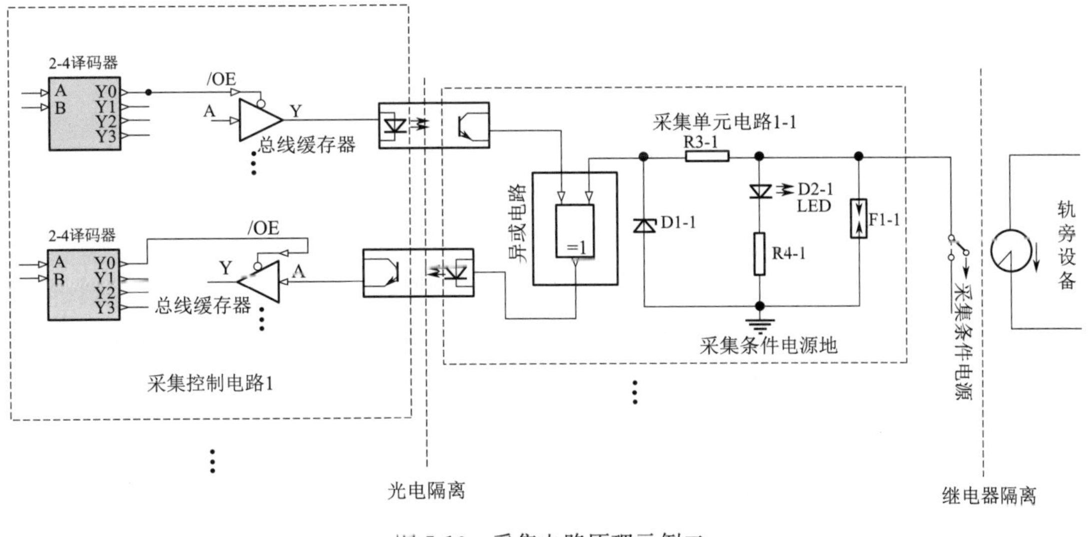

图 5-10 采集电路原理示例二

前面给出的两种能够对危险侧故障进行检测的采集电路，都是通过对采集回路进行可以预测结果的控制实现检测的，而且是一种在线实时进行的测试。由于这种测试方式会改变电路的实际读入值，使其成为变化的数字组合，看上去也是一串脉冲序列，因此也称之为“动态采集”。

实际上，完全意义上的“动态采集”是对采集的条件电源进行“编码”处理，由采集电路和采集软件直接对脉冲序列而不是对固定电平进行采集，这种方式具有更高的电路安全性保障能力。我国早期的计算机联锁系统中曾采用这种方式进行采集，并且还对信号、道岔、轨道区段等不同类的采集对象，进行不同的分组编码，以提高其对电路故障和混线故障的安全防护能力。但这种方式需要进行解码处理，采集的实时性比较差；此外，其施工配线、校核的难度大，开通后接触不良等故障的查找和排除困难。尤其是在站场规模较大的情况下，非常不便，因而未能推广使用。

（二）驱动电路

图 5-11 是一种典型的使用动态驱动单元的驱动电路原理示意图。图中示出了其扩展总线和接口、驱动控制电路和驱动单元电路三个主要部分。图中右侧示出了一个动态驱动单元的基本电路，该类电路在我国双机热备计算机联锁系统中得到广泛使用。正中间是驱动电路的控制（单元）电路部分，1 个控制单元通常对若干个驱动单元电路进行控制，并在这两者之间实现了一级光电隔离与转换。控制电路由驱动控制和控制回读两个独立部分构成，在驱动软件的控制下，分别对同一动态驱动单元的控制和回读电路进行寻址，写入（锁存器）控制命令/读入控制输出状态，并由软件进行校验处理，当回读的状态与输出的命令不符时即为有故障发生。

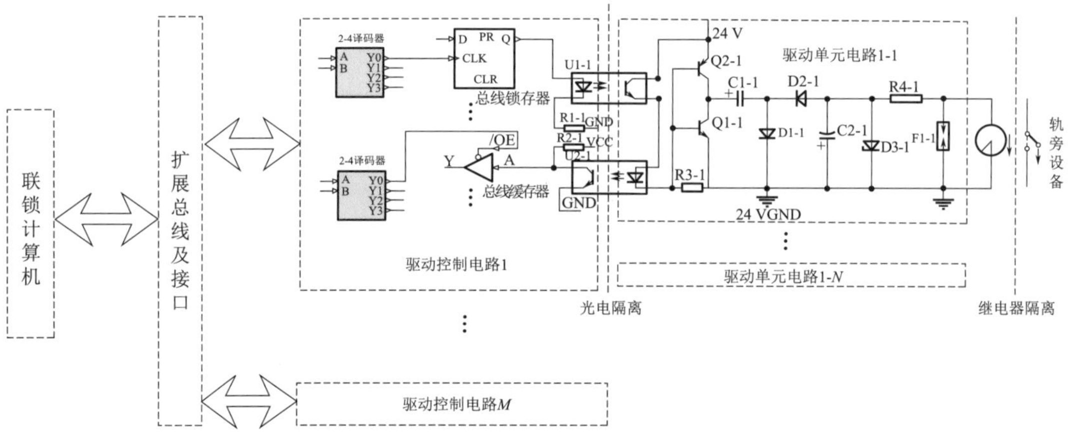

图 5-11　驱动电路原理示例

此种回读校验方式能够发现任何静态故障，也能够发现可能导致动态驱动单元误动的混线故障和部分干扰脉冲。由于动态驱动单元只当其输入规定的脉冲序列时，才会驱动安全型偏极继电器吸起，驱动软件需要持续地向输出锁存器交替写入变化的控制命令才有效，因而控制电路发生任何静态故障都是安全的。

动态驱动（单元）电路，是我国铁路在 20 世纪 70 年代末期推广的 25 Hz 长轨道电路中开始使用的一种由脉冲序列驱动继电器的“故障—安全”电路。该电路的驱动原理，在 20 世纪

80年代由通号公司设计研究院最先应用于微机联锁系统，将其集成安装在安全型继电器的匣体内部，统称为动态继电器。此后有若干计算机联锁生产研发单位及相关单位各自对电路进行了改进，并将驱动单元电路与继电器分离，但仍安装在继电器匣内，称为动态驱动组合。图5-12所示为其中一种典型的动态驱动组合电路原理。

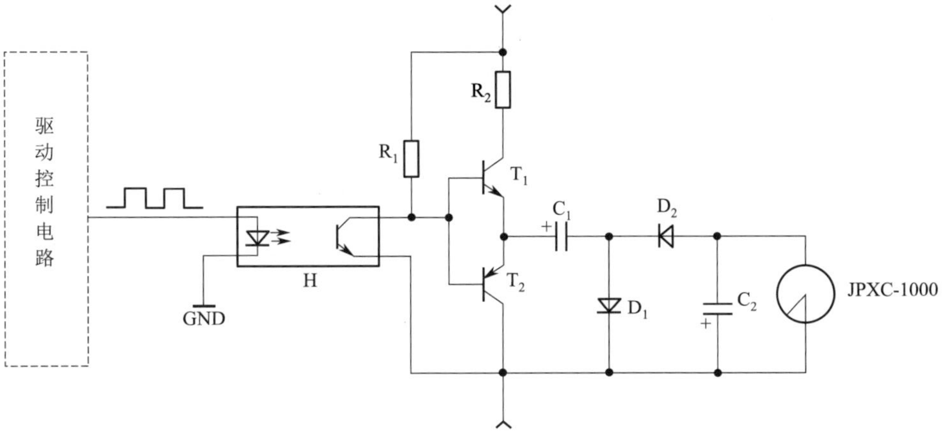

图5-12　动态驱动组合电路原理示例

在电源电压不发生大幅度波动的前提下，T_1 和 T_2 随着输入驱动脉冲序列的变化而交替地导通和截止，电容 C_1 经由 T_1、D_1 充电，继而经 T_2、D_2 向 C_2 和继电器J放电；根据输入脉冲的频率和占空比，选择 R_2、C_1 等器件的数值，可使继电器借助 C_1 的放电电流吸起，C_2 可保持其吸起的稳定性。该电路巧妙地利用电容充放电改变电流方向的物理特性和动态控制的原理，使继电器获得的控制电压与驱动电源的极性恰好相反，配合偏极安全型继电器实现了固有"失效—安全"控制。电路中任何器件的短路、断路故障，都将破坏这个简单精巧的电流逆转通道，而使偏极继电器失磁落下；且因控制电源经极性逆变后才能生效，可从根本上为板上电源任何形式的故障逸出提供安全保障。

此类电路曾在双机热备计算机联锁系统中普遍使用。多年来，电路自身的"失效—安全"性能得到确认，其缺陷主要在于：

(1)因其低频响应范围较宽，且由此构成的动态继电器和驱动组合需要安装于机械室内电磁环境比较复杂的组合架上，在较长的传输驱动脉冲信号的引线上可能引入脉冲干扰，对驱动电路的抗干扰和回读控制能力有较高的要求。

(2)由于驱动电源波动较大时，电路自身的抗干扰能力下降明显，且其用于防护电源波动和避免因上电冲击等造成单脉冲瞬时误动的电路难以实现"失效—安全"要求，需要采用专用的防抖动电源和其他的防护措施。

如果利用二取二安全冗余，将 T_1、T_2 的输入端分开使用，并对上述电路稍作改进，就能得到须在双路正、反相脉冲序列同时输入的情况下，才会给出驱动输出的增强型改进电路。使用这种可具有严格相位校验功能的二取二安全冗余方式，能够极为有效地克服上述缺陷，显著提升其安全度。该电路还非常适合用作对以二取二冗余方式同步运行的两个CPU进行相位监督，并实现"拒绝"功能。

变压器耦合是另一种常用来实现脉冲-电平转换并具有固有"失效—安全"特点的转换方

式。这种方式利用变压器能够比较可靠地隔离直流的物理特性。在这种方式中，倍频技术常用来提高转换效率，并缩小变压器的体积；但应仅是对由处理器控制的翻转脉冲进行倍频，而不是将高频脉冲通过开关方式接入或关断，才能保证对任何静态故障的“失效—安全”保障。

实际上，在国内外的计算机联锁系统中有许多都不同程度地使用了各种设计巧妙的动态技术，以达到用固有“失效—安全”技术，实现其关键的“拒绝”机制和驱动、采集控制。

第六节　轨旁设备接口

与轨旁设备的接口层，也是计算机联锁系统的重要组成部分，并与主控层和执行层同样要求达到最高的安全级别，并符合“失效—安全”原则。

与轨旁设备的接口，需要安全、可靠、有效地实现计算机联锁系统执行层与轨旁设备电气特性的匹配、隔离，还需要完成部分甚至大部分的设备驱动和采集逻辑；防雷也是必须考虑的主要问题之一。

一、接口的一般原则

（一）沿用6502电气集中主要轨旁设备的控制/表示电路

目前，国内使用的计算机联锁系统与之接口的现场轨旁设备，主要仍然是继电联锁系统所使用的动力式道岔转辙机、色灯信号机和轨道电路这铁路信号三大电气化基础设备。典型计算机联锁系统，也都基本保留了道岔控制与表示、信号点灯电路等继电联锁系统的轨旁设备控制电路。

在现场轨旁设备并无很大变化的情况下，这种保留是自然的，也是计算机联锁发展基础阶段的最优轨旁设备接口策略。因为：

(1)这部分电路不但与轨旁设备的结构和特性密切相关，而且一些关键的联锁逻辑也是由这部分电路直接完成的，其在安全性方面的作用也都极为关键；并且这些典型电路，在历经十几甚至几十年的运用、完善与发展的过程中，有着深厚的积淀，是许多故障情况的经验积累，甚至是用血的代价所换来的。

(2)采用已有成熟的继电接口方式，简单、易行，并在实现强、弱电控制转换的同时，也实现了与室外设备彻底的电气隔离；且继电接口方式的通用性和直观性强，易于维护、维修，并可有效降低对计算机系统的防雷等级及抗干扰要求。

（二）对继电接点的采集与校验

与继电联锁系统的布线逻辑需要使用多组接点不同，计算机控制系统的逻辑运算只需对一组接点的状态进行采集即可，通常是只对一组接点中的前接点进行状态采集。采用这种最节省资源的方式一般是基于以下考虑：在继电联锁中有一般不考虑室内混线的说法；并且即使是只采集单侧接点，也能够充分利用计算机的智能优势，如通过对道岔定、反位表示的前接点进行逻辑校核（定、反位前接点的表示不应同时出现），对信号控制命令与信号继电器的前接点进行逻辑校核等，可在相当大的程度上起到混线防护的作用。

事实证明，这些校核确实起到了关键作用，并且还不仅仅是混线防护的作用；只能在应用层软件中根据应用数据进行的此类校核，实际上可以对配/混线错误，安全计算机平台的硬、软件错误，甚至是应用软件自身的错误，都起到有效的检测作用。但事实也表明：对于混线防护来说，仅有这些逻辑校核是不够的，道岔在“四开”位置时曾发生过表示混线而造成假表示的情况；尤其是轨道区段单采前接点的方式，没有任何混线防护能力，这些都与 EN 50129 所明确的故障处理的基本安全原则并不相符。

实际上继电联锁不考虑室内混线的说法，在某种程度上造成了一个误区。事实上 6502 继电联锁对单接点混线还是有相当防护能力的，因为其轨道和道岔表示等继电器的多组接点，分别被不同的网络线所使用，客观上具有层次上的纵深保护。其中某一接点的混线，不会影响其他网络线上的检查条件，其影响通常是局部而有限的。此外，在 6502 继电联锁严格遵循的安全侧对应原则中，对前、后接点的分别使用也是不能或缺和互换的。因而在计算机联锁中，只采集一个接点的做法使其混线防护能力在某些方面还要低于 6502 继电联锁。这一点在 2015 版计算机联锁技术条件中得到了修正，已要求对轨道电路、道岔表示等关键信息的输入，应使用同时采集前、后接点或两组接点并进行校核的安全冗余处理方式，以对系统外部混线、内部短路串电等可能发生的故障情况进行安全防护。

图 5-13 示出了对轨道继电器状态的两种冗余采集方式。

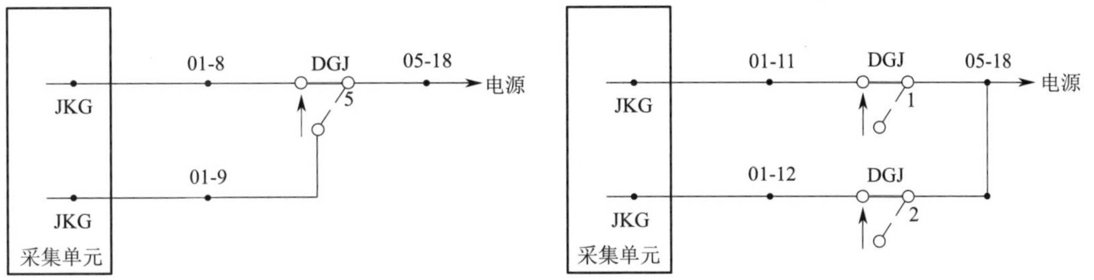

图 5-13 对轨道继电器接点两种冗余采集方式示意

图中右侧，是采集了同一轨道继电器 DGJ/GJ 的两组前接点，当且仅当两组前接点均闭合时才可确认该区段处于未占用状态。这实际上就是采用了二取二的安全冗余方式，可极为有效地防护(单)接点混线的危险侧故障，代价是增加了接点采集数量、降低了可用性(任何不一致即作为占用处理)并需要多占用一组接点。图中左侧的采集方式，是利用同一组接点中前、后两个接点之间的逻辑关系进行校核，当且仅当前接点闭合、后接点断开时才可确认该区段处于未占用状态。这种采集方式也可非常有效地防护(单)接点混线的危险侧故障，代价是增加了接点采集数量。

两种采集方式相比较：在安全性方面，前者在任何一组前接点的断线或混线故障时即导向安全侧，仅在两组前接点均混线(双混)时失去防护作用；后者在前接点断线或混线，或后接点混线故障时导向安全侧，仅在前接点混线、后接点断线(一混一断)时失去防护作用，故前者的安全性较高；而在可靠性方面，由于当后者发生后接点断线故障时并不影响正常使用(此时应有故障报警)，可用性并未降低，因而高于前者。此外，使用前、后接点校核的方式，不需要多占用接点资源；且增加的轨道继电器 DGJ 后接点的状态信息，作为正常解锁时区段占用的确认条件更为合理(以 DGJ 后接点闭合作为区段占用的确认条件，符合安全侧对应原则，6502 就是这样处理的)。因此，采用同时采集轨道继电器 DGJ/GJ 前、后接点并进行校核方式的计算机联锁系统较多。

与6502继电联锁相同,计算机联锁系统对复示继电器的使用,也要注意其可能与主继电器不一致时的安全使用原则。

二、接口防雷与接地

计算机联锁系统中通常都有数量庞大的数字量控制和采集接口电路。虽然绝大部分系统采用的继电接口方式已经能够起到良好的电气隔离作用,但对电子系统而言,即使是感应雷电其损害作用也非常大,防雷性能对系统的可靠性和安全性至关重要。我国国产计算机联锁系统开始规模上道的初期,就曾发生过因雷害而造成较大规模损害的情况。

接口防雷一般与系统的接地方式密切相关。计算机联锁系统的接地方式,主要有“浮地”和“接地”两大类。

(一)“浮地”方式

“浮地”实际上是不接地,通常是将计算机联锁系统各部分的工作电源及执行层的采集驱动电源,以物理绝缘的方式在机柜中进行高强度的良好隔离,使其“地电位”彻底“悬浮”起来,而机柜壳体接地只是起到人身保护的作用。这种方式,在从日本引进的日系计算机联锁系统中比较多见。

浮地方式本质上是利用高强度的绝缘,将侵入的雷电“推”到别的地方去而保护自己,可以不需要再采取其他的防雷措施;但要保证浮地的任何部分,其对地绝缘要明显高于周围其他部分的对地绝缘,否则损坏后果可能会更严重。此外,采用浮地方式的系统,在维护时应按照操作要求采取静电防护措施,以免因“悬浮”而累积的静电放电,造成板卡损坏。

(二)“接地”方式

非浮地的接地方式,一般将系统的采集驱动电源和/或工作电源的“地电位”,采用某种方式实现与大地的良好连接,并设置接口防雷电路,通过为侵入的(感应)雷电提供就近直接入地通道的方式,实现对系统的雷电防护。对采用继电接口进行隔离的系统,通常也至少要设置两级防雷:能够快速反应、抑制冲击电压的一级防雷和能够随后泻放大电流的二级防雷。需要将这两种特性和作用不同的防雷电路配合使用。

欧美的系统基本都采用接地方式,特别是欧洲的系统,对板卡、机柜以及防雷卡件等接地连接的设计和工艺都非常重视和讲究。这除了要排除因接触不良,而使防雷失效造成雷击损害的因素之外,也是为了避免在有多个防雷器件击穿短路(虽然通常防雷器件短路的可能性并不大)的故障叠加的情况下,造成危险的混线故障。因为各个端口对地的纵向防雷器件的接地端(防雷地)只能是公共的,这些器件在这一端是全部并联在一起的,如果防雷地未与采集驱动地连接或局部断线,在有多个端口的防雷器件同时或先后击穿而未被发现和及时更换的情况下,就可能因短路串电而形成多个继电器接点或线圈并联的危险情况。因此,对防雷及系统接地的设计,必须充分考虑上述因素;而对防雷器件的定期检查、及时更换也十分必要。

计算机联锁系统中相互有电气、电子关联(未采用光纤连接方式)的系统内部各机柜之间,或是各系统之间的等电位连接也是非常必要的,一点接地的原则也已被普遍接受。因雷击时通常会造成其入地点邻近区域地电位的瞬间剧烈抬升,如果没有良好的等电位连接,或是多点接地的电阻稍大时,可能会在机柜或系统之间产生“跨步电压”的现象而使系统损坏。等电位连接和一点接地示意如图5-14所示。

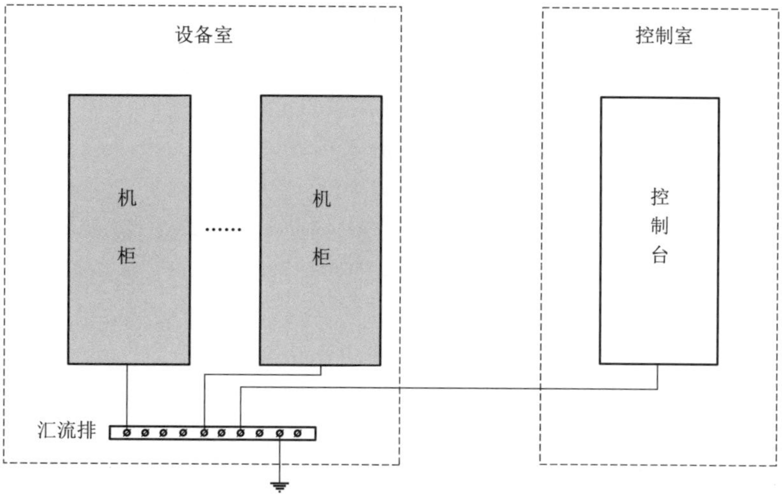

图 5-14 等电位连接和一点接地示意

第七节 电 源 系 统

计算机联锁系统一般使用交流 220 V 工频电源，需要由稳定可靠的冗余供电系统进行不间断供电，以保证系统工作的稳定性和安全性；尤其需要避免电源的频繁波动和间断的情况，因为复杂电子系统在电压频繁异常的情况下，容易损坏甚至可能暴露出未知的安全隐患；工作中的联锁系统意外重启(造成计算机联锁系统意外重启的因素要明显高于 6502 继电联锁)，造成已办理的进路“丢失”也是一种安全隐患。系统上电时进入“全场锁闭”状态以及对上电解锁操作的限制规范就是为了防止此类隐患。

目前在我国铁路使用的计算机联锁系统，除高速铁路统一设计并配置了不间断供电系统外，基本都需要自配不间断 UPS 电源系统。经多年的工程实践，我国计算机联锁系统比较普遍地使用常态处于逆变工作方式的 UPS 电源，以更加有效地对现场信号电源屏的供电进行隔离和净化。因为某些地区的信号电源不稳定，甚至可能造成联锁系统(主要是电源部分)容易损坏；而在一度有很多产品类型、且其各自的供电及相关处理机制差异很大的“智能化”电源屏中，也有些产品在某些故障或特殊情况下，存在与计算机联锁系统的电源不相适应的问题。使用在线逆变工作方式的 UPS 电源，不但能够在信号电源切换时消除瞬间断电的影响，还可为计算机联锁系统提供比较有效的电源质量保障。

计算机联锁系统的电源系统，目前都采用由双套 UPS 对外供电，且以电源屏直供为 UPS 故障时的后备供电方式；而双套 UPS 之间，则主要采用以下两类方式实现冗余供电。

一、双套热备或并行供电

双套热备供电的冗余方式，即属前述典型的没有同步要求的双机热备冗余方式，要求每个 UPS 的容量都能单独满足全部联锁系统的负荷需求，以有效的故障检测及切换机制实现主、备可靠性冗余，其中任何一个 UPS 的单独故障，均不对联锁系统产生任何影响。

这种冗余供电方式，适用于包括采用三取二在内的所有冗余结构的计算机联锁系统，适用范围广、可靠性高，且其电源连接方式简单、清晰；但其要求 UPS 的负载能力加倍，并需要对 UPS 进行故障检测和切换处理。对 UPS 的故障检测和切换，一般由 UPS 厂家提供的专用设备来实现；而计算机联锁系统（通常是其维修机）需要通过 UPS 提供的串行通信接口，接收相关的故障信息并给出必要的报警提示，以使值班人员及时发现 UPS 特别是处于备用状态的 UPS 的故障。此外，在这种冗余方式中处于主、备可靠性冗余“瓶颈”位置的切换机制，一旦出现故障，也可能会有导致双套 UPS 都不能正常工作的最不利情况发生。

双套并行供电的冗余方式与热备方式的主要不同，是在两个 UPS 的输出端通过采取某种均衡隔离而不是切换措施实现两者的同时供电。正常时两个 UPS 各负担一部分输出负载，当其中某一个因故障而停止输出时自然地由另一个负担全部输出负荷。由于只是负荷比例的变化而非简单的切换，这种方式在故障发生时的转换处理通常能够更加平稳；但是其均衡机制仍然处于冗余结构的“瓶颈”位置，某些可能导致双套 UPS 都不能正常工作的单故障依然存在。

曾有 UPS 生产厂家，推出过冗余功能更强的 UPS 产品。该类产品采用 $MooN$ 冗余方式，能够将 N 个 UPS 的输出“合并”在一起，并能在规定的范围内（M 至 N 个），根据负载情况对尚处于良好状态的若干个 UPS 的交流输出进行均衡分配，形成一个电源整体，统一对外供电。但终因采用的技术措施比较复杂，其均衡和转换机制的可靠性不理想而被淘汰。

二、双套独立供电

双套 UPS 独立供电的方式，适用于采用二乘二取二和双机热备冗余结构的计算机联锁系统。因为这两种冗余结构，本质上都是由两套独立的单机构成的主、备冗余系统，与双套 UPS 正好构成一对一的对应关系，“绑定”在一起使用是最简单而又自然的构成方式；其 UPS 的容量只需满足单系联锁系统的负荷要求即可，且两个 UPS 相互间完全独立、故障互不影响，没有任何会造成两套 UPS 均无法正常工作的单故障可靠性“瓶颈”问题。但在这种方式中，因某个 UPS 的故障亦将使与其“绑定”的那一系联锁系统也完全无法使用，致使全系统的整体可用性要低于第一种方式；并且对联锁系统中的维修机等未采用主、备双系冗余结构的部分，还需要有单独的（手动）切换机制。

按照 EN 50129 的独立性原则，在维修的及时性有良好保障的情况下，二乘二取二和双机热备计算机联锁系统，采用更加符合独立性要求的双套 UPS 独立供电的方式应是更为合理的选择。

第六章　计算机联锁系统的安全计算机平台

可编程安全苛求控制系统的核心，是其安全计算机平台。适用于铁路信号领域的安全计算机平台，是一类具有铁路信号特殊安全要求的计算机应用平台；计算机联锁系统的平台，是其中最为典型的适用于地面信号系统的安全计算机平台。

本章简要介绍了计算机平台；重点介绍了铁路信号安全计算机平台的基本概念、一般结构及主要接口；概要介绍了该类平台“失效—安全”设计的基本原则和要求、安全冗余结构及动态工作原则；全面介绍了联锁安全计算机平台的主要基本功能、关键的功能要点，以及平台软件的主要构成、相关功能及要点。

第一节　概　　述

除了早期以汇编语言开发的系统，其后开发的计算机联锁系统和绝大多数计算机应用系统一样，都采用基于计算机应用平台的软、硬件层次结构方式，以使联锁软件得以基本独立于联锁计算机的硬件结构，具有良好的兼容性和可移植性。此类计算机联锁系统的核心，是由联锁计算机及其执行层所构成的安全计算机应用平台。计算机联锁系统的安全性，首先取决于其安全计算机平台的安全性。

一、计算机应用平台

计算机平台，通常分为开发平台和应用平台两大类。开发平台一般仅限于专业研发使用，数量很少；应用平台特别是通用应用平台则面向社会，其中有许多类型的应用平台数量规模庞大。因而当仅使用“平台”的简称时，通常是指应用平台。

计算机应用平台，是提供给应用开发用户使用的计算机平台。应用平台主要由特定的平台硬件和平台软件所组成。平台软件主要对平台硬件进行控制、协调，并对包括应用软件在内的整个系统的运行进行调度管理。应用平台的一个主要作用，是把某类系统全部的功能软件清晰、合理地划分为平台软件和应用软件两部分，以使对系统硬件和应用功能的处理能够分开进行，从而一方面可使应用软件具有可移植性，便于升级和维护；另一方面能够使平台具有通用性。

同一平台承载不同的应用软件，能够构成不同的应用系统。一个定位、设计良好的平台，通常都对某一类、甚至某几类应用具有广泛的通用性。应用开发用户可在选定适用的应用平台之后，仅通过应用软件的开发和相应的硬件配置，就能构建某一类应用系统；而无须再对类似的每一个应用重复进行大量基础的软、硬件开发工作。平台的使用，还能有效降低应用处理与系统硬件的直接关联，方便应用的开发、调试和移植。

不同的计算机应用平台，有不同的适用范围和使用特点。用于实时控制系统的计算机应用平台，需要为应用程序提供能够快速进行信息传输、逻辑和控制运算以及输入、输出等对象控制的运行环境。近年来，此类平台由于嵌入式智能技术的广泛运用，一个功能完整的计算机平台，很多时候包含多个局部的智能平台子系统和/或智能板卡，是多个智能中心的组合体。

图 6-1 示出了计算机系统软、硬件层次结构的三种基本类型。

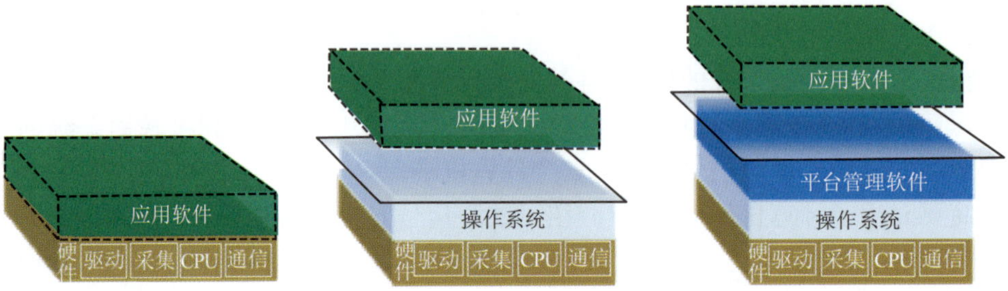

图 6-1　计算机系统的一般软、硬件层次结构

(1)图 6-1 中左侧的应用软件，采用直接面对系统硬件的编程方式，直接运行于硬件环境之下完成其应用功能。这种直接嵌入式软件的层次结构简单，具有直接、快速、简单、可靠的特点，对测试及安全认证最为有利；但其与硬件完全绑定，没有可移植性。这种方式比较适合于在使用 C 和汇编(甚至汇编以下)类编程语言、功能比较简单的嵌入式智能系统中使用。通常不使用操作系统的智能板卡(如计算机联锁系统中智能化的采集、驱动板卡等)一般都具有直接嵌入式的软、硬件架构。

(2)图 6-1 中间所示，是使用广泛的通用(和某些专用)计算机应用平台的层次结构，其软件主要由应用软件和操作系统两部分构成。一般的商用计算机基本都是具有此类结构特点的计算机应用平台，使用一般商用硬件和通用(或专用)的操作系统构成通用(或专用)平台，由操作系统对所承载的各种应用软件提供系统支持并实现其与系统硬件的分离。DOS、Windows以及专用于工业控制领域的 VXWORKS 等各类实时操作系统，都是常用的操作系统。其中：

DOS 操作系统简单实用，快速可靠，也可适应许多对并发响应速度要求并不严苛的实时控制系统。DOS 平台下的应用程序处理过程，具有基本自主可控，易于进行安全认证的特点。

Windows 操作系统的功能强大，对多任务并发处理的编程尤其简单，但其自身过于复杂，且在许多情况下应用程序的处理过程无法自控，并不适合用于可靠性要求较高的实时控制系统的核心部分，更无法适用于具有高安全完整性等级要求的使用情况。

VXWORKS 等工业控制领域广泛使用的实时操作系统，多任务并发处理功能很强，其可靠性、安全性也明显高于 Windows 操作系统。有 VXWORKS 的开发商始终致力于其安全认证，已有某些产品达到 SIL4 级。

采用一般商用操作系统的此类通用计算机平台，大多都是单机系统或是单机系统的简单组合应用。

(3)图 6-1 右侧示出了通常用于构成专用计算机平台的一种层次结构方式。它通常是在某种通用或专用操作系统的基础之上，针对某类特定应用，再通过专用的控制管理软件构造一个专用的应用平台，以实现特定的平台功能，并为某类应用软件提供规定的运行环境。

联锁计算机这类具有大量采集、驱动控制对象，且普遍采用整体冗余结构的多机冗余系统，显然无法以通用的计算机应用平台来实现，其大多由专用计算机、专用或通用操作系统以及专用控制管理软件构成的专用计算机应用平台来实现；此外还有某些专用系统没有明显的操作系统层次，其对底层硬件的控制也基本都由平台的控制管理软件一并完成。而在由多个不同类型的子系统所构成的整个计算机联锁系统中，上述两种或几种软、硬件的层次结构方式，通常会同时存在。

事实上，由于本质上具有通用性的特点，绝大多数计算机系统都是其相关领域的应用平台；在不需要特别强调的情况下，通常并不使用“平台”的说法。例如，通常所称的安全计算机，实质上是一种特殊类型的计算机应用平台，但一般并不使用安全计算机应用平台的说法。

二、铁路信号安全计算机平台

安全计算机平台，是提供给安全相关应用所使用的专用计算机应用平台。在实现所要求的基本功能并达到基本性能要求之外，安全计算机平台的硬件和软件还须符合相应的功能安全标准，达到规定的安全完整性要求；能够为所承载的安全相关应用软件，提供具有功能安全保障的，包括信息传输、逻辑运算及对象控制等功能在内的安全运行环境。适用于铁路信号控制系统的安全计算机平台，还必须针对铁路信号控制安全侧明确的特点进行设计，符合“失效—安全”原则，并达到最高的 SIL4 级安全完整性要求。

安全相关应用系统的安全性，首先取决于其应用平台的安全性。尤其是系统的硬件随机失效完整性，主要取决于平台的安全完整性，其“失效—安全”性能也主要取决于这个平台的“失效—安全”性能。总体上，作为控制应用软件运行的载体和执行设备，安全计算机平台的RAMS(可靠性、可用性、可维护性和安全性)是应用系统 RAMS 的基础，其对系统 RAMS 的直接影响程度通常要大于包括应用程序在内的系统其他部分。

综上所述，铁路信号安全计算机(应用)平台，是基于“失效—安全”原则设计并满足 SIL4 级安全完整性要求的高可靠性计算机实时控制系统平台；是适用于进路控制、间隔控制及速度防护等铁路信号重大生命攸关功能的安全苛求系统。

按照使用特点的不同，现阶段用于铁路信号系统的安全计算机应用平台，大致可分为：适用于超速防护系统(ATP)的车载安全计算机平台；适用于车站计算机联锁(CBI，常用缩写还有 IL 和 CI)系统和列控中心 TCC 系统的安全计算机平台；适用于无线闭塞中心(RBC)系统的安全计算机平台。车载平台的特点是运算速度要求较高，控制对象及电气控制点数少，安装空间有限，运行环境比较恶劣。联锁平台是典型的地面控制类型，控制对象和电气控制点数众多，控制逻辑复杂。列控中心通常与车站联锁共用一类平台，区别在于其电气控制点数少而安全通信对象和通信控制对象(LEU)多。RBC 平台则是新的一类可由商用服务器构成的逻辑处理平台，没有执行层，完全是通过数字通信的方式进行控制。

目前我国铁路主流的计算机联锁系统，都使用通用型工业控制计算机和一般商用操作系统，作为人机接口层的处理平台；使用专用的安全计算机平台作为关键的主控层与执行层的处理平台，图 6-2 为联锁安全计算机平台结构及边界示意。

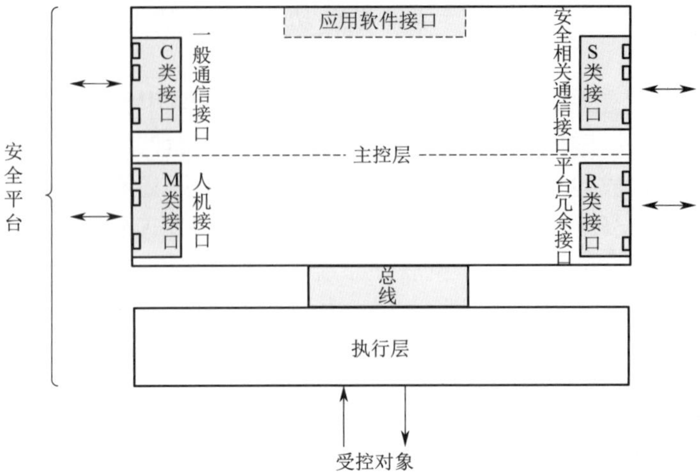

图 6-2　联锁安全计算机平台结构及边界示意

主控层是安全平台的控制核心，主要由平台的主处理器系统、对执行层的信息传输/通信与控制系统，对平台内、外部的通信系统等构成；对需要在安全平台内部实时进行的各种信息传输/通信、平台各部分包括各种冗余机制在内的运行及协调管理、故障的检测诊断及安全保障等功能的实现起主控作用；对外，主控层为在其主处理器上运行的应用程序（联锁软件等）提供所需的各种信息和系统功能支持，并在应用程序的主导下完成对平台外部（包括联锁系统内部的各子系统和外部的其他系统设备）的各种通信交互及控制。

主控层的外部边界上共有 5 类主要接口：为联锁软件等应用软件提供的软件接口；针对安全相关的子系统（如前置处理机等）及外部系统（如列控中心、无线闭塞中心等）的安全相关通信接口；针对一般子系统（如操作表示机等）及外部系统的一般通信接口；用于平台自身的软件下载、运行日志/记录上载的人机接口；以及二乘二取二和双机热备冗余系统所需的主、备冗余接口。主控层对执行层的内部接口一般为并行扩展总线或现场总线接口。

执行层受控于主控层，主要由一定规模数量的采集/驱动执表机及相应的执行单元（板卡/模块）构成，实现对直接控制对象的状态信息采集和动作驱动控制。我国典型计算机联锁系统执行层的受控接口对象，主要是 AX 系列安全型继电器的接点与线包；而全电子安全计算机平台执行层的接口对象则主要是各类轨旁设备的相关结合电路。

第二节　铁路信号安全计算机平台“失效—安全”设计的基本原则与要点

计算机联锁系统的“失效—安全”性能，在很大程度上取决于其安全平台“失效—安全”设计的原则和技术实现；就一般情况而言，平台的“失效—安全”性能基本上就决定了系统的“失效—安全”性能。平台的安全冗余结构和动态工作原理，都是铁路信号电子安全相关系统尤其是以大规模集成电路为特征的复杂可编程电子安全苛求系统，实现“失效—安全”保障最主要的有效技术措施。

一、“失效—安全”的实现原则及基本要求

包括计算机联锁系统在内的铁路信号安全计算机平台的设计与实现，应严格遵循主要由

EN 50129 在 IEC 61508 功能安全标准体系的基础上所确立的完整的“失效—安全”体系进行。这一体系的相关内容可参见第三章第二节，主要包括对单故障处理、单故障检测、多故障防护和系统性故障防护四项基本原则要求的介绍与解读；对固有“失效—安全”、反应“失效—安全”和组合“失效—安全”三种实现机制及其前提条件要求的介绍与解读；针对分立元器件、集成电路以及基于固有物理特性的元器件的失效模式识别规程要求的介绍与解读。这一体系不但将铁路信号传统的“故障—安全”理念和原则成功扩展并引入复杂可编程安全苛求系统领域，还为对此类系统的“失效—安全”性能进行定量衡量与评估提供了原则性的判据指标。

二、安全计算机平台的基本安全结构及其要点

前面章节已述及，构建有效的安全冗余机制，是复杂可编程系统提高安全性和可靠性最有效的技术措施之一。在确定明确、完整、一致的安全侧定义的基础上，全面采用“失效—安全”设计，特别是整体性的“失效—安全”结构设计，已成为联锁系统安全计算机平台普遍采用的、甚至几乎是必须采用的技术措施。

EN 50129 在其参考性的附录 E 中，就明确针对 SIL3 级和 SIL4 级高安全完整性要求的系统，强力推荐了采用三种不同“失效—安全”实现机制的四种安全结构。

1. 基于固有“失效—安全”的单电子结构

固有“失效—安全”是唯一可以完全以单结构使用的“失效—安全”技术，但必须依据 EN 50129 给出的硬件元器件失效模式识别规程，通过全面、深入、细致、充分的分析和测试确认，所采用的结构和电路的所有可信失效模式都不会导致危险，或者在可以接受并能够得到稳定保证的特定条件下不会导致危险；还要对被认为是不可信的所有危险失效进行充分的确认论证；应尽量使用公认的、特别是有大量可信赖的实际经验证明的技术。这些要点至关重要，是固有“失效—安全”可以不依赖于安全冗余、不依赖于故障检测而单结构使用的强制性前提条件。如果这些条件存在隐患缺陷而未能被充分满足，就极有可能导致严重的危害后果。

固有“失效—安全”是最理想的“失效—安全”机制，但其适用条件与范围却是最不理想、最受限制的。这种方式完全无法用于以大规模集成电路为特点的复杂电子系统，一般只用于实现功能和结构都比较简单的驱动控制等电路；“也可用在组合式和反应式‘失效—安全’系统的某些功能中，例如，用来确保各对象（项）之间的独立性或在检测到一个危险故障时强制关闭（拒绝）的功能”。这是 EN 50129 在定义固有“失效—安全”时就给出的推荐举例。

2. 基于反应“失效—安全”的单电子结构

与固有“失效—安全”完全的单结构架构不同，反应“失效—安全”实际上主要是，而且也应该是由将应用功能处理（控制侧）与故障检测和拒绝机制（监控侧）分开实现的两部分电子结构组成，只是这两个结构并不像组合式中的各个子系那样是对称或对等的，各自都能独立实现相同的、所要求的应用功能。若仅从完成所要求的应用功能的角度看，它确实是一个单结构架构，并且通常其监控侧结构的规模和复杂度小于甚至远小于控制侧；但从安全冗余的角度看，仍然是哪一部分都不可或缺的双结构。并且这两部分之间的独立性是必须充分满足的强制先决条件，否则，共因失效的存在将可能会导致整个安全机制在某种特定情况下完全失效。

反应“失效—安全”，最常见的是用于对输出/输入控制这类最关键的边界对象进行回读/测试检查，通过结果与控制/测试命令对比的差异发现故障；这种方式能够将组合式冗余系统关键的比较/表决机制也一并纳入检测范围，甚至可将故障检测的范围扩大至外部混线、断线；

且对多重并发故障也可以十分有效。但受控对象的启动时间特性通常对反应“失效—安全”监控侧的故障检测和拒绝机制的实时性要求较高，如常用的 AX 系列安全型继电器大多数类型的吸起动作时间约为 100 ms，即从“可能的危险故障”检出、确认到拒绝机制生效全部需要在 100 ms内完成，否则继电器就可能因故障而误动；而且即使“危险”故障实际上只是因监控侧的错误所导致的误报，控制侧并未发生故障，一般也只能按照控制侧的时间要求“从快”处理，因为通常无法确认故障究竟发生在哪一侧，因而无法像组合式“失效—安全”那样可以“从容”处理。类似的，当检出限制（安全）侧故障时，若无从确认到底是发生在哪一侧时，则应按照监控侧故障来进行对应处理。因为对于控制侧而言这确实是安全故障，而若是监控侧的故障则不然，因其将导致监控的失效进而失去之后对控制侧危险失效的反应能力。

事实上，对监控侧失效与控制侧失效的处理逻辑及其之间的相互关系，还涉及反应“失效—安全”中故障检测机制自身的“失效—安全”问题；同样，整个“失效—安全”机制是否能够有效，作为最后一关的拒绝机制，其有效性特别是自身的“失效—安全”性能也至关重要；这两种机制如能以固有“失效—安全”的方式加以实现是最为理想的，就如 EN 50129 在定义固有“失效—安全”时所推荐的那样。但或许是因为反应“失效—安全”的故障检测所面对的情况及处理方式比较多样、复杂，EN 50129 并未像对组合“失效—安全”那样对此提出明确要求，即没有从原则层面对反应“失效—安全”自身的“失效—安全”完整性提出要求。

对于规模较大的复杂系统，应根据其结构的具体情况采用多重反应“失效—安全”设计，即从局部的“闭环”到全系统的“闭环”监控，可以包括部件/组件级的、安全平台级的乃至应用系统级的各种范围尺度的反应“失效—安全”机制。还应尽量依据具体的应用情况进行针对性设计，以达到最佳效果；特别是在还需应用软件配合的应用系统级的反应“失效—安全”机制。这是采用集成电路系统的安全设计特点，“因为很难预测设备可能存在的所有可信失效模式。对于可编程设备更应如此，因为在设备边界观测到的失效模式是和具体应用相关的”。

3. 基于“失效—安全”比较的组合式“失效—安全”的双电子结构

显然，前面第四章所详述的二取二（2oo2）安全冗余就是属于这种基于一致性校核原理的典型安全冗余结构。这种结构在两子系独立性良好、比较机制合理有效的前提下，具有系统的基本功能结构及状态空间越复杂其比较机制对故障的检测反而越有效的特点；尤其适用于复杂大规模集成电路的使用环境，特别是计算联锁系统的主控层这类远远无法对其硬件故障进行完备在线测试，应用逻辑/运算处理复杂、多样，固有“失效—安全”机制无法使用，反应“失效—安全”机制也很难全面覆盖的核心处理单元。

组合式“失效—安全”是基于一倍乃至多倍硬件冗余的整体性冗余结构，可以并适合于对整个系统构建全面、彻底的“失效—安全”保障，并且是以简单比较/表决这种可基本不受具体应用系统限制的通用方式来进行的；可以同时在各个层面（如输入、逻辑处理、输出等）上实现多层次的“失效—安全”保障，这取决于其比较/表决机制的设置与实现方式；而控制多个并行独立子系同步运行的同步机制，则是实现各子系之间比较/表决的前提，往往也是实现组合“失效—安全”机制的难点。事实上，同步机制的实现方式还同时决定了比较/表决“粒度”的大小（如任务级、总线级、时钟级），因而还直接影响到其故障检测的间隔时间与所涉及的范围，即可直接影响到故障检测的有效性。

与没有对反应“失效—安全”的故障检测与拒绝机制提出“失效—安全”要求不同，EN 50129 所强力推荐的组合式“失效—安全”的双电子结构，则明确强调是“基于‘失效—安全’比较”的组合式“失效—安全”的双电子结构。因为“失效—安全”也是比较与“拒绝”，这个组合式“失效—安全”结构中最关键环节有效性的最可靠的安全保障，否则这整个机制的“失效—安全”完整性就不完整，存在可能会导致整个机制失效的致命缺陷；这显然给比较与拒绝机制的实现增加了难度。

事实上，由于通常难于快速、清晰地确定故障的位置，尤其是对于大量使用大规模集成电路、运算/处理逻辑复杂、多样的主控层来说，可能导致的后果是否危险也很难判断，且更多的情况很可能是比较有差异时无法确定是哪一个子系不对，因而直接“拒绝”几乎是唯一安全且简单的选择。所以，拒绝和比较更多的时候直接关联在一起，在机制上成为一体而没有其他中间过程，不一致就必然“拒绝”；虽然这会显著影响可靠性（二乘二取二可有效弥补二取二的这一缺陷），但可使拒绝的执行简单、可靠，并使“失效—安全”技术、特别是固有“失效—安全”技术的运用成为可能。

4. 基于“失效—安全”比较的不同电子结构

这种结构，与上述基于“失效—安全”比较的组合式“失效—安全”的双电子结构的区别在于，构成其二取二安全冗余结构的是两个相异的子系，这通常意味着其硬件、软件的结构都不相同。采用两个异构的子系（或项），更加有利于两者之间的独立性保障，能够有效降低共因故障和共模干扰的影响，更加有效地提高其比较机制的有效性和安全性；而且不但对硬件随机失效有效，也对大部分系统性失效有效；特别地，因其软件也是相异的，因而其中某一软件的编程错误基本上也能通过比较被发现。但此种方式对于软件复杂度较高的系统，特别是具有严格同步关系的冗余系统，其软件工作量增长巨大，在研发、应用与维护等各个阶段都远超过倍增的程度。目前国内尚未有采用此种冗余结构的计算机联锁系统。

最近，国外已有安全冗余计算机（平台）的知名开发厂商，明确地表示已放弃这种采用异构冗余方式的产品研发。其原因之一是经多年实践后发现，系统在需求定义和理解方面的缺陷和错误往往是主要问题所在；采用耗费巨大的软、硬件异构、“独立”编程的冗余方式，并不能解决这类问题，反而使其更加突出。因为，在系统的成熟期通常需要解决大量的此类问题，而异构冗余方式则会显著增加这一阶段的时间和人员成本，给用户造成更大的不利影响。

5. 不同结构的综合运用

显然，分属于固有、组合与反应这三类不同的“失效—安全”机制类型的上述四种推荐结构，各有不同的特点与适用范围，并具有很强的互补性。EN 50129 要求 SIL3 和 SIL4 级的安全相关系统，应至少选择其中的一种结构。但实际上，对于计算机联锁系统这类规模较大、比较复杂的可编程安全苛求系统而言，都是几种安全机制综合使用的。

适用于车站联锁的安全计算机平台，至少应将联锁系统的主控层与执行层包括在内，应是能够满足这两个层次功能要求和特点的安全计算机平台。因为主控层与执行层，都是联锁系统中具有 SIL4 级安全完整性要求的核心部分。对于适用于联锁系统的安全计算机平台而言，因其主控层与执行层在架构、主要元器件、功能及需求特点等方面都差异明显，只使用上述其中的一种安全结构是肯定不够的；需要根据功能结构和不同层次、不同部分的特点，采用不同的结构和结构组合。事实上，上述全部四种结构，都可以在同一个联锁安全计算机平台上得到合理应用。组合“失效—安全”的双电子结构，适用于主控层和智能执行层的逻辑处理。执行层的采集、驱动电路，采用相异性强的双电子结构更加安全，且其技术实施也并不十分困难。反应“失效—安全”的电子结构，能够对执行层的各个层次，甚至在更大的范围内，实现有效的闭环监控。固有“失效—安全”结构，则最适合用于实现驱动板上的终端驱动，以及在组合“失效—安全”和反应“失效—安全”机制中，实现对包括主控 CPU 在内的联锁逻辑处理核心进行最终安全防护的比较及拒绝机制。

目前已成为我国铁路计算机联锁等核心信号系统主体冗余结构的二乘二取二，则是在基于“失效—安全”比较的组合式“失效—安全”的双电子结构为主体的安全冗余的基础上，再以双机热备可靠性冗余方式构造的组合式冗余结构。

三、安全计算机平台的动态原则

动态原理，在电子安全相关系统中被普遍采用；IEC 61508 标准将其目的定义为：“通过动态信号处理来检测静态失效”。而动态工作方式，在铁路信号安全相关电子系统中，不但用来检测静态失效，还是进行驱动控制的安全技术手段中所常用的。因为电子系统特别是数字计算机系统，其基本工作原理、逻辑处理特点及故障机制都与继电系统完全不同，往往无法完全以静态方式实现全面的“失效—安全”保障；尤其是对在静态工作方式中易于发生的各种“错误保留”的情况。

6502 继电联锁，主要是由与各类轨旁的和非轨旁的站场设备具有基本一一对应关系的继电器及其组合，巧妙地采用具有站场网络拓扑结构的布线逻辑连接方式，以继电器励磁电流实现对相关联锁条件的持续检查。它是以自身具有“故障—安全”性能的 AX 系列安全型继电器为基础，通过对安全型继电器接点的安全侧使用原则、对布线逻辑的安全防护原则，实现系统的“故障—安全”。这种以励磁电流进行的联锁条件检查，在物理上具有本质安全的特点，始终是实时、快速而且没有任何间断的；除了设计错误和混电故障之外，这种以电流形式体现的“联锁条件”基本上没有会被无条件地“保留”下来的风险。

计算机则是完全依赖于储存的分时处理系统，所有的输入、输出都要转化为数据变量储存之后才能进行处理、传递和计算，全部的中间变量以及程序本身也都需要储存；所有的变化和更新，都需要由 CPU 按照程序规定的顺序逐个、分时进行。在普通应用中典型的计算机处理方式，通常是只在有变化产生时才进行相应的运算处理，以达到更高的处理效率。即使是典型的实时控制系统，也不过是采用了“中断”处理、多任务实时操作系统等快速响应与合理调度分配的技术手段；并且伴随而来的“压栈”“现场保护”等操作，实际上更加剧了对储存的依赖。可以说，计算机对各种条件的检查，实际上都是通过对各种存储变量的检查进行的；而在任一时刻，计算机系统中的所有数据变量，在物理上都是被静态而孤立地储存着，储存在处理器、内存中，储存在输入缓冲区、通信缓冲区等各种各样的缓冲区中，储存在输出锁存器等各种存储介质中，都是曾经的“过去时”，与它们所代表的外部条件的“现在状态”已经没有任何联系。对于实时控制系统而言，如不能及时更新，其实时性一旦丧失，这些储存的信息就随时可能成为错误的甚至危险的信息。

对于联锁安全计算机平台，显然必须考虑其诸多的各类存储空间，是否有因未能及时更新而成为信息超时保留的安全隐患的可能，尤其是在处于平台边界的输入采集、输出驱动以及对外部的安全通信等方面。事实上，截至目前在我国铁路信号计算机控制系统中发生次数最多的一类涉险案例，就是在上述三个方面因信息的超时保留所造成的。在上述各种可能的“保留”中，影响最为直接的当属驱动板上为控制输出单元专用的锁存器及其相关电路，此处的错误保留，会直接导致信号不能关闭的极危险故障。

采用由软件控制的动态脉冲的输出方式，并使用具有固有“失效—安全”特点的专用电路，以脉冲-电平转换的方式实现最终驱动的“动态驱动”方式，是安全计算机解决“输出非受控保留”等问题最彻底的方法。因为动态工作方式对任何静态故障而言，在本质上都是安全的。国内外的典型计算机联锁系统中，有许多都采用通过某种动态转换的方式进行输出控制。事实上，以有利于安全防护和全面故障检测的某种动态转换方式进行驱动和采集的措施，是在铁路信号电子控制系统中普遍使用的安全技术手段。

在典型的动态驱动方式之外，对安全相关功能的全部处理流程，包括状态采集、信息传输、通信、缓存、运算、命令输出等，也都应按照如下广义上的“动态处理”原则进行。

1. 持续动态更新的命令/状态生成原则

即无论系统的输入是否有变化，无论处理过程是否完全重复，均需持续进行全面、完整的逻辑运算，以确保对几乎无处不在的存储状态的有效更新及对更新的测试检查；并在实时的运算和更新过程中，使安全冗余结构的组合“失效—安全”和反应“失效—安全”机制的故障检测作用得以及时、充分的发挥，且可使下面 2. 的关键操作成为可能。

2. 应在所有可能的情况下遵循非限制性命令/状态“一次性有效”的使用原则

应在每一次执行/使用完毕后，即将命令/状态主动复位(输出锁存器等无法清除的情况除外)，只以其安全侧作为下一次处理前的默认值。这样即使之后因软、硬件故障而未能更新时，保留的也是安全侧的限制性的命令/状态。

与输出锁存的错误保留，需要通过硬件电路配合解决的方式不同，上述广义的动态原则，需完全由软件来实现；并且不仅是平台软件，应用软件也应遵循此原则；而且不仅应各自在内部执行，更应在相互间的边界上执行。在边界上的执行，需要两边的软件相互配合，最合理的做法是“谁用谁清除(通常清零对应于变量的安全侧)”，写入方则在写入前先对使用方的清除进行确认；若变量未在安全侧，就意味着有错误(漏清除)或(存储器)故障发生。

在必要时，可以将上述原则作为安全编程的“编程纪律”来进行管理，以杜绝超时保留的安全隐患。

第三节　联锁安全计算机平台的主要基本功能

由主控层和执行层构成的联锁安全计算机平台，其主要的基本功能可大致划分为基础功能、故障检测及安全保障功能和冗余处理功能三类。图 6-3 为采用二乘二取二冗余结构的联锁安全计算机平台的基本功能与主要接口示例。

一、安全平台的基础功能

联锁安全计算机平台的基础功能，是指使联锁软件乃至整个联锁系统在一般的功能层面能够得以正常运转的那些最基本的功能，主要包括：

功能①　安全、稳定、可靠地对规模数量的继电器类和/或其他数字及模拟量对象，实时进行状态采集和驱动控制处理。

功能②　安全、稳定、可靠地在安全平台内部(包括主控层与执行层之间)，实时进行安全信息的传输/通信及状态更新。

功能③　安全、稳定、可靠地与系统外部的其他安全相关系统进行安全相关通信(图中 S 类接口)。其中，在功能安全方面属于“非信赖”的通用通信传输系统(如一般商用的通信网卡、协议处理器、交换机等)，不属于平台安全机制的范畴，只能用来进行安全相关信息的“透明”传输，传输所需的安全处理过程及安全相关信息/数据的安全编码，应能对 EN 50159 中列出的全部威胁进行检测并提供充分的防护，而且必须由安全平台内部具有功能安全及“失效—安全”保证(如基于“失效—安全”比较的组合式“失效—安全”的双电子结构)的部分(主处理器、安全网卡或通信机)来实现。

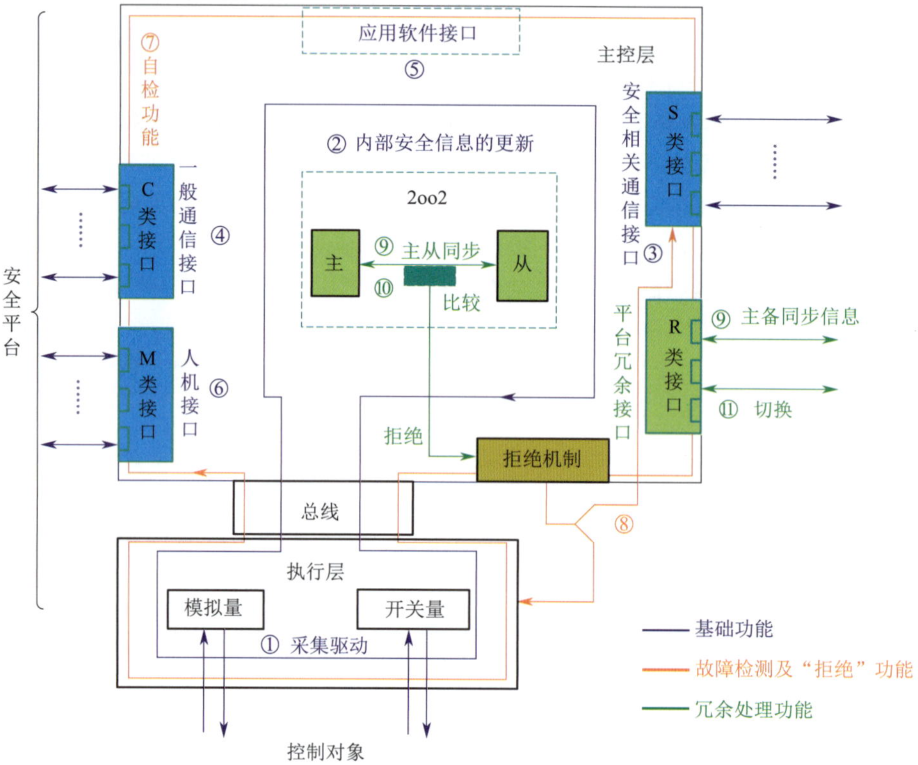

图 6-3 安全计算机平台基本功能与主要接口示例

功能④ 稳定、可靠、高效地与操作显示子系统及外部非安全相关系统进行实时通信(图中C类接口)。

功能⑤ 为联锁软件等应用软件提供安全的信息接口，以及必要的功能调用服务等运行环境。

功能⑥ 提供程序的下载、启动，日志记录上传等平台的人机接口等功能。

二、安全平台的故障检测及安全保障功能

主要包括对系统硬件的在线测试、故障检测及系统的拒绝机制等，均由安全平台进行和实现。

功能⑦ 能够在线实时、快速进行全面、高覆盖率的测试与故障检测，尤其是对所有可信危险失效模式全覆盖的在线快速检测能力，是平台安全保障关键的基本条件。反应“失效—安全”机制的安全保障，首先而且主要取决于对危险侧故障的快速检测；对于组合“失效—安全”，有效的故障检测也是防止故障扩大和叠加而产生危险的必要条件。

功能⑧　能够可靠、快速地强制系统进入或保持在安全状态的拒绝机制，是安全计算机平台的最终安全保障；特别是适用于SIL4级安全平台的组合“失效—安全”机制和反应“失效—安全”机制，都需要以自身即具有“失效—安全”特性的拒绝机制为基础。适用于联锁系统的安全计算机平台，都不同程度(甚至多层次)地采用具有“失效—安全”特性的拒绝机制，作为其安全防护的最后技术手段，并且有许多是成功地使用固有“失效—安全”技术来实现的，这是安全计算机平台的关键核心技术之一。

切断驱动甚至S类通信接口的电源，是主控层较为常见的“拒绝”措施之一。拒绝功能除了由平台在必要时执行外，通常也都对联锁逻辑运算等应用软件开放，使用户程序也能够在必要时随时强制系统进入或保持在安全状态。

三、安全平台的冗余处理功能

采用某种整体冗余结构的计算机平台，实际是由多个独立的基本平台，在平台软、硬件的控制和配合下，按照相互间严格规定的信息交互方式和运行时序，共同运行而构成的一种具有动态结构的多机平台。其运行方式比单机要复杂很多，且冗余方式不同，平台的管理和控制方式也有所不同。

在主、备1oo2可靠性冗余、二取二2oo2安全冗余、三取二2oo3和二乘二取二2×2oo2这些常见冗余结构中的冗余处理，主要包括同步控制、比较/表决、“无扰”切换/切除等功能。这些功能主要都是由平台完成的，并且这些功能能否安全、正确地执行，对平台的安全性和可靠性都有着巨大而直接的影响。

功能⑨　同步控制

同步控制的目的是通过采取技术手段使各系/子系达到并保持相互间在时间、时序上的精确配合，这是系统进行必要信息的同步交互，实现比较/表决及无扰切换/切除的基础。同步控制是计算机联锁这类具有复杂状态时序机特征的控制系统实现多重系冗余的主要难点之一，尤其是同时存在二取二主从同步、双机热备主备同步两种同步机制的二乘二取二组合冗余系统。

与底层硬件及冗余结构密切相关的同步控制，主要需由平台完成；采用事件级同步方式的同步控制，主要需由平台软件完成。

功能⑩　同步比较及处理

比较需要在各系/子系同步控制的基础上进行，比较的一致性是各系/子系达到和保持状态同步的判据。无论是实现组合式“失效—安全”的比较同步机制，还是提高可靠性的主备同步机制，都需要对各系/子系的相关状态信息进行比较；比较的内容基本相同，但两者的目的和差异处理原则完全不同。

二取二、三取二(逻辑上三取二可分解成3个二取二处理)这类常用以构成组合“失效—安全”机制的典型冗余结构，都是基于一致性校核原理，在独立性良好、排除共因故障的基础上，以两子系间对比的差异性作为差错发生，并进而将系统控制在安全侧的充分判据，利用多重系冗余同时起到有效检测故障及有效限制故障影响的作用，为对故障的确认、诊断和“拒绝”处理提供充裕的时间保障；其比较处理与拒绝机制是紧密关联的，通常对持续性的比较不一致，最简单、安全的处理就是直接拒绝(因为在很多情况下无法快速、清晰地确定故障的起源及可能导致的后果，特别是对状态复杂的主控层而言，判断及后续处理往往更加复杂而有风险)，以达到对单子系任何可识别或不可识别的单个随机故障所引发的失效进行有效安全防护的目的。

主备可靠性冗余则需要对差异的性质和影响作出判断，需要有效滤除可能是因非故障瞬时差异造成的影响，才能保持冗余系统的稳定工作；需要在差异及故障发生时及时做出正确的判断和处理，才能有效地实现无扰切换；其比较处理是与以无扰切换为核心的主、备机状态转换机制紧密关联的，以达到单系故障不影响系统正常工作的目的。

同步比较及处理主要由平台完成，在比较同步机制中既可由软件主导的方式、也可由硬件主导的方式实现同步比较，取决于系统采用事件级软件同步还是时钟级硬件同步方式。在硬件同步方式中，比较需要由独立的(硬件)比较器完成。主备同步机制一般只能采用软件同步方式，两系的主处理器可各自完成(软件)比较处理。对软、硬件比较机制有效、高覆盖率的故障检测及“失效—安全”设计是安全计算机平台的关键要点之一。

由于同步比较的内容和处理原则取决于具体应用，因而还需要充分考虑相关的应用需求及与应用软件的协调配合关系；尤其是无法对所有运算进行全覆盖比较的软件事件级同步方式，确定完整、合理的比较内容和处理原则至关重要。特别是主备同步机制，相关的原则错误或软硬件设计、实施缺陷，不但可能影响冗余系统工作的可靠性，还可能会直接导致错误的驱动输出或“双主”等危险的系统状态出现(在引进的国外平台也曾有类似的情况发生)，成为系统巨大的安全隐患。

功能⑪　无扰切换

冗余控制系统的切换，主要是主、备系实施有效控制的相关部分(控制逻辑处理部分、各种控制通道和/或相关通信通道等)的某种转换及重构/重组；切换可以在多个不同层次进行(如安全计算机平台的主控层、执行层或整体等)。复杂多对象控制系统主、备切换成功的关键，主要在于控制权的有效快速转换及控制权唯一性保障。

对于计算机联锁这类具有复杂状态时序机特点的复杂多对象控制系统，其主要由主、备同步比较和故障检测机制发起的“无扰”切换，需要在良好的主备同步控制和准确同步处理的基础上，建立正确、合理的状态转换处理机制和快速有效的切换执行机制，并采取“失效—安全”措施以有效地防止“双主”状态的出现。这些关键因素不但决定了“无扰”切换的主备冗余对提升系统可靠性和可用性的有效水平，而且也是决定主、备冗余系统最关键的控制一致性和/或控制权唯一性的决定性的因素，对系统的安全性有着直接和重要的影响，因为“双主”状态的错误一旦出现，就很有可能在两系输出不一致时导致危险情况的发生。

需要强调的是，对于采用整体冗余结构的计算机联锁系统而言，上述对冗余机制的控制管理，尤其是对同时包含双机热备和二取二两种不同冗余机制的 2×2oo2 冗余机制的控制管理，通常会占到平台工作量相当大的部分，甚至有可能是最大的部分。

图 6-4 示例了一种采用主、备完全分立结构的联锁安全计算机平台的软、硬件结构框架。该平台的主控层和执行层，都采用由相互分离的 A、B 两个各具有二取二安全冗余结构的单机，再以互为主、备的冗余方式构成整体二乘二取二两级冗余的结构方式；实际上包含了分成 A、B 两组的四个基本平台。这种 A、B 两系完全独立的结构，能够减少两系之间的可靠性和安全性共因失效可能，并更有利于现场维护。该平台具有智能化的执行层；其主控层(联锁计算机)的二取二安全冗余，在软件比较机制之外，还采用了比较和“拒绝”功能一体化及“失效—安全”设计的独立比较器(含拒绝功能)。

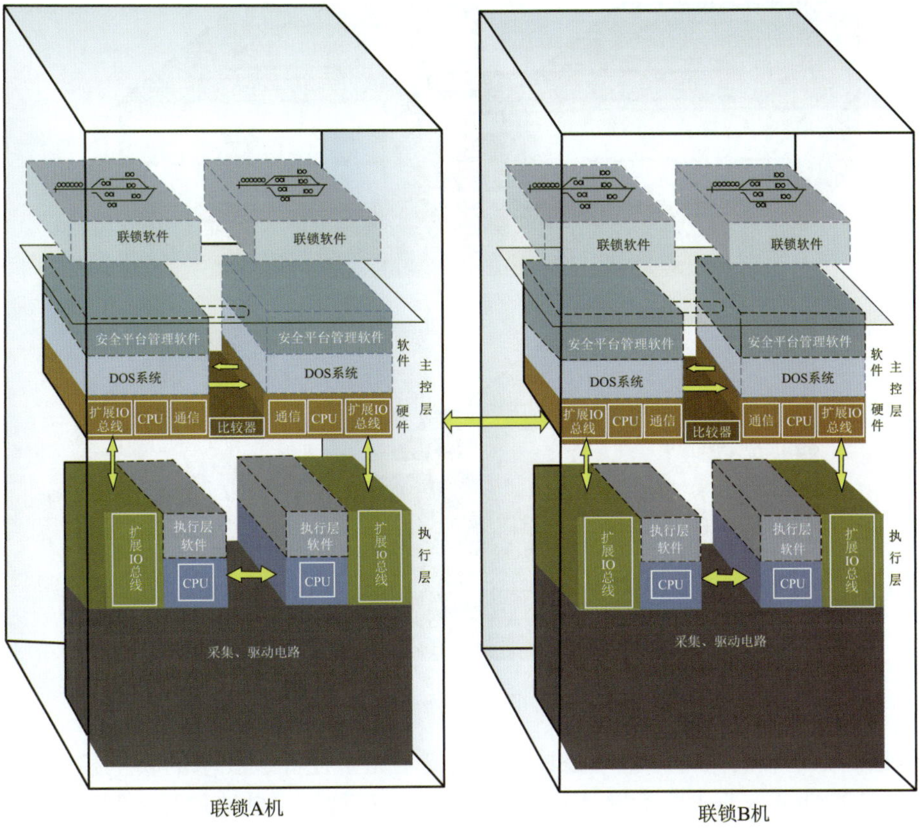

图 6-4　一种二乘二取二计算机联锁系统安全计算机平台的软、硬件结构框架示例

第四节　联锁安全计算机平台软件的主要构成及其功能

一、概　　述

联锁安全计算机平台的上述各种功能及其具体的逻辑实现，需要在相应软件的控制下完成。软件主要包括主控层的平台软件和智能化执行层的软件两部分；近年来，由于智能板卡和多处理器技术的普遍应用，特别是整体性 $MooN$ 多重系冗余结构的使用，此类平台软件都是在多处理器和多机环境下由多个相关软件系统构成的复杂系统。

图 6-5 为图 6-4 所示二乘二取二系统中单系（机）二取二安全冗余专用平台的软、硬件结构框架示例。

该平台的主控层（联锁计算机），采用基于操作系统的、专用的安全平台管理软件，对具有独立比较器和智能化执行层的专用硬件系统进行控制与管理，实现平台的上述各项功能，为联锁软件提供安全、可靠的运行环境，并使整个联锁系统能够在联锁软件的控制下，安全、可靠地实现车站联锁功能。该平台的执行层，采用直接面对硬件编程的嵌入式软件控制方式。这种与硬件完全绑定的软件实现方式，具有直接快速、简单可靠的特点，非常适合于联锁执行层的使用特点。

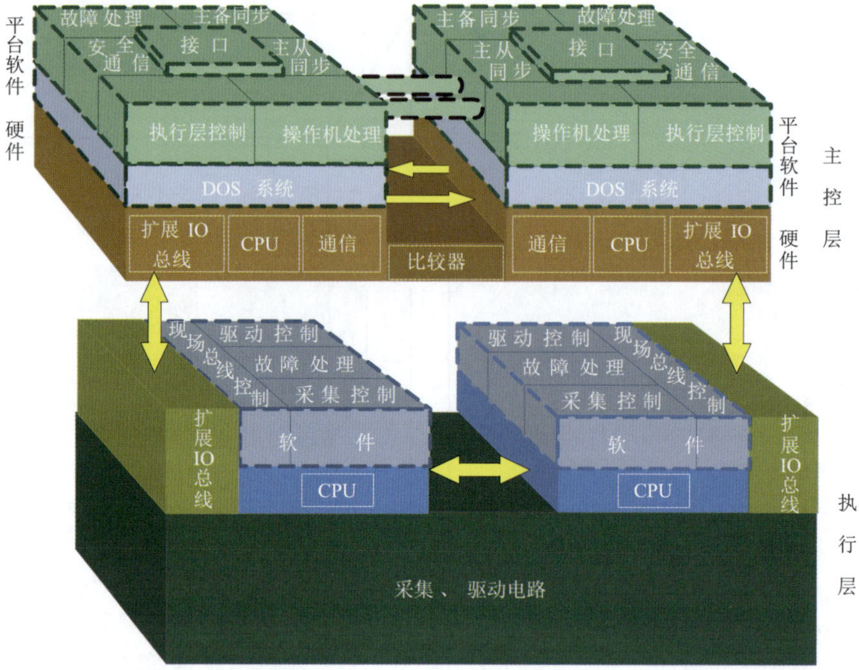

图 6-5　一种二取二安全冗余专用平台的软、硬件结构框架示例

显然，这些软件中的大部分都应是具有最高安全完整性等级要求的安全相关软件。鉴于此类软件的特殊性，EN 50128 标准从管理和技术两方面规定了铁路信号控制和防护设备应用中可编程电子系统开发所需的规程和技术要求，规定了开发（安全相关）系统软件的方法、工具和技术。主要包括：

（一）软件管理和组织

从组织结构和人员资质的角度，提出了软件开发过程中所涉及人员的资质要求以及不同软件安全完整性等级的人员独立性要求，从而对人员的职责和能力做出全面规定。相关角色的具体要求以附录的形式给出（规范性附录 B）。同时，还对软件生命周期、各阶段的活动及产出文档给出了明确要求。

（二）安全保障

对贯穿软件开发过程的测试、验证、确认、评估、质量保障、修改和变更控制等安全保障活动以及支持工具和语言的具体要求做出了详细的规定。

（三）通用软件开发

从通用软件生命周期及文档的角度，对软件需求、结构和设计、模块设计、模块实现和测试、集成，以及整体软件测试/确认各阶段的目标、输入文档、输出文档和具体要求做出了详细的规定。

（四）应用数据或算法开发

应用数据或算法的系统配置，从应用开发过程、应用需求、结构和设计、应用数据/算法的生成、应用集成和测试接收、应用确认和评估、应用准备过程和工具等方面给出了明确要求。

（五）软件运用和维护

从运用和维护的角度，对如何确保在最终应用环境下运用的软件能够保持要求的软件安全完整性等级做出了详细的规定。

与硬件的随机安全完整性不同，由于软件的安全完整性无法量化，其安全完整性等级实际上是“一组分级数字，它确定了为将残余软件故障降低到一个适当水平所应采用的技术和措施”。EN 50128 详细确定了从最低 0 级到最高 4 级的 5 个软件安全完整性等级（其中 SIL1～SIL4 级针对的是安全相关软件，针对非安全相关软件的 0 级主要作用是为了对比）的相关技术和措施，并在附录中按照 SIL1 级和 2 级相同、3 级 4 级相同的方式实际上将其归为两类列出（EN 50129 对硬件基本也是这样做的，所以尽管定义了 4 个有效等级，但事实上在实际操作中都基本被简化为了 2 个）。

显然，EN 50128 为安全相关软件的开发给出了明确的规定和详细的工作指南。

二、联锁计算机平台软件的主要构成及其功能

联锁计算机（主控层）的平台软件，一般主要包括对执行层的控制、与操作显示系统的信息交互、与其他系统进行安全相关通信和非安全相关通信、故障检测和处理、多重系冗余控制以及调度处理等软件。平台软件主要通过相关软件接口的方式，实现与联锁软件的信息交互和功能连接。

（一）执行层控制软件

联锁计算机平台软件最基本的首要任务，是依据系统的结构配置控制执行层安全、可靠、实时地实现对轨旁设备的命令驱动和状态采集；必须准确、快速地依据联锁软件给出的控制命令对执行层进行命令驱动控制，必须准确、快速地将执行层的采集信息安全可靠地传递给联锁软件。在平台软件与联锁软件的接口中，采集、驱动信息的接口是最基本的关键核心接口，尤其应严格遵循采集信息持续动态更新，驱动命令“一次性有效”的“动态处理”编程原则，避免关键信息非受控保留的情况发生。

联锁计算机的平台软件对智能化和非智能化执行层的控制方式是完全不同的：

(1)较早期的联锁系统主要采用非智能化的执行层，联锁计算机的控制软件，需要通过对专门设计的并行扩展总线的控制，直接实现对采集板、驱动板的选址及对相关电路读、写动作的时序控制，完成输入采集、输出驱动以及故障检测和安全处理等全部相关的处理逻辑。这些逻辑处理的具体实现，完全取决于采集电路、驱动电路以及扩展总线等相关电路的设计原理和各种技术实现措施。

(2)对于智能化的执行层，(1)中所述的控制逻辑已全部由执行层自身的智能处理器完成；联锁计算机通常只要通过连接执行层的某种现场总线（或其他通信手段），按照规定的安全协议以通信的方式，完成采集信息、驱动命令、工作状态及故障信息等安全信息的快速交互；并需要依据在现场总线（或其他通信手段）部分所采用的安全性、可靠性冗余结构进行相应的冗余处理。

（二）操作机通信处理软件

联锁安全计算机平台通过对操作机的通信处理软件，实现与操作显示系统的核心——操作机的实时通信联系，并与联锁软件实现相关信息的接口；依据系统的结构配置，上传来自执行层的轨旁设备状态等信息，来自联锁软件的进路状态、错误提示等信息，以及平台自身的状态和故障提示等信息；并接收来自操作机的值班员操作命令，转达给联锁软件。

（三）冗余控制处理软件

需由联锁计算机平台软件进行的冗余控制处理，主要包括事件级同步的同步控制和同步数据的传输、软件比较/表决、切换/切除及“拒绝”等涉及平台安全性、可靠性核心功能的处理。冗余控制的处理逻辑，主要取决于平台所采用的冗余结构及其切换方式。图 6-4 和图 6-5 所示例的，是计算机联锁系统常见冗余结构中最为复杂的二乘二取二（2×2oo2）冗余结构，是二取二（2oo2）安全冗余和双机热备（1oo2）可靠性冗余两种冗余机制的组合。因为双机热备的主、备同步通常只能采用事件级同步方式（采用事件级同步方式的 2oo2 安全冗余结构也很多），所以冗余控制处理软件是双机热备和 2×2oo2 计算机平台所必不可少的核心功能软件之一，尤其是当 2oo2 安全冗余也采用事件级同步方式时。

1. 同步控制和同步数据传输

“事件级同步”的同步控制的目的，是在同步对象之间建立并保持同步传输连接。同步控制是上述冗余处理所有环节中最关键的环节，是其他所有的冗余处理乃至联锁安全计算机实现冗余的基础与前提。

主要由软件控制实现的“事件级同步”方式，需要在高速数据传输的基础上，采用建立“同步窗口”的方法，通过严格的“握手”机制在交换同步数据的同时，使同步双方的主程序“踩”在相同的“步点”上运行，即实现同步传输连接。虽然实现二取二安全性和双机热备可靠性两种不同冗余机制的软件同步控制方式是基本相同的，但采用二乘二取二冗余结构的安全平台，要先后协调控制两组、4 个独立的 CPU 主逻辑单元，同时保持两个同步连接，按照相同的“步点”稳定、高效地运行，对软、硬件的要求都比较高。

双机热备可靠性冗余的主、备同步与二取二安全性冗余的主、从同步，在软件实现方式上的主要区别之一，是主、备冗余在同步保持处理过程之外，还必须有一个单独的同步建立处理过程，并且在这两个过程中所传输的同步数据通常是不同的。因为与二取二主、从同步的两子系在启动时就必须同步的情况不同，主、备冗余系统必须允许无备系启动，并允许处于脱机状态的备系随时联机运行。对此，最合理的实现方式是在一个允许的最大运行周期之内，快速地将相关的全部状态信息从主系复制到备系，从而在不影响主系实时运行的情况下实现一次性同步；由于此时需要传输的同步数据量，比在同步保持过程中传输的大得多，一般需要一个专用的同步建立软件处理过程。

在主、备冗余和二取二冗余这两种冗余方式中，需要传输的同步数据基本是相同的，通常至少应包括系统的工作状态、输入采集、输出驱动、操作控制命令，以及与进路和进路处理相关的其他状态信息等等。

2. 同步比较处理

冗余系统两系（1oo2 的主、备）或两子系（2oo2 的主、从）之间的（软件）数据比较，是需要在两者建立了同步传输连接的基础上进行的同步比较。联锁安全计算机平台需要进行同步比较及处理的对象，一般应至少包括输入采集、输出驱动以及进路的相关状态等。

比较处理软件的重点，是比较结果相异时的处理逻辑。比较结果的差异，有瞬时差异和固定差异之别。瞬时差异可能来自于某系的瞬间干扰、瞬时故障以及采集类数据正常变化瞬间的过渡阶段；固定差异则可能来自于固定故障及其他原因造成的同步对象失步或不能达到同步状态。

与对其他类数据的比较处理不同，对采集数据（包括以通信方式传输的表示类或条件类数据）的差异需要进行一致性处理，因为在冗余系统正常工作的情况下，其采集数据的瞬间差异是较常发生的。因为即使是同步运行的两系或两子系，在采集时间上也仍然存在先后差异；并且各采集点对应电路的阈值也不可避免地存在高低差异，若恰在采集对象状态变化的瞬间进行采集时，就可能会导致两者的采集数据产生瞬间差异，而对这种瞬间差异不加处理就有可能导致两者的进路状态及输出驱动产生固定差异。

二取二安全冗余的差异一致性处理比较简单，对采集数据和驱动命令的差异，通常只需按照导向安全侧的原则处理即可。主、备可靠性冗余的则比较复杂，需要综合考虑可靠性和安全性冗余策略并做出选择，特别是对采集数据的差异；尤其是在平台没有检测到任何相关故障情况下的一致性处理，存在着不同的处理方式，这取决于系统的整体设计理念，并直接与系统的切换策略相关。最简单的方式是主、备系双方均只使用主系的采集数据，即可有效避免瞬间差异；但这将使对主系采集系统中发生的未能检测到的那一类故障（如接点断线等），失去备系的可靠性冗余保障。复杂一些的处理方式，是对两系的采集差异进行综合处理，采用相信或是暂时相信采到接点“ON”条件的那一方是正确的。因为断线的可能性通常要远大于混线的可能性；且采集电路的安全设计，必须对自身这一侧的故障进行充分的安全防护，在设计原则上不允许出现危险侧故障而无故障处理甚至无报警的情况存在。采用接点冗余采集的系统，还可利用同一接点的冗余关系进行故障判断；这种方式更为合理，但已超出平台的处理范围，还需要应用程序的配合。通常，主、备冗余方式在双系均没有检测到故障的情况下，对同步比较的其他固定差异，一般都采取备系脱机的处理方式。

3. 状态及状态转换处理

冗余系统，特别是需要以同步方式工作的冗余系统，一般都具有比较复杂的系统工作状态，因为冗余机制尤其是可靠性冗余机制，通常都是需要根据各系统/子系统的故障检测情况、人工切换操作（命令）等进行调整、转换甚至重构的动态机制；而复杂时序系统的同步过程，则使系统的工作状态及其转换变得更加复杂。

双系/机互为主、备，能实现“无扰”自动切换，且人工手动切换优先的主备冗余方式，在我国采用双机热备冗余和二乘二取二冗余方式的计算机联锁系统中使用比较普遍，其状态及状态转换处理是系统控制权切换机制的关键之一。作为示例，图 6-6 示出了采用三位式（分别对应于 A 系主控、B 系主控和自动切换）手柄进行切换控制的此类系统主、备冗余机制的（单系/机）一种状态转移示意，并标出了使各状态发生迁移的主要条件或原因。图中五种状态的基本释义如下。

主控状态是指联锁计算机具有控制权并成为主系后的工作状态，处于其他状态时均为备系；只有在确认另一系不是主系且在本系拥有控制权时，才能成为主系，进入主控状态。

初始化状态是指联锁计算机从关机状态上电启动，或从其他状态复位重启时初始阶段的工作状态。通常只有人工操作或意外断电等某些导致复位启动的故障，可使联锁计算机进入初始化状态。

联机状态是指备系联锁计算机与处于主控状态的联锁计算机（主系）建立同步传输连接，进行同步数据传输，复制同步环境过程中的工作状态。

同步状态是指备系联锁计算机通过同步数据传输，已使其所有进路状态及其他相关状态与主系联锁计算机的对应状态达成一致，并保持一致时的工作状态。处于同步状态的备机应具备随时以“无扰”切换方式接替主机工作的能力，但切换的启动与相关状态转换的控制必须严格遵循安全、可靠、合理的切换原则进行，一般以主机“离线”为先决条件。

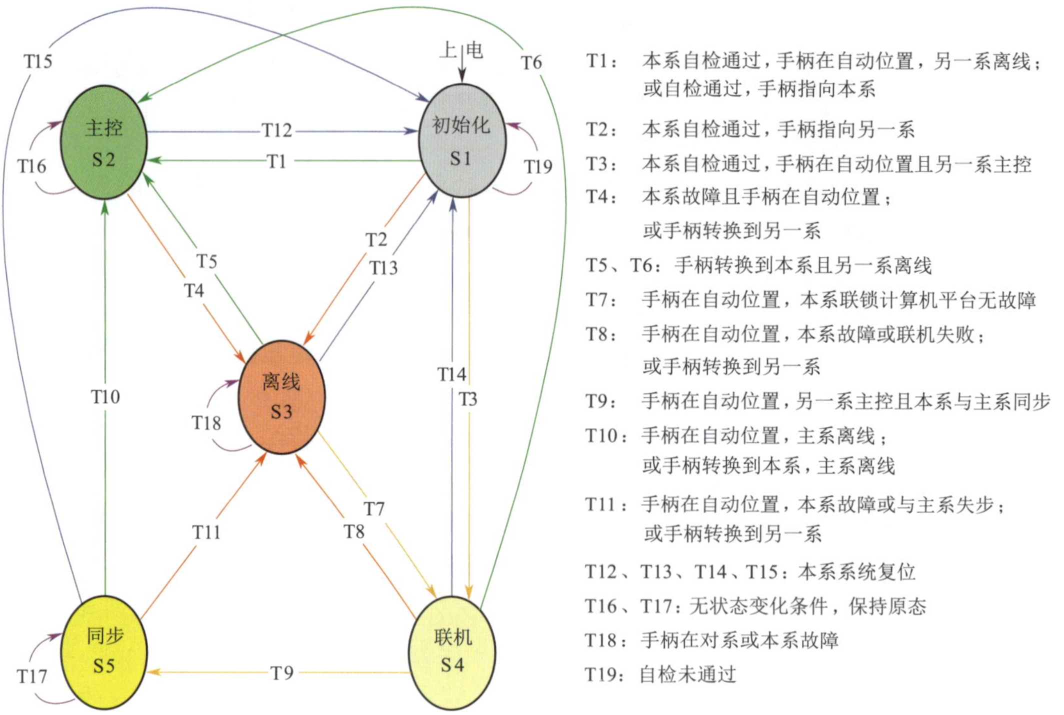

图 6-6　主、备冗余状态转移示意

离线状态也称脱机状态，是指联锁计算机已退出其他四种正在进行，或准备进行联锁控制的正常工作状态时所处的状态。联锁计算机因发现故障、失步而自动退出，被用手动切换方式强制退出都导致其进入离线状态；在运行中因关机、掉电、程序死锁等导致的死机状态也属于离线状态。

上述五种状态中，联机状态是暂时性的过渡状态；主控状态、同步状态和离线状态，是可以长期保持的稳定工作态。在初始化阶段，系统的状态标志尚未建立，但初始化状态实际上可以认为是离线状态的一种特殊形式，尤其是从对方系的角度无须区分这两种状态以及联机状态，因为相关的处理逻辑是相同的。

主、备系统对其某种工作状态的确定、保持和转换，基本都需要由软件根据规定的条件并按照严格的约束关系来实现。除了图 6-6 所示的对各状态之间转移关系的约束之外，对两系状态的组合也有严格的约束关系；这些关系实际上也是一种联锁关系。表 6-1 列出两系之间各种状态的组合（约束）关系。

表 6-1　主、备两系工作状态组合关系矩阵

Ⅰ系 / Ⅱ系	主控	备用	离线	初始化	联机
主控	不允许	允许	允许	允许	允许
备用	允许	不允许	不允许	不允许	不允许
离线	允许	不允许	允许	允许	不允许
初始化	允许	不允许	允许	允许	不允许
联机	允许	不允许	不允许	不允许	不允许

注：绿色表示系统处于可用状态，红色表示系统处于不可用状态，灰色表示不允许出现的状态组合。

主、备冗余系统两系间的同步及状态转换机制，都是为了实现“无扰”切换，以有效提升系统的可用性。但两系状态的组合及转换的正确与否，不但是系统可靠性冗余机制能否正确、有效地发挥作用的关键；而且对系统的安全性也有着直接和重要的影响，是决定主、备冗余系统最关键的控制权唯一性的重要因素，甚至是决定性的因素。特别是当控制权在两系之间的转换，是采用完全由软件根据系统的状态，控制驱动命令是否输出的方式来实现时，“双主”状态的错误一旦出现，就很有可能在两系输出不一致时导致危险情况的发生。因此，必须确保状态处理的正确性，并采取“失效—安全”措施，以有效地防止“双主”状态的出现。

切换处理，也是状态转换处理中的关键；涉及控制权的具体管理方式、切换策略（由谁切、何时切）、具体的切换执行方式（怎么切），都需要由控制软件进行相应的处理。切换的对象通常包括对继电器控制通道的转换、相关通信通道的转换等。

（四）安全相关通信处理软件

传统的计算机联锁系统，通常只在系统内部使用专门设计的通信传输系统，按照严格规定的内部安全协议，进行安全信息的传输。大多采用定长、定周期、连续重复快速发送的方式进行；对所传信息采用安全侧对应原则进行编码，严格执行对发送信息的超时覆盖、对接收信息超时的安全侧置位等安全措施。

近年来，由于计算机软、硬件处理能力的迅速提高、安全相关通信技术的成熟、安全通信协议的完善，以及 EN 50159 等安全相关通信标准普遍被采纳，使得大量通用的、按照功能安全的标准属于非信赖的传输系统，能够被用来进行安全相关信息的通信传输。这种使用常用的通信技术手段，通过非（功能安全）信赖传输系统实现安全相关通信的方式有两个关键要素：主要由安全处理过程和安全编码实现的安全通信协议，以及实现这一功能的安全计算机。

根据可能遭遇的不同风险，EN 50159-2010 将传输系统划分为封闭的传输系统（1 类）和开放的传输系统；开放的传输系统又细分为排除非授权访问的开放传输系统（2 类）和完全开放的传输系统（3 类，存在非授权访问可能）。按照 1 至 3 的排序，这三类传输系统所可能遭遇的威胁种类是递增的，需采用的防御措施也是递增的。计算机联锁系统对外部设备的安全相关通信，一般采用 1 类和/或 2 类传输系统。由于非信赖传输系统存在不可避免的风险，被传递的数据可能发生讹误、丢失、插入、重复、乱序、延时，甚至被伪装等错误，安全通信协议需对应用数据报文的真实性、完整性、时效性和顺序性提供安全防护。

安全通信协议主要包括对协议帧格式、安全处理过程和通信时序的要求与规定。对安全通信协议的具体实现，主要需由安全相关通信软件完成。运行安全通信协议的软件协议层也称为安全层，具有高安全性要求的特点，需要在安全计算机平台上进行。安全相关通信软件的主要功能如下：

1. 对传输信息进行安全防护处理

安全相关通信软件最核心的作用，就是依据安全通信协议对传输信息进行安全防护处理；至少应进行下列检查并采取相应的安全处理措施：发送端标识检查、数据类型错检查、数据值错误检查、数据逾时收到检查、通信超时中断检查，并确保安全相关传输功能和非置信传输系统的功能独立性。

RSSP-Ⅰ和RSSP-Ⅱ协议中规定的时间戳和安全编码，在具体的防护措施中是比较有代表性的规定算法。

(1)RSSP-Ⅰ的时间戳

RSSP-Ⅰ协议的一个基本的特征是，软件冗余双重校验。其时间戳也由T1(n)和T2(n)两个32位长的数值表示，且T1(n)与T2(n)各自的生成多项式不同；校验过程必须对两个值分别进行，两个校验都通过才能得到安全确认。其中，T(n)是基于一个由特殊的生成多项式定义的32位线性反馈移位寄存器的计算值，对应于系统当前周期计数值为n的寄存器，每次左移一定位数即产生一个新的时间戳T($n+1$)，由此该机制可产生一个伪随机数的序列。T(n)和T($n+1$)就是序列内的两个相邻值，其相邻递增关系只能由安全协议内部的校验运算来验证。

作为安全数据帧的冗余数据T(n)，与其他冗余数据——发送端身份标识(SID)、校验码(CRC)等用异或运算叠加在一起，使时间戳序列中数值的"随机性"带来的信息保密功能扩展到对其他安全冗余信息的防护。

(2)RSSP-Ⅰ的安全码SVC

安全码SVC同样由冗余的SVC1和SVC2两个32位值组成，对安全数据报文进行防护。经过发送端安全通信软件的处理，对应用数据帧附加64位的SVC以及其他安全信息构成安全协议数据帧(其中应用数据帧部分并未被改变)。由接收端的安全通信软件，对应用数据帧部分进行SVC1和SVC2的生成运算之后与报文中的SVC进行比较。

SVC是基于两个不同生成多项式的CRC校验码。以SVC1为例，先对用户数据进行32位CRC运算得到CRC1，之后连续异或T1(n)、SID1等值就会得到SVC1。因为SVC中包含了时间戳信息和发送端身份标识SID信息，使对SVC的校验过程在实现对数据完整性校验的同时，也完成了对数据发送端标识的确认和对数据发送时间戳的确认。

(3)RSSP-Ⅱ加密安全码MAC

RSSP-Ⅱ协议的一个主要特点，是在消息鉴定安全层MASL采用了加密技术，可适应3类的传输系统环境。

MAC(Message Authentication Code)报文认证鉴别码，是一种报文认证技术，它基于DES加、解密运算，使用一个密钥对不定长的数据位产生一个短小的定长(64位)数据分组，即鉴别码MAC，并将它附在报文中。假定通信双方共享一个密钥K，则接收方可以对收到的报文中的数据部分进行相同的计算得到MAC，与报文中附加的MAC进行比较。由于只有通信双方拥有密钥K，如二者相等则可判断：①接收者确定报文未被更改过；②接收者确认报文来自期望的发送者。

但这种"加密"与一般意义上的"密码"不同，在RSSP-Ⅱ协议帧中MAC是被附加在用户数据之后，用户数据并不被加密而是保持原样；MAC防护机制目的仅在于使安全协议帧不能被成功地修改和伪造。

在安全相关通信中使用的各种算法，都遵循一个共同的原则：只检错而不纠错；也体现出安全冗余绝不容错的理念。

2. 实现与应用层和传输系统的接口

安全相关通信软件，要实现与应用层软件的数据接口和与平台通信传输系统的数据接口，这个通信传输系统可以是非信赖的。

安全相关通信软件对应用数据按照安全协议进行处理，生成安全协议数据帧并通过传输接口发出；从传输接口收到安全协议数据帧后对其进行解析、校验后，将得到的应用数据帧通过与应用层的数据接口送交给应用层。

3. 安全通信链路的管理

对于联锁系统需要与多个外部安全系统进行安全相关通信的情况，安全相关通信软件需要同时维护多条安全通信链路，每条链路都需要从与传输系统的接口收发数据，并且在与应用层的接口上完成与应用层的交互。

（五）故障检测与“拒绝”处理软件

测试及故障检测程序，通常有上电检测、在功能程序正常执行过程中进行的检测和在功能程序执行的间隙进行的检测三种执行方式。其中后两种方式属于在线检测，必须在不影响系统正常工作的情况下快速进行。

(1)上电检测在初始化阶段进行。此时系统尚未投入正常运行，有相对充裕的时间，可以对内存等需时较长的测试项进行相对全面的自检测试。测试方法有很多，单系采用二取二安全冗余结构的系统，还可通过比较的方式进行故障检测。

(2)需要在功能程序正常的执行过程中同步进行有针对性的检测，是实时控制系统的特点。尤其是对执行层电路的闭环检测，通常都是与控制操作融为一体随即进行的，以达到最快的反应速度，为“拒绝”等反应“失效—安全”机制争取更多的动作时间保障。对采用动态驱动或动态处理方式的命令和状态变量，随时进行变化检查；对关键变量进行安全侧对应编码，并进行合法性检查等等，都是十分有效的在线实时检测措施。

(3)通过专用的测试程序模块，在功能程序的执行间隙专门进行故障检测，可以获得更高的在线故障检测覆盖率。在上电检测中的许多内容和方法，一般都可以化整为零地加以使用，还可以按照 EN 50129 在附录 D 中推荐的测试项，采用“通过周期性在线测试，同时加以比较(软件或硬件)的方式，对大规模集成电路的故障加以暴露的措施”。此时进行的测试，需要控制适当的时间，并进行必要的数据保护，以避免对功能程序的运行产生任何影响。

拒绝机制的最终执行与否，也需要由软件根据故障检测的结果和处理原则进行处理。

（六）调度处理软件

在联锁计算机上运行的上述各类实现平台功能的软件，以及核心应用程序——联锁软件，都需要在主程序的调度管理下进行。作为整个联锁系统核心的联锁计算机，不仅需要对包括执行层在内的整个安全平台进行调度管理，还涉及对操作表示等子系统进行的调度管理。

图 6-7 为上述二乘二取二计算机联锁系统联锁计算机主调度程序的框图示例。

采用二乘二取二冗余结构的安全平台，由于要同时进行主、从二取二安全冗余和主、备可靠性冗余两种冗余机制的协调处理，平台软件的执行时间比较长，通常要大于联锁软件的执行时间。实际上，平台软件往往占用了联锁计算机软件运行周期中的大部分，甚至绝大部分的时间。

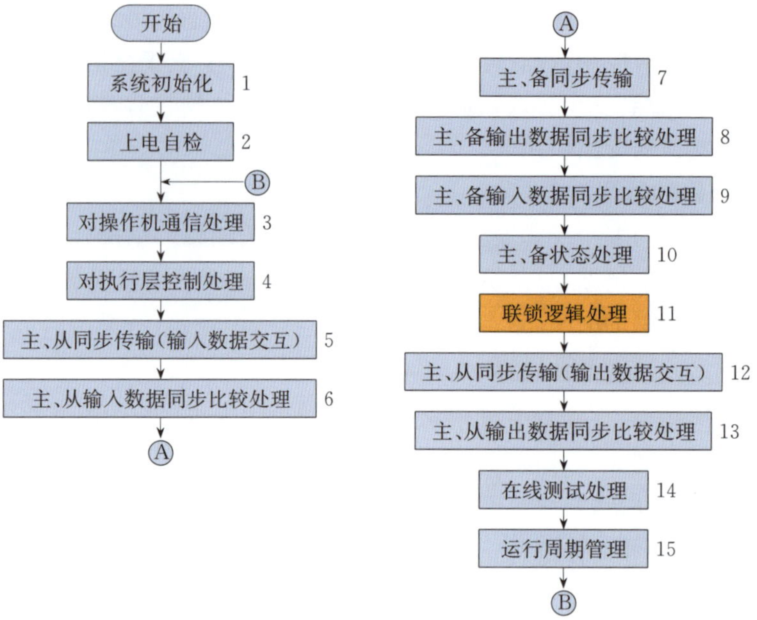

图 6-7 一种采用事件级同步方式的 2×2oo2 安全计算机平台的主调度程序框图示例

三、智能化执行层软件的主要构成、功能及特点

执行层的软件主要包括输入采集、输出驱动,各部分相应的故障检测以及对联锁计算机的信息传输等处理程序。

(一)主要构成及基本功能

执行层的软件,需要控制一般是通过现场总线与联锁计算机进行的信息传输过程,并依据平台与此相关的可靠性冗余结构,进行相关的冗余传输处理。在已多由硬件/固件层面进行的传输差错控制技术之外,联锁安全计算机平台还需由主控层和执行层的相关软件,对传输的源数据进行具有足够冗余度的信源编码和时序标记,以对交互的安全相关信息进行安全性和实时性的安全防护及校验处理。对采用硬件安全冗余传输结构,或使用专用/标准安全通信协议的情况,也都需要由软件实现相应的冗余处理和协议算法处理等。

基于执行层的设计结构,对数量众多的采集板、驱动板的选址及控制,有两种基本方式:

(1)机笼级智能化的方式,由现场总线及其传输机制实现对采集、驱动机笼的(通信)选址,再由机笼内部的控制电路对非智能的采集、驱动板及板上的各采集、驱动单元进行选址及控制。

(2)板级智能化的方式,直接由现场总线及其传输机制实现对智能采集、驱动板的(通信)选址,再由板上控制电路对板上的各采集、驱动单元进行选址及控制。

执行层软件要通过控制电路,对采集板、驱动板上的各采集电路单元和驱动电路单元进行选址,读、写等操作的时序控制,完成输入采集、输出驱动以及相应的电路测试、故障检测及安全防护等相关的逻辑处理。有很多计算机联锁系统,在驱动板上也采用了“失效—安全”的“拒绝”电路,也需要由执行层的软件进行控制。

执行层软件应在完备故障诊断的基础上,给出清晰、准确的故障信息提示。这对于执行层，特别是其易受外部冲击而可能损坏的、数量庞大的采集电路和驱动电路的维修维护是十分必要的。

（二）主要特点

作为安全计算机平台终端控制的执行者和最后的安全屏障，执行层的功能安全和可靠性，尤其是在线实时故障检测与快速安全防护的能力极为重要。在执行层中使用最为广泛的反应式“失效—安全”机制，也是三种“失效—安全”机制中对故障检测及拒绝处理时间要求最为严格的。因此，对执行层软件的准确性、可靠性和处理速度的要求很高，其智能框架范围（机笼或板）内的软件运行周期应能确保达到十毫秒量级甚至更高的水平；且由于功能专一，并需采用“失效—安全”设计及故障检测覆盖率高等要求，执行层的硬件构成普遍具有专用性和特殊性强的特点，其软件比较适合于采用简捷快速、简单可靠的直接面对硬件编程的嵌入式结构。

对执行层的软件，尤其应严格遵循采集信息持续动态更新，驱动命令“一次性有效”的“动态处理”原则编程，特别是在与联锁计算机的信息交互受阻或中断（包括单向传输中断和双向传输中断的情况，都应作为可能发生的情况而加以考虑）时，应保证以覆盖的方式始终保持待上传的采集信息的实时性；对联锁计算机下传的驱动命令，务必要在规定的超时限制之内予以清除，并确保将所有涉及驱动命令的各类缓冲区和输出锁存器均复位至安全侧，以杜绝任何因采集信息或驱动命令“超时保留”而形成安全隐患的可能。

第七章　计算机联锁系统应用软件的构成及特点

本章介绍计算机联锁系统应用软件的基本构成及主要特点，包括操作机、维修机和联锁机的应用软件。重点介绍了联锁软件的架构及特点，层次结构及功能要点，特别是作为联锁软件核心的解锁程序；简介了与联锁应用软件相关的安全防护原则。

第一节　概　　述

目前，在采用典型结构的各种计算机联锁系统中，其操作显示系统、记录查询系统、联锁计算机、执行表示机和电源五个子系统，大部分或全部都是具有软件功能的智能化系统；而且在有的子系统中有多个软件系统并存。除电源子系统（由专业厂家生产的智能化 UPS，通常已具有对其电源输出的智能监测功能，并可通过串行通信接口给出提示、报警信息）外，其余四个子系统都基于三个计算机应用平台构建：操作显示和记录查询这两个人机交互层的子系统，通常各自基于使用比较广泛的某类通用的两个独立应用平台构建；联锁计算机和执行表示机则基于某个专用的安全平台构建。

按照前章所述的计算机系统软、硬件层次结构的基本类型划分方式，计算机系统的软件，可大致划分为直接嵌入式（应用）软件、平台软件和（可移植）应用软件三类。前两类已在安全计算机平台一章一并介绍；本章重点介绍在上述三个平台上运行的应用软件，这些应用软件是计算机联锁系统中与用户的一般功能需求直接相关的软件。

第二节　人机交互系统的软件

目前国内计算机联锁系统的操作机（上位机）和维修机，一般都选择通用平台的系统架构，大多采用通用型的工控 PC 计算机，直接在 DOS 或 Windows 操作系统环境下进行应用软件的编程。图 7-1 为操作机与维修机的软、硬件层次结构和软件主要构成示例。

一、操作机的软件构成及其特点

早期计算机联锁系统的操作机均使用 DOS 操作系统。近年来，Windows 操作系统的使用逐渐增多。DOS 操作系统稳定、可靠，但界面显示功能简单，难以满足计算机联锁操作显示界面标准的要求。Windows 操作系统功能丰富，图像处理能力和通信能力强；但对硬件要求较高，稳定性、可靠性均不如 DOS 操作系统，蓝屏故障相对较多，死机等故障的发生率也高于 DOS 系统。

操作机（上位机）的应用软件主要包括：人机操作处理、实时显示处理、与联锁机信息交互处理，与维修机信息交互处理、与调度集中（CTC）或列车调度指挥系统（TDCS）信息交互处理、对无线调车机车信号与监控系统(STP)的信息传输处理等6类功能模块。按照工作性质和工作对象的不同,这6类功能软件大致可分为三种:前3类构成操作机软件的基本核心,实现计算机联锁系统运行中不可缺少的操作控制及显示等系统内部功能;对维修机的信息交互也属于系统的内部功能,主要是需要送给维修机存储记录的各类信息,以及少量由维修机发送过来的系统校时等信息;调度集中(CTC)、列车调度指挥(TDCS)和无线调车机车信号与监控系统(STP)则都是外部信号系统,相关软件模块的配置取决于现场设备的具体配置情况。由于CTC和TDCS目前基本已经成为计算机联锁系统两者必连其一的相关信号系统,与CTC/TDCS系统信息交互的软件模块,亦成为操作机应用软件的标准配置;而通常只用于配有独立调车机车车站的STP,目前虽开始初具规模,但尚只在为数不多的车站使用。

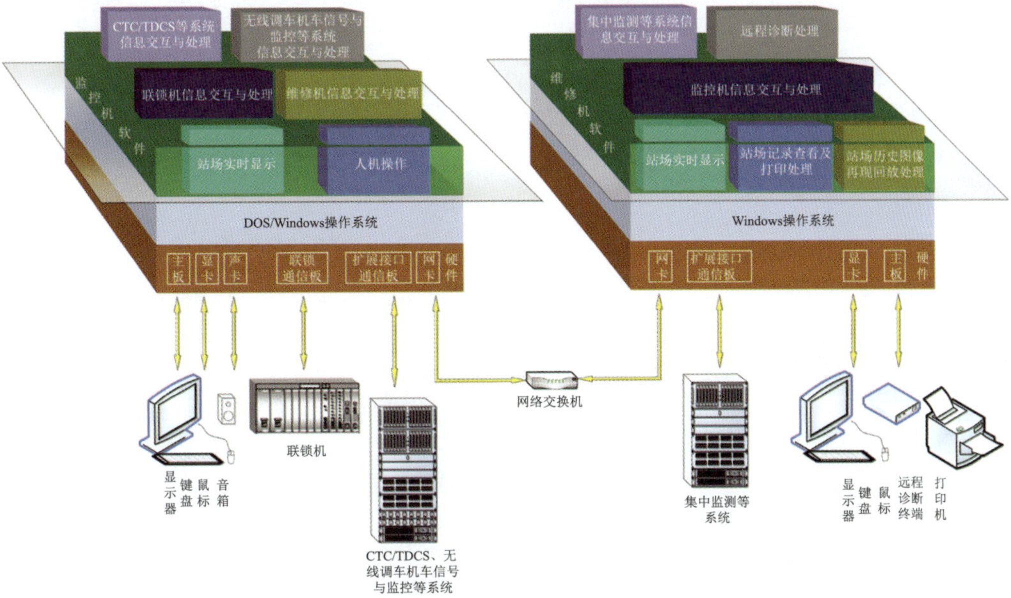

图7-1　操作机与维修机的软、硬件层次结构和软件主要构成示例

6类功能软件中的4类都与通信相关,操作机在某种意义上可以说是联锁系统特别是联锁机的信息中转站。它要实现联锁机与车站操作值班员、与调度集中操作值班员的操作命令和各类显示信息的交互;向维修机提供需要记录的全部站场状态、操作和各类提示信息,以及系统相关的内部日志信息等,接受来自维修机的系统校时信息(非CTC车站的校时命令可由维修机下达),以及可能由维修机转发的某些需要在两个操作机和维修机三者之间进行一致性处理的简单同步信息(如铅封计数器,信号封闭、轨道分路不良标记等);向STP转发站场的状态信息等。上传下达、内转外送及相关的各种通信处理,是操作机软件需要完成的重要工作。

图7-2示出了基于Windows操作系统的一种联锁系统操作机应用软件的框架结构,图中画出了实现操作机主要(软件)功能的值班员操作命令处理,站场实时显示处理,与联锁机、与维修机、与调度集中(CTC)或列车调度指挥系统(TDCS)信息交互及处理程序的主体示意框图。其中包含了各类主要操作命令的来源及处理框架,反映了各程序模块及其相互间的主要信息交互关系,反映了启动各程序模块运行的相应“消息来源”。

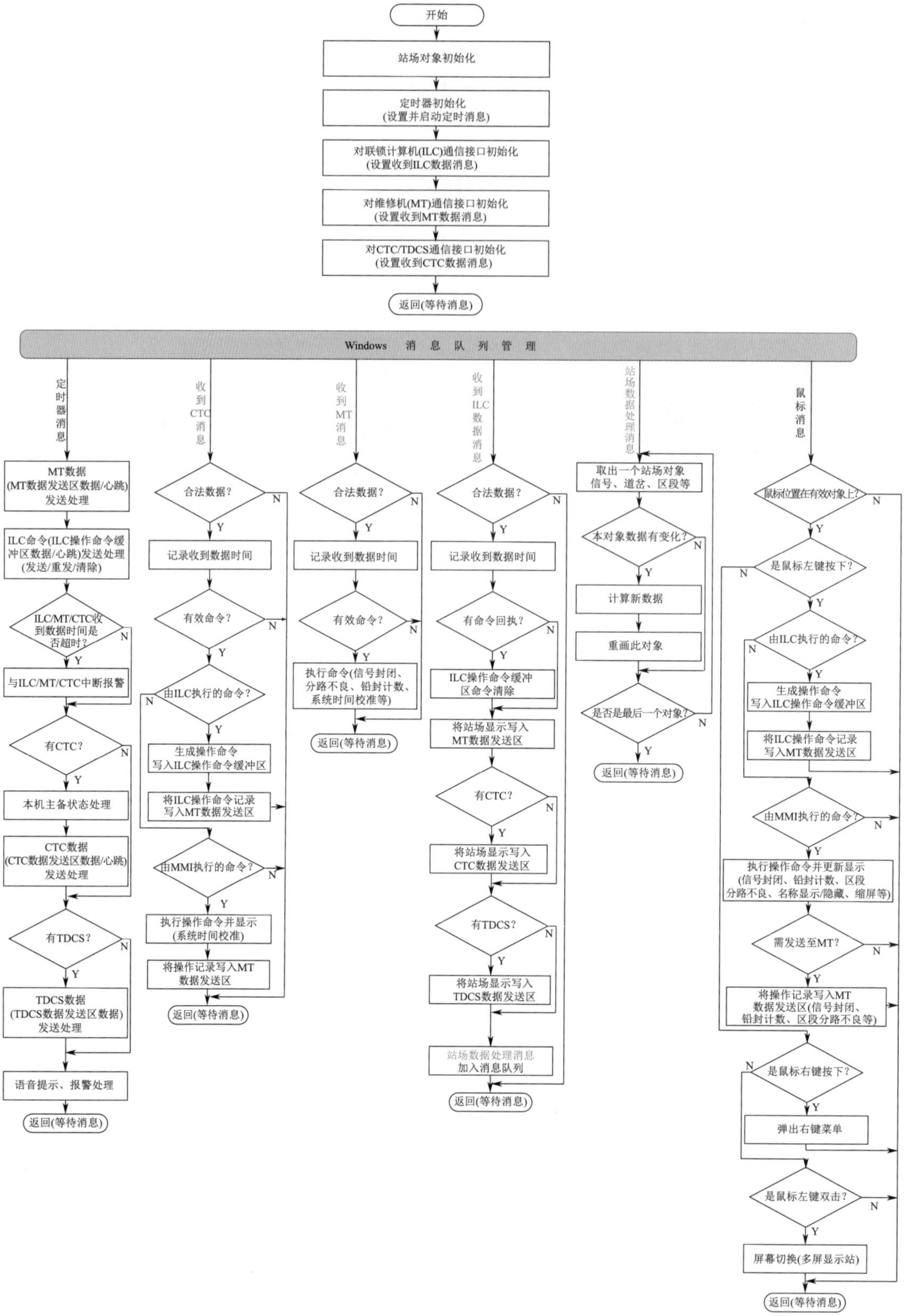

图 7-2　操作机(MMI)软件主调度处理示意

与DOS操作系统或多数专用的安全计算机平台管理软件不同，Windows是基于“消息驱动”运行机制的操作系统，应用程序一般不能采用通常的顺序执行的调度方式，并完全自主掌控自身的运行过程，而需通过由操作系统管理的“消息队列”中的各种“消息”来启动相应的处理程序。凡涉及系统硬件操作的“消息”基本全部由操作系统发出，如对鼠标、键盘的操作消息，定时器到时及通信接口接收数据的完成等消息；应用软件可通过调用系统的“消息发送”函数，在各软件模块之间实现消息传递以启动相关的逻辑处理。

图7-2中的鼠标消息、收到联锁机信息消息、收到维修机信息消息、收到CTC/TDCS信息消息和定时消息，都是来自于操作系统平台相关硬件(鼠标、各类通信接口)的消息；而站场数据消息则是由联锁机信息接收处理软件模块发出的。

操作显示子系统虽然通常并不是联锁安全计算机平台的组成部分，但站场各种显示状态、各种操作及误操作命令的组合情况也比较复杂，其站场状态的显示错误、操作命令的处理错误等，往往会造成进路无法排列，严重影响行车作业；还存在造成进路与操作者意图不符的错误排列或错误解锁、造成道岔与操作者意图不符的转换错误等等，容易引起操作混乱，甚至可能进而引发事故；若恰对某些由操作机进行误操作防护的限制性命令的处理发生了错误，甚至也可能对行车安全构成威胁。因此，操作机软件对准确性、实时性和误操作与乱操作情况下的“强壮性”要求较高；也需要采用实时控制系统持续动态更新的表示信息传输与处理机制。

二、维修机软件的构成及其特点

维修机的应用软件需要对大量的数据进行储存、分类检索及图像处理，通常都使用基于Windows操作系统的软件开发方式。

维修机的应用软件主要包括：与操作机的信息交互处理、记录和储存处理、查询与打印处理、图像再现处理、站场实时显示处理、远程诊断处理和对集中监测的信息传输处理等7类功能模块。维修机也有同时与联锁机直接相连的情况，此时也要有相应的软件模块，这样可以更加快速地直接对站场状态信息、安全计算机平台的状态信息等进行记录储存而不必再经操作机转发，特别是更有利于对安全计算机平台日常信息量较大的工作日志进行储存记录。此种直连方式通常都限定采用单向通信，以尽量避免维修机运行时(特别是在异常情况下)对联锁计算机所可能产生的任何干扰。

维修机与操作机的信息交互处理、记录和储存处理的软件是核心软件，其功能在某种程度上起到计算机联锁系统“黑匣子”的作用，所保留的记录是对故障及事故进行分析的重要资料。记录处理软件需要以滚动的方式，不间断地随时对由两个操作机传送的站场状态信息、值班员操作命令，以及联锁系统自身的状态和故障等信息进行记录。储存处理软件提供手动和自动两种储存方式：通常在发生故障或事故时由人工手动储存的记录永久保存；自动存储的记录，通常采用至少保留一个月的滚动储存方式，形成以“日”命名的记录文件，上个月同一天的记录文件会被覆盖，以避免记录的无限累积。为了减小记录在储存前因维修机复位重启而被“丢失”的可能，在使用电子盘作为存储介质后，存储间隔已普遍缩短至10 min以内。

记录查询软件提供多种分类查询和检索方式；图像再现软件能够将站场全部作业情况的相关记录信息，用控制台图像的显示方式以人工步进、常速和快进等方式进行动态再现，为对故障或事故的查找、分析及处理提供方便、快捷、直观的查询和分析手段。远程诊断软件则多是利用Windows的“拨号”传输方式，实现与维修监控中心的远程连接，将记录信息传回。事实上，目前维修机的作用主要还是记录及为查询提供支持，称之为“维修机”似还有些言过其实；近年来，对联锁系统的故障也开始采用图形化的故障提示方法，而更加便于维修诊断的软件“专家系统”，应是维修机应用软件下一阶段发展完善的重点之一。

对外部系统的接口处理软件，目前主要是以串行通信的方式向集中监测系统（CSM）传送全部的站场表示信息、全部操作记录及计算机联锁系统主要的工作状态和报警信息。为了避免可能存在的非法侵入，通常采用只发不收的周期性单向重复发送的通信方式。在早期的计算机联锁系统中，与列车调度指挥系统（TDCS）也是通过维修机接口的，但其后均改为具有可靠性冗余且实时性更好的操作机接口方式。

第三节　联 锁 软 件

联锁逻辑运算是计算机联锁系统的核心功能，联锁逻辑运算主要由运行于联锁安全计算机平台上的联锁软件完成。联锁软件是计算机联锁系统各子系统中功能和逻辑都最为复杂、安全完整性要求最高的应用软件。

一、联锁软件的功能架构及相关特点

（一）基本对象单元及其主要功能分布

实时控制系统应用软件的功能架构，与控制对象及其控制方式的关系通常都非常密切。

计算机联锁系统的联锁逻辑功能主要由联锁软件实现，并最终作用、体现于控制对象。现有计算机联锁系统控制的主要对象，仍然是承自继电联锁系统的三大电气化基础设备和区间及场/站联系设备，即动力式道岔转辙机、色灯信号机和轨道电路，以及区间闭塞、场间/站间联系电路等。它们在联锁软件中对应形成的道岔、信号、区段和闭塞、场联/站联等类基本对象单元，是基本联锁功能的主要实施对象。

图 7-3、图 7-4 和图 7-5 分别反映了计算机联锁系统中，在信号、道岔和区段三类基本对象单元上对应分布的基本操作命令信息、驱动控制信息和基本的采集输入信息、状态表示信息以及相关的主要提示信息；反映了各对象单元之间在进路控制的主要执行过程中，各功能层次的信息传递示意。针对各类基本对象单元的联锁逻辑处理，在本质上主要就是依据联锁技术条件及相关的用户需求，对这些信息进行联锁运算，实现所要求的联锁功能；联锁软件还需要在整体上实现所有这些信息的安全、可靠的（逻辑）传递及相关的逻辑处理。实际上由此也可以看出：操作、传输和锁闭/解锁运算这联锁系统三大基本功能要素，同样也是联锁软件的基本功能要素。

（二）进路控制与非进路控制

计算机联锁系统的控制，按操作方式的不同可划分为进路控制与非进路控制两大类。非进路控制类主要包括对道岔的单操、单锁、封闭、引导总锁闭、局控，对信号的封闭，对区段的故障解锁，以及区域范围内的非进路调车等等；此类控制操作一般直接作用于某一个设备对象，其处理逻辑也大都相对简单且涉及范围有限。进路控制类主要包括列车、调车、引导、推峰及平面单钩溜放等进路控制。其中，对列车和调车的进路控制是车站联锁的主要作业方式，进路引导通常只在设备故障时使用；推峰和单溜则只是在枢纽的到达场与编组站尾部的联锁系统

中才有的功能。进路相关的操作，涉及的对象多、范围大，层次递进的特点明显，处理过程中可能发生的各种情况比较复杂，其处理逻辑需要充分考虑和应对动态多变的站场情况、现场设备各种可能的故障状态以及各种误操作的可能。显然，进路控制的相关软件是联锁软件中的重点。

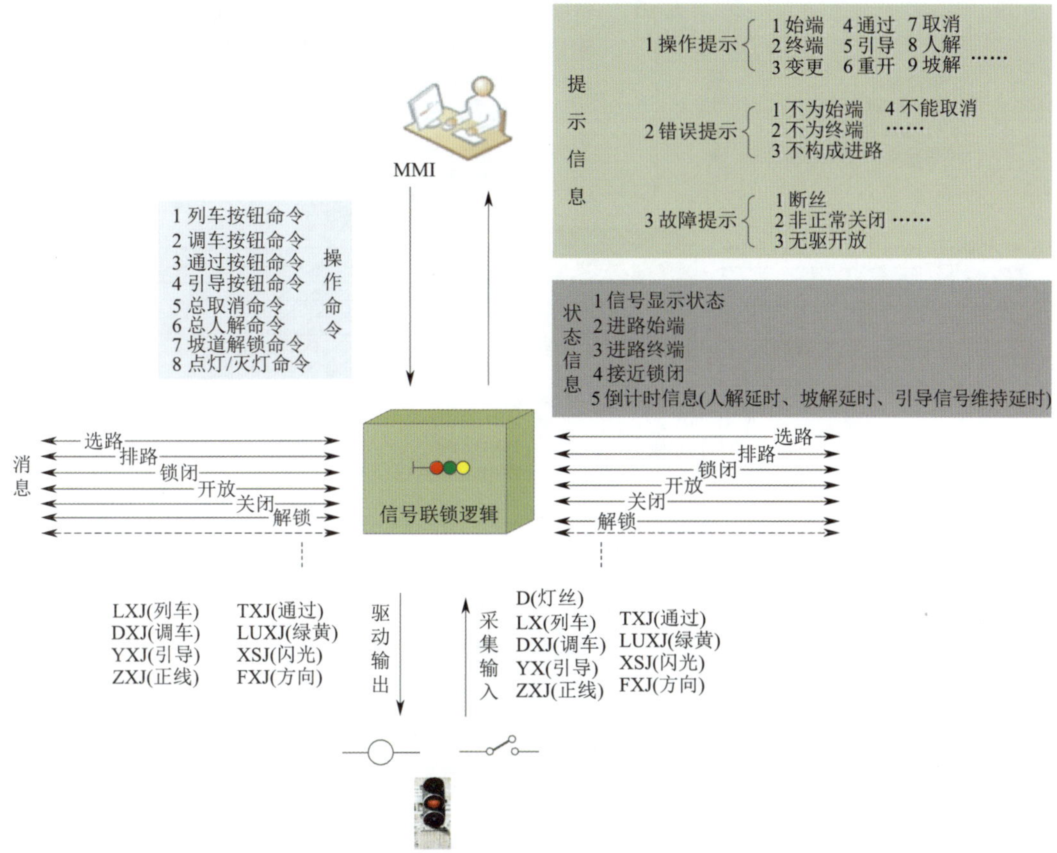

图 7-3　信号对象单元各类信息分布示例

（三）面向对象的架构

联锁软件能够比较自然地采用面向对象的架构，或者说面向对象的程序构造方法比较适合于联锁软件的编程。特别是受到 6502 电气集中联锁的巨大影响，计算机联锁软件大多具有面向对象、层次清晰，或多或少与站场网络拓扑结构相对应的结构特点。

图 7-6 是采用面向对象架构的一种联锁软件的主程序结构示例。其主要的程序部分大致可分为：针对站场基本对象单元进行联锁运算的各类基本对象逻辑处理程序（信号、道岔、区段、闭塞、场联、站联等的逻辑处理程序），实现联锁软件（主要是各类基本对象单元）与安全平台采集、驱动等信息交互及处理的程序（采集输入、驱动输出处理）；与操作机（通过安全平台）命令、显示等信息交互及处理的程序（操作命令处理、状态信息输出处理）；与车站列控中心（TCC）、邻站联锁系统（CBI）、无线闭塞中心（RBC）等外部设备（通过安全平台）的安全相关信息交互及处理的程序，以及某些需要统一对各模块之间的相关信息进行交互及处理的程序（逻辑输入信息处理）等。

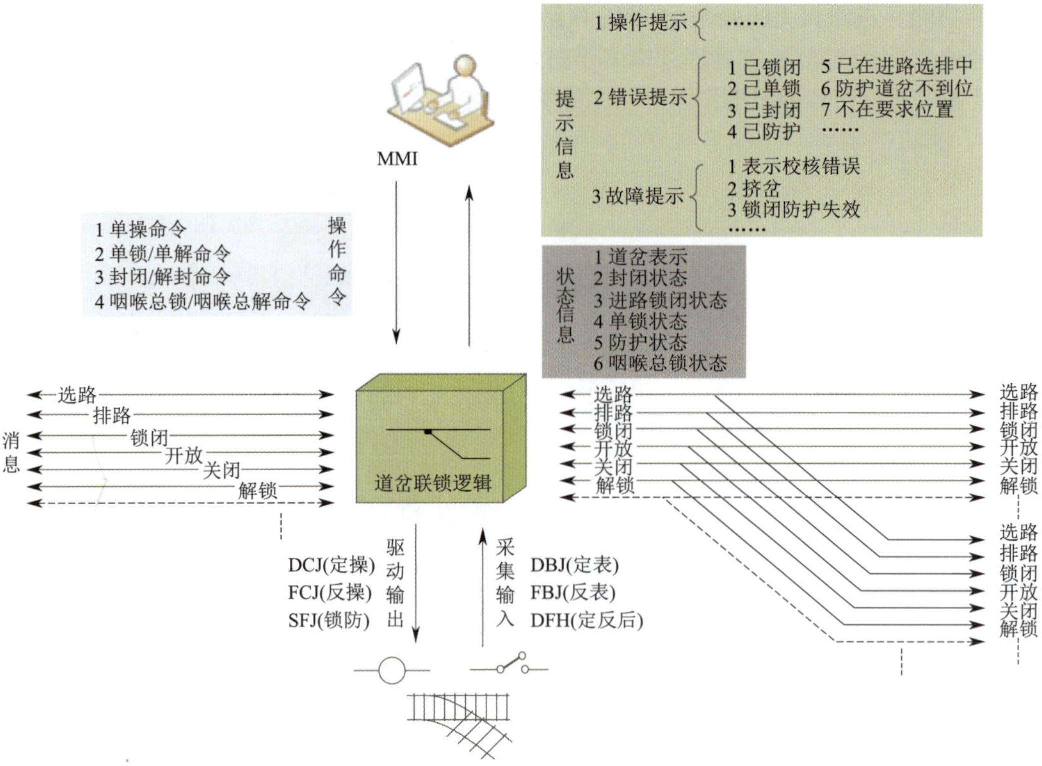

图 7-4　道岔对象单元各类信息分布示例

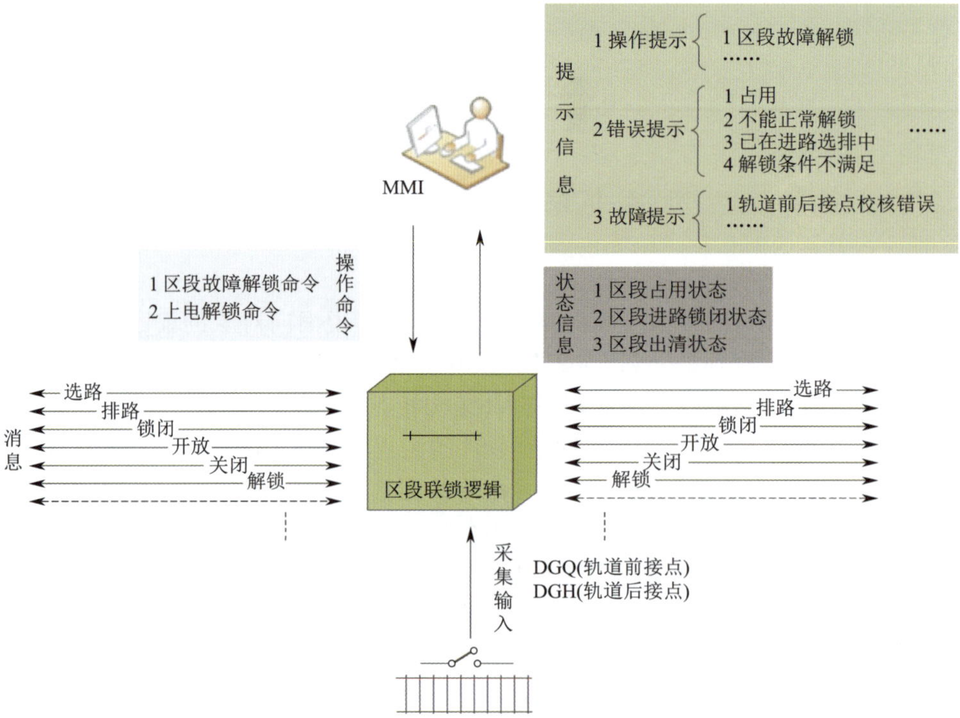

图 7-5　区段对象单元各类信息分布示例

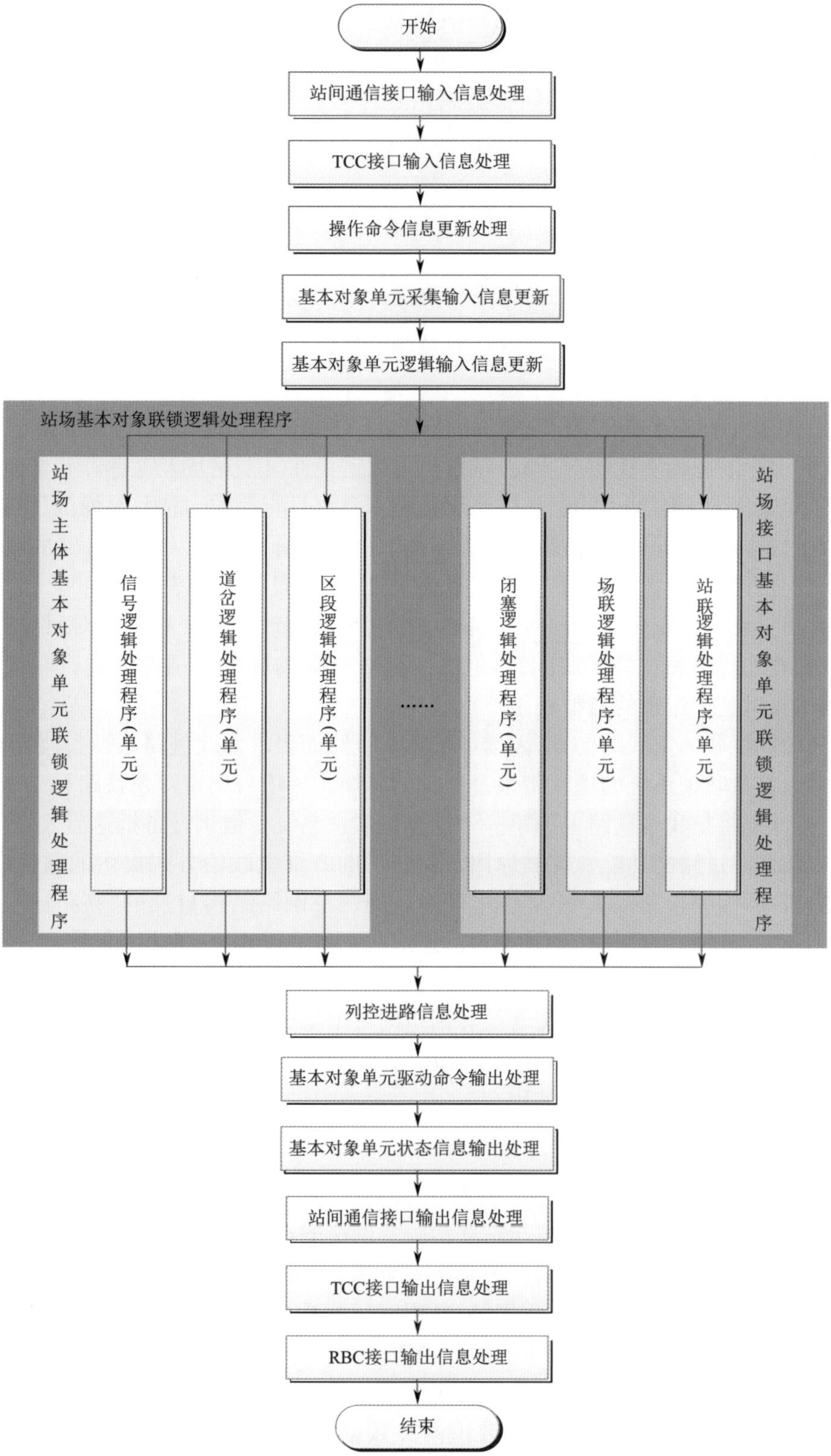

图 7-6 联锁软件主程序结构示例

在完成主要联锁运算的站场基本对象逻辑处理程序中，信号、道岔和区段的逻辑处理程序，是面向具有站场图形网络连接关系的众多轨旁设备的主体联锁逻辑处理程序；各类闭塞、场联、站联等逻辑处理程序，是面向站场各类出入口的各种联系电路的接口联锁逻辑处理程序。这些程序的结构方式，以及其所针对的站场基本对象单元的数据结构方式，决定了整个联锁软件的整体架构。

二、联锁软件的两种主要实现架构

基于进路联锁表和基于站场图形网络结构进行联锁运算和逻辑处理，是两种典型的常用方式；这两种方式的程序设计理念完全不同，具有两种不同的程序和数据架构。

(一)进路联锁表

查表是计算机系统最基础、最简单的处理方式。依据进路联锁表确定进路并进行联锁关系的检查，其程序的逻辑实现相对容易，特别是可以避免在复杂站场及某些非正常操作时因选路搜索程序的难度较大而发生问题。进路联锁表本身也具有简单、直观、易懂的优点。但由于需要对所有的进路都进行列表，使得对由若干基本进路组合而成的长调车进路的联锁关系的列表，成为具有排列组合类的烦琐、局部重复、容易出现笔误的诸多表项的填写工作；此外，在站场改造时某一设备的变化亦会同时引起对多个表项的修改。一个成熟的 CAD 辅助设计软件，虽然能有效地解决表项的生成问题，但由于需对所有的独立表项都要进行联锁试验或测试，因而测试和试验工作量的增加还是不可避免的。

在我国计算机联锁发展的初期，因增加长调车进路而要求修改进路联锁表，曾给全套引进某国外公司计算机联锁系统的项目带来过巨大的麻烦。该项目选定郑州铁路局小李庄车站作为试点站，按计划将是我国铁路上的第一个计算机联锁系统。但当设备抵达后才发现，该系统竟没有排列长调车进路的功能。究其原因，是在按 6502 继电联锁方式提供的联锁表中，只有基本进路的表项(因为长期以来 6502 继电联锁站场图形网络结构自然的“路路通”，无须再对组合而成的长调车进路进行任何单独处理已经形成了思维定式)。外方对此表示，由于系统设计容量有限，只能再增加 5 条进路，否则需进行费用昂贵的机柜扩容。显然，该系统联锁软件采用的是进路联锁表的处理方式；需要扩容则是因该型系统研发较早，主处理器性能有限且系统结构不便于扩展，只能适用于小站。后经双方长时间协商，最终将该系统迁移至只有两组道岔，没有长调车进路的丁营站开通使用。

(二)站场图形网络

采用站场图形网络结构的编程方式，系参照 6502 继电联锁构造若干基本的继电组合电路、按站场图形拼接而形成某一具体车站联锁控制网络的经典方式，主要采用面向对象的软件编程方法，构造与现场主要设备相对应的基本对象单元(模块)，并采用与站场图形相对应的站场网络图形化的数据结构和相应的程序结构，程序依此数据网络运行即可对进路的相关联锁条件逐项进行检查而无须或基本无须使用联锁表。

采用此种架构的联锁软件，比较典型的做法之一是对于站场中的每一个信号、道岔、区段等联锁逻辑的相关对象，均对应设置主要由两类数据模块构成的基本对象单元，一类是常量(静态)数据模块，一类为变量(动态)数据模块。其中的变量数据，主要是该基本对象单元的对象采集表示变量和对象驱动控制变量，对象单元的状态和标记变量(如始终端标记，所处的进路锁闭及其他进路控制状态，所处的单锁、封闭等非进路控制状态等），联锁运算所需的各类计数器、定时器及中间变量等。这些与同一个对象单元模块具有对应关系的变量，大多被集中在一起或相互间具有某种简单的对应关系，以便于查找。常量数据模块，主要包含描述其所对应的站场设备对象的类型、特征、方向、检查条件等相关的静态数据。每个单元的常量数据模块和变量数据模块，可集中在一起也可分开设置；当安全计算机平台支持固化运行方式时，若能采用将两类模块分开寻址并使常量数据与程序都以固化的方式直接运行，可从物理上避免任何因软件错误而造成常量数据被错误改写的可能。

在这种程序架构下，对进路的联锁运算需要通过对一系列相关基本对象单元模块的逻辑处理才能完成，以何种方式实现各单元模块之间逻辑运算的衔接，如何实现同一进路上各单元模块之间，主要是相邻单元模块之间的进路信息传递是关键。此外，以某种方式确定单元模块的对象采集表示变量和驱动控制变量与采集驱动接口的对应关系，则是任何程序架构方式都必须安全、可靠地加以解决的要害问题。

在基本对象单元的常量数据模块中设置链接（地址）指针指向相邻的单元模块（地址），是建立两单元模块之间联系的最直接有效的数据结构方式。采用此种方式，需要对道岔单元模块设置岔尖和岔根定位与岔根反位三个数据链接指针，对信号、区段等单元模块设置上行和下行两个数据链接指针，指向与其相邻的各个单元模块，就可将相关的对象单元模块按照站场信号平面布置图的拓扑结构“连接”起来。这种数据模块相互间的双向链接，是实现单元模块之间的信息传递与运算衔接最有效的方式，因为联锁程序在任何一个单元模块处都能够随时找到同一进路上的任何其他单元模块。这种数据结构及其链接方式，可参照甚至可基本采用对应于6502继电联锁定型组合的网络连接结构。例如：对单置调车信号机也可设置有始端、终端两个单元模块，以适应其可同时既为始端又为终端的特点；双渡线的道岔单元模块也可采用交叉换位链接的方法，以使区段单元模块对其内的每个道岔而言均处于岔尖位置，以保证无论进路经由任何道岔位置的组合，也不会漏经区段单元模块等等。当然，计算机可使用的逻辑处理手段远远多于继电系统，可以有很多方法解决上述对继电联锁而言是较难解决的问题，但继电联锁所具有的经典的方法仍以其合理性和巧妙构思而具有很强的参考和启示作用。

图7-7以局部站场为例，示例出所述几种典型情况的基本对象单元常量数据模块的主要构成及其链接关系。其中按照6502继电联锁组合的设置和网络连接方式，对单置调车信号（D_{11}、D_{14}）设置始端和终端两个单元数据模块；对双渡线道岔（C10/12和C14/16）的数据模块进行了交叉换位，以使其所属的道岔区段（10-16DG、12-14DG）均处于两侧道岔的岔尖位置上。

如上所述，采用站场图形网络的数据结构，使在站场中建立的每一条实际进路，在软件中都形象地对应有一条数字逻辑上的“映象进路”。这条映象进路，是由相关的信号单元模块、道岔单元模块和区段单元模块等对象单元链接而成的。联锁程序通过周期性地逐个对单元模块及其相关变量进行消息传递和逻辑处理的方式，完成对进路类控制与非进路类控制的联锁运算。其中，采用沿进路逐个单元模块地进行链接及联锁处理，可以说是最接近于6502继电联锁运行机制的一种逻辑处理方式：当建立进路或进路已经建立时，由进路管理程序将数据指针指向进路的终端（或始端）数据模块，并调用相应的程序模块，程序“附着”在对象单元的数据模块上运行，对某一具体的信号，道岔或区段进行相关联锁条件的检查；若检查通过，程序就依据常量数据模块规定的链接结构，按照进路的走向向进路始端（或终端）链接，进行下一个单元模块的运算。程序沿着模块链运行，与6502继电联锁系统中电流通过继电器接点沿着网络线流动相类似。当进路上的所有单元模块都运行通过后，对这条进路的一次联锁逻辑处理就完成了；对进路上的相关信号和道岔的驱动控制命令，由各相应的单元模块处给出且只一次性有效（这需要与安全平台软件相互配合）。若某一条件不符，则该进路通常被“挂起”（若为选路时，进路通常直接被自动取消），并给出发现错误的那个单元模块的提示信息。

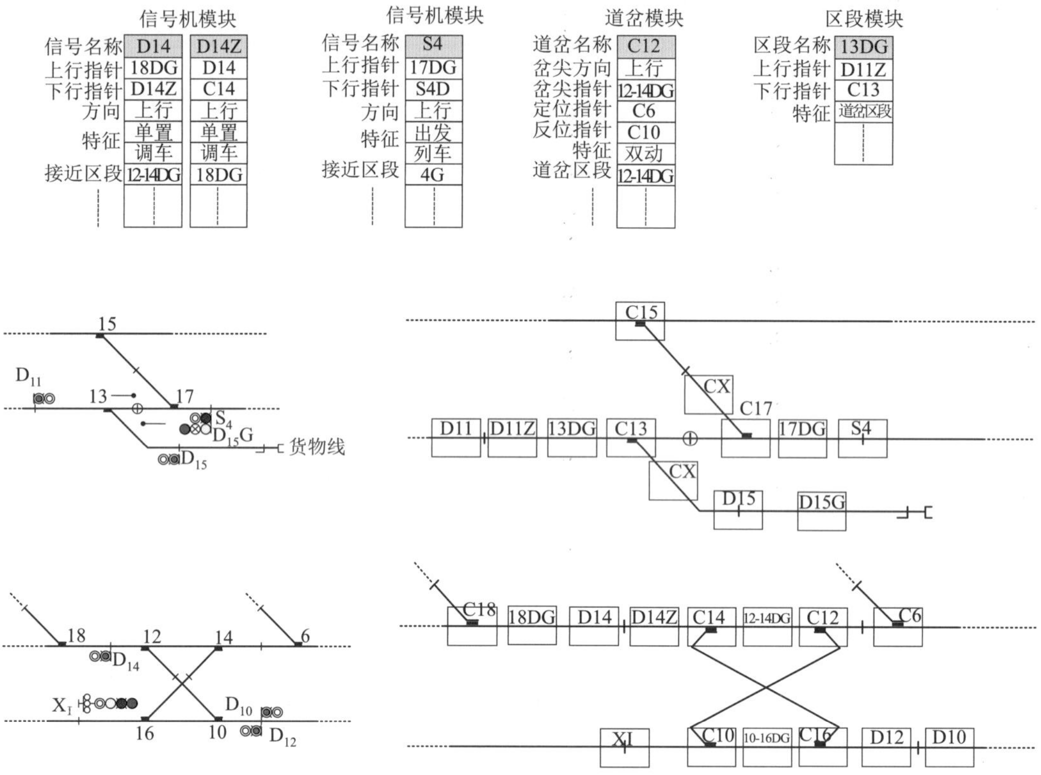

图 7-7　站场图形网络的数据链接结构示例

联锁程序的运行速度虽然要比进行逻辑运算的继电器的吸起、落下速度快，但由于计算机系统实际上是串行运行的系统，联锁程序是逐条语句、逐个模块、逐条进路地顺序运行，对每一个模块、每一条进路而言，其联锁运算实际上都是间隔性的分时运算，而且冗余结构的安全平台软件也要占用、甚至占用更多的时间，对操作表示机等的处理及通信也需要时间；而 6502 继电联锁的继电网络则是完全独立并行的实时系统，所以计算机联锁的处理速度总体上通常要比继电联锁系统为慢，这在大站的情况下尤其明显。

采用站场图形网络的数据结构，可使站场数据的编制比较简单而且形象化，并有利于达到更大限度的联锁运算逻辑与站场数据的相对分离。其理想的应用情况，是只需按照站场的信号平面图，填写各类单元模块的各种特征字和相邻单元模块的名字（链接指针），而基本无须制作联锁表；且尤其需要尽量避免大量以布尔代数等方式将某些运算逻辑直接与站场数据“捆绑”在一起进行编写（严格来说这已不是编制数据而是编制程序了）的情况。采用站场图形网络数据结构的另一个特点，是其同样具有 6502 继电联锁自然“路路通”的进路构成原则，无需对长调车进路进行繁琐的组合列表和单独进行联锁试验的工作，因为其长调车进路的数据模块链，本来就是连在一起的相关基本进路的数据模块链，没有增加任何新的内容，这与在联锁表方式中需要新增若干表项不同。这些特点，对因站场改造而引起的联锁数据的变更控制也比较有利。但此种方式的程序实现难度较大，尤其是其选路程序，因要进行难度较大的进路搜索，在复杂站场及某些非正常操作时相对容易出现问题；对各种进路情况及相关联锁逻辑的分析和综合水平、对编程水平的要求都比较高。此外，"路路通"除了需要对列车无法通行的"小八字"变更进路专门进行禁选处理外，近年来对于高速铁路站场也成了麻烦，因进路发码的关系，动车都是被严格限定经路的，不再允许有无码的"变更"进路存在，因这会导致动车驶入没有相应列控数据提供的区域而产生控制混乱甚至危险；而且由于此类进路不在联锁表上出现，致使在联锁试验时该进路及其可能存在的数据错误往往不能被发现。

三、联锁软件的层次结构及功能要点

基于铁路现场轨旁设备的工作特点、车站进路作业的内在规律，以及6502继电联锁在我国计算机联锁研发过程中的绝对示范作用，我国计算机联锁系统的联锁软件，通常都具有面向对象的模块化和功能层次结构明显的特点。其主体的进路控制程序一般可按道岔、信号及区段等分类为与主要控制对象相对应的若干类基本对象逻辑处理程序，即针对各类基本对象单元的逻辑处理程序单元(道岔逻辑处理程序、信号逻辑处理程序、区段逻辑处理程序等)，这些程序单元通常又都具有与进路处理过程相对应的某种层次和模块化结构。其中，比较典型的层次结构一般包括：选路、排路、锁闭、开放信号、关闭信号、正常解锁、折返解锁、取消进路/人工解锁等层次。如图7-8所示。

图7-8　联锁软件中站场基本对象联锁逻辑处理程序单元的层次结构示例

分属于各类程序单元的这八个基本层次中的软件模块，分别对应于正常进路过程中的三个相应阶段：选路、排路和锁闭属于进路的建立阶段，开放信号和关闭信号对应于进路的保持阶段，正常解锁和折返解锁则是进路的自动解除阶段。

(一)进路的建立

1. 选路程序

选路程序需要依据操作人员下达的始端、终端(包括变更)按钮命令，检查其合法性并确定对应的基本进路或变更进路，同时进行相关联锁条件的检查。检查的主要内容包括：进路上的区段及超限绝缘等相关区段空闲，进路上的道岔未被封闭且未被进路锁闭、需要转动的道岔未

被单独锁闭，防护道岔的位置条件或动作条件满足，进路上的信号在关闭状态且未被封闭，相关的敌对信号条件、照查条件满足，进路上及相关的各基本对象单元模块尚未为其他进路所使用等等。

根据始端、终端两个信号点（选变更进路时还有变更信号点），在复杂站场中确定对应的基本进路或变更进路，是选路程序的一项主要功能。查找进路表和对站场网络拓扑结构进行搜索，是两种常用的典型方式；具体采用何种方式，通常取决于整个联锁软件的架构是基于进路联锁表还是站场图形网络。对于采用基于站场图形网络结构而自然具有“路路通”特点的联锁软件，在用于高速铁路站场时，反而还需依靠查表这种便捷的方式将动车不能经行的进路排除掉。

在实际运用的联锁系统中，也有把确定进路路径的功能交由操作机完成的情况，操作机在下发的选路命令中包含进路中所有道岔的命令位置；联锁机的选路程序可因此而简化许多，只需进行选路条件检查并做出相应的进路标记。采用这种方式有两点好处：一是经常发生的基本进路和变更进路路径的变更修改与联锁软件无关，只需对操作机的相关软件数据进行修改即可；二是在每一次选路的过程中，操作机和联锁机之间实际上都同时进行了一次数据链表的校核。

选路程序在选路的过程中，就需要对通过了条件检查的对象单元模块开始进行排他性标记，因为进路（不含单钩溜放）即使在锁闭之前也是排他的，否则在选路特别是在排路的过程中就可能造成混乱。

2．排路程序

排路程序主要对进路上需要转换的道岔、进路外需要进行带动或防护的道岔进行识别及驱动处理。当有多组道岔需要转换时，通常还应间隔启动，以免电源屏过载。道岔的转换需要持续一定的时间，过程中排路程序须始终重复性地持续检查相关条件是否依然得到满足，道岔是否超时仍未转换到位而需报警及进行相关处理等。

道岔不能正常转换到位，是排路过程中时常会发生的情况。此时通常会有反复的道岔单操操作插入进来，还可能会有其他进路的选排同时进行，有时还可能出现轨道区段“红光带”占用现象以及误操作等情况。尤其是站场及作业情况复杂的大站，在进路选、排的过程中可能会有比较复杂的状况发生；而排路和选路时进路虽未锁闭但已置起排他性标记，有时会因复杂异常情况及程序的相关缺陷导致进路被取消而某个单元模块的标记却未能清除，这会造成其后进行的相关选路操作也不能成功。此时因没有锁闭光带而文字提示又往往被忽略，可能会造成操作值班员不知如何应对而影响行车，这是选路、排路软件中比较容易发生问题而需要重视的地方之一。

3．锁闭程序

进路的锁闭非常关键，但其处理逻辑并不复杂。锁闭进路，通常采用在转换的道岔全部到位并确认选、排一致性后将整条进路一锁到底（包括对站场各口终端方向的照查锁闭及确认）的方式，避免因某一对象单元的条件检查不通过而造成只锁闭一半进路的错误情况发生。

与 6502 继电联锁的进路锁闭主要通过 1LJ、2LJ 两个进路继电器进行，并最终反映在锁闭继电器 SJ 上的实现方式不同，计算机联锁理论上并不需要使用继电器的方式来实现锁闭，通过软件变量的方式来实现就可以了；而在联锁软件中能够起到进路锁闭作用的变量可以有多个，并且通常也不止是只对道岔单元进行进路锁闭，对区段和信号等单元也都可以设置进路锁闭变量。我国各型计算机联锁系统，在道岔启动电路中原6502继电联锁锁闭继电器SJ的位置上虽然都还保留有称呼各不相同的继电器，而且也是只有当其与定操或反操(DCJ/FCJ)继电器同时处于吸起状态时，道岔启动电路才会被接通，但增加这类继电器的主要目的，实际上是用于对混线等故障起到"双断"防护的作用。

(二)进路的保持和自动解除

这两个进路阶段的特点，是进路的状态与列车或车列的运行情况密切相关。在计算机设备状态正常的情况下，甚至可以说信号开放之后的保持、关闭，进路正常解锁及折返解锁等的逻辑处理，就主要取决于列车或车列的运行情况。更准确地说是完全取决于安全计算机平台对轨道继电器、信号继电器及灯丝继电器等继电器吸起、落下状态的采集情况。对这些程序的结构设计及编程实现，不仅需要充分了解列车和车列的运行作业方式，还必须充分了解轨旁设备，尤其是轨道电路、信号点灯等电路的实际使用特点，需要充分考虑在正常和非正常情况下继电器接点的抖动、轨道电路分路不良、某些类型的站内轨道电路和区间轨道电路的占用和出清存在着较大的时间特性差异，以及单机高速通过短区段等复杂因素的影响，在进路的保持、解锁与故障的处理之间，确定尽可能兼顾安全性和可靠性的、更合理的判决原则和处理逻辑，才能使计算机联锁系统在各种复杂的轨旁设备状态和列车运行情况下，保持稳定可靠、高效合理的进路控制水平。

从逻辑的角度考虑，采用站场图形网络结构的联锁程序，在这两个进路阶段主要采取从进路的终端向始端方向链接，逐个单元模块地进行联锁逻辑处理的方式更为合理。首先，进路的始端是会随着列车/车列的运行、进路的分段解锁而前移的，而最后解锁的终端则始终是固定的。其次，对于信号的驱动控制而言，程序从终端到始端只需一个单向的链接过程，就能检查到所有相关的进路条件；并能够将包括终端方向衔接进路的信号显示情况在内的相关信息，一次性地传递到始端信号处。此外，这个链接方向对于列车或调车进路的正常解锁、"前端跳动"以及调车折返等的判别都比较有利。

图7-9示意了一种采用站场图形网络结构的联锁软件，按照从进路终端向始端链接的原则，对进路从其保持阶段到正常解锁进行逻辑处理的过程；画出了对应于局部站场各相关对象单元的常量数据模块链及其对应关键变量在过程中的相关变化，以及联锁软件在信号、道岔和区段三类基本对象逻辑处理程序模块所对应的开放信号、关闭信号和正常解锁各层次之间的链接转换关系，以便为在下面对这3个层次软件的逻辑判断原理所做的表述提供帮助，并为该类软件架构提供一种相对直观和具体的表达方式。

图7-9中以Ⅲ股道至S_B的发车进路为例，画出在列车移动、进路逐段解锁直至全部解锁过程中的6个有代表性的场景示例。在图中站场信号平面图对应轨旁设备位置的下方，画出了每个基本对象单元的变量数据模块和常量数据模块的示意结构。在变量数据模块中，示例出了模块始终端标志、进路状态标志、信号驱动控制及区段解锁计时器等变量的状态及其变化。图(a)中，$X_Ⅲ$为进路始端(SD)、S_B为进路终端(ZD)，$X_Ⅲ$至S_B的所有模块均处于进路锁闭状态(S_B)，$X_Ⅲ$信号继电器的输出控制在开放信号层中被(动态)置起(ON)；图(b)中，列车压入进路第一区段，$X_Ⅲ$对信号继电器的控制已在关闭信号层中被停止；图(c)中，出发列车顺序前移，18DG刚刚出清，其3 s解锁计时在正常解锁层中已经启动；图(d)中进路的始端已随着

列车的移动，进路的分段解锁而前移至 D14Z 单元模块，D_{14} 至 $X_{Ⅲ}$ 的单元模块已经解锁而不再属于该发车进路，且可排列调车进路了。在常量数据模块中示例出了基本对象单元的类型、方向特征及决定其相互关系的链接指针。在数据区下方的程序区，标示出了对应的程序沿模块链接运行的层次和始终端路径。

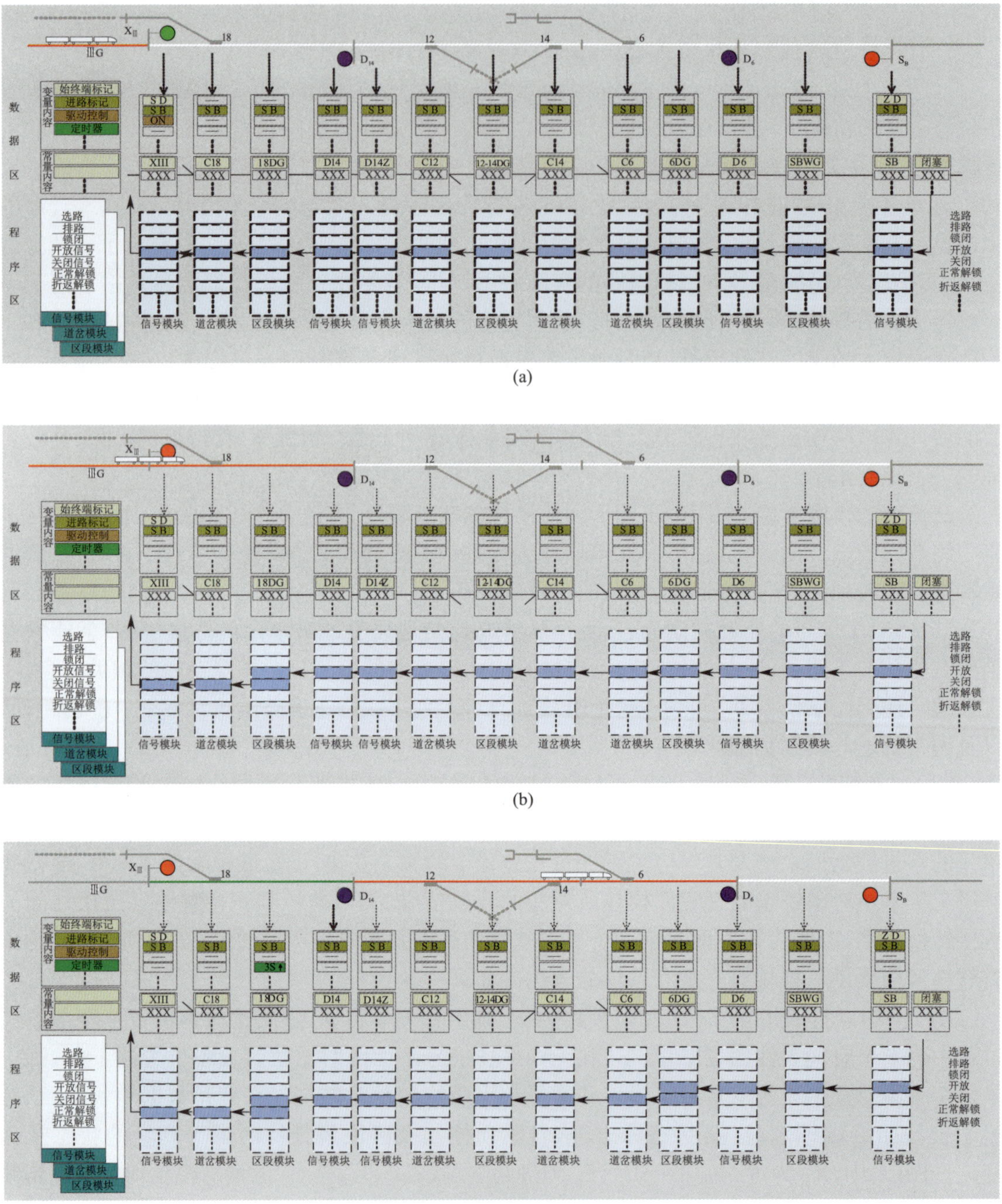

(a)

(b)

(c)

图 7-9

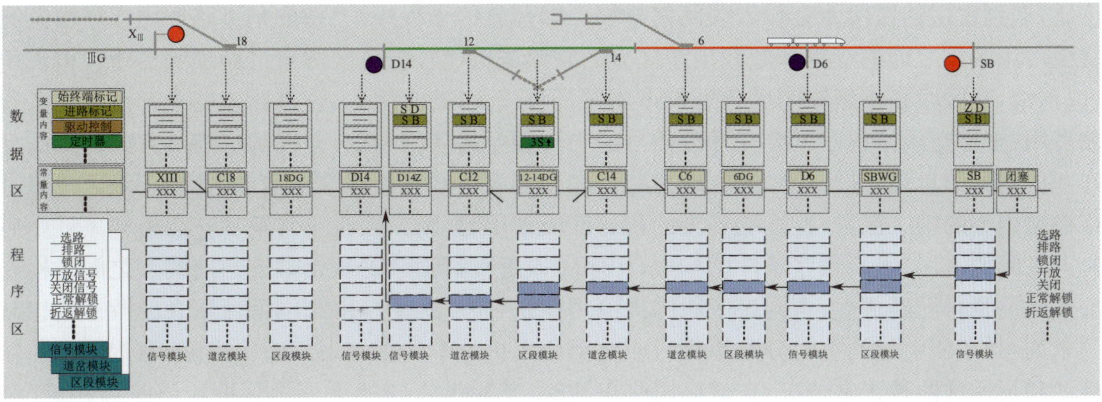

(d)

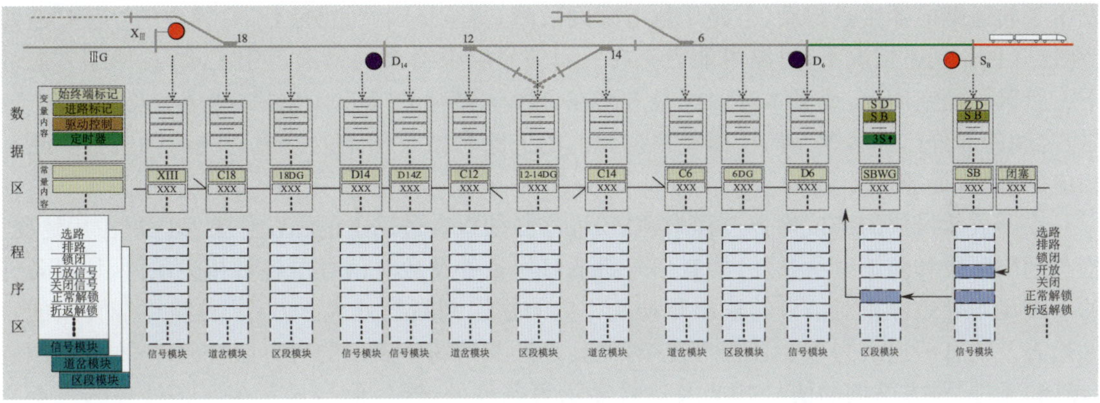

(e)

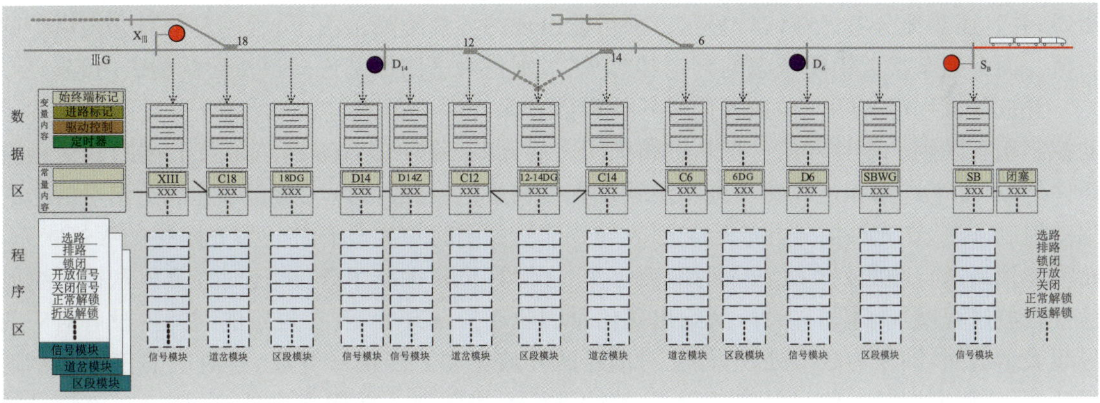

(f)

图 7-9 联锁软件正常解锁处理过程场景示例

1. 开放信号程序

如图 7-9 所示，在联锁软件主调度程序的管理下，开放信号程序周期性（周期值由平台主调度程序设定）地由进路的终端开始，在获得终端方向相邻区段的占用出清状态、终端方向相关的信号控制条件（如发车口的闭塞条件、对方场的信号允许条件、前方进路信号机的信号状态等）后，在开放信号层中向进路的始端方向逐个单元模块地进行相关联锁条件的检查及消息传递，遇到占用的区段才会转入关闭信号层。即开放信号程序，处理的是进路锁闭以后由其终端至占用区段之前的空闲部分和出清部分的联锁逻辑(空闲，是区段自进路锁闭后未曾被占用过；出清，是区段在进路锁闭后曾经被占用过，但目前未被占用)。若进路上的全部区段都未曾被占用(全部空闲)，程序就会在开放信号层中链接至始端信号处，并在确认终端方向传来的允许开放信号消息后，进行信号的驱动控制。如在开放信号层中遇到出清的区段，若该区段是进路终端内方的第一区段，且终端外方的相邻区段占用时，则该区段正常解锁三点检查条件中后两点之间的占用、出清顺序条件已构成，程序转入正常解锁层确认始端方向前两点之间的检查条件此前是否已经成立；否则该区段的出清可能是“前端跳动”(由刚刚低速压入区段一组轮对的车列/列车所引起的暂时分路不良)，或是由调车折返车列正在退出牵出进路所致(若是前端跳动和折返这两种正常情况，在该区段刚出清时，其始端方向的下一个区段应该是占用的，且此前进路没有被错误占用的记录)需要在后面的链接检查中确认；此外，还可能是该区段此前发生了轨道继电器接点抖动、电路干扰等瞬间故障，甚至是因严重分路不良导致的“飞车”故障[在这几种非正常情况下，进路可能已有在关闭信号层中给出的错误占用记录；且始端方向的下一个区段是空闲的，或者本区段已是进路在分段解锁时的“移动始端”，其至进路原始端(信号)之间的部分已经解锁]等，还需要根据此前的进路状态及预定的故障对应原则进行判断和相应的处理，等等。

在开放信号层的链接检查过程中，联锁程序必须检查进路上的道岔位置和区段占用情况，检查超限区段和防护道岔条件，检查信号机的灯丝条件及敌对信号等各种相关条件，任何条件的不满足均导致停止对信号的输出驱动及相应的错误判断与处理。其中，进路终端方向的条件检查及消息传递最为重要且相对复杂，尤其是涉及站场各出口的对方照查条件、本方的照查(锁闭)条件、对方站场的信号开放及信号显示等条件的进路，信号显示关系是处理的重点之一。因为即使是经验丰富的资深专业设计人员，也容易在各种复杂的信号显示衔接关系中犯错误；并且还要充分考虑在信号显示方面可能出现的各种故障情况下，程序对信号升级风险的防范。而对列车接近锁闭状态的判定和“记忆”，则是对进路始端方向最重要的检查内容。

开放信号程序实际上包括了信号开放和信号保持两个处理过程，这两个过程对信号的驱动控制稍有区别。信号开放过程从进路锁闭之后开始，除须检查进路空闲及上述的其他相关条件外，对接车进路和正线发车进路还须首先检查其信号红灯灯丝的完好，才能给出对信号的驱动控制，以免在允许信号开放后又因故导致信号关闭时转为没有禁止灯光阻拦的灭灯状态，而可能使高速行驶的列车无法及时减速停车。《计算机联锁技术条件》还对计算机联锁系统的信号开放过程增加了限时条件，从给出对信号的驱动控制开始，若在规定的时间内没有对应的吸起表示返回，即作为故障处理，停止对信号的开放驱动。当信号开放，且对应的信号表示返回后，开放程序即转入信号保持过程，在持续进行上述各项条件检查之外，亦持续对该信号的开放表示进行检查，一旦失去表示也将作为故障处理而停止对信号的开放控制驱动，以防止任何可能造成信号自动重复开放的情况发生。

在排列长调车进路时，信号开放处理还需在长进路一次性锁闭后按照由远及近的顺序逐个对相应的调车信号进行开放驱动控制，当前一架信号开放的表示返回后才可对下一架进行驱动，以防止调车车列可能因司机看错信号，或在远端进路尚未排出时而错误地提前闯入尚未排列完毕的进路。对调车折返作业中牵出进路转为折返待解锁状态的最终认定，则主要是在信号保持处理阶段完成的，判据是车列持续顺次向进路始端方向回退，全部出清了完整的或是已部分解锁的牵出进路，且与之相邻的折返“回头”信号已经开放。

2. 关闭信号程序

关闭信号程序通常由开放信号程序在占用区段处转入，主要对进路的占用区段及其至进路始端方向的部分进行逻辑处理：对道岔位置、超限绝缘区段、防护道岔、敌对信号及照查等条件进行检查，条件不符时禁止在进路始端进行保持（调车）信号开放的驱动控制。当程序在未遇到出清或空闲区段的情况下链接至始端信号处，在确认终端方向传来的允许信号（保持）开放消息后，还需进行调车信号保持的相关条件检查，包括接近区段是否仍然占用、信号表示是否正常、允许灯光的灯丝是否依然正常等，并在条件满足时继续保持对调车信号的开放驱动控制。若在向进路始端方向链接时遇到出清区段，则该区段正常解锁三点检查条件中后两点之间的占用、出清顺序条件已构成，程序转入正常解锁层确认始端方向前两点之间的检查条件。如程序在关闭信号层中直接链接至空闲区段，则显然是错误的，很可能是已“占用”的区段发生了错误的分路或错误采集等故障；或是空闲的区段出现了严重的分路不良，在车体已压入下一区段后其轨道继电器仍未落下，发生采集混线/混电等故障的可能也不能排除，需要根据故障应对原则进行相应的处理。

3. 正常解锁程序

程序只在区段正常解锁三点检查条件中后两点之间的占用、出清顺序条件已构成时转入正常解锁层，对前两点之间的解锁条件进行确认、检查，并以 3 s 解锁延时为限，确认待解锁区段出清状态的持续性，以防止其在列车或车列的“尾部”跳动时提前错误解锁。

除了在进路终端内方第一区段出清时可能由开放信号层转入外（因该区段是程序在开放信号层中自进路终端向始端方向链接时所遇到的第一个区段，还未及转入关闭信号层；此时需根据离去区段的占用情况进行处理），正常解锁程序都应由关闭信号程序在出清的区段处转入（程序在关闭信号层中链接，即意味着终端方向相邻区段是占用的），在 3 s 解锁计时到时之前向始端方向链接，进行分段解锁相关的确认和检查处理。如该区段已成为已经部分解锁的进路的“移动始端”，即表明其始端方向的区段已经解锁，本区段解锁的三点检查条件已全部成立，否则需向始端方向链接，并在链接过程中确认信号关闭等相关的解锁检查条件。链接时若再遇占用区段即转回关闭信号层，并对占用的合理性进行判断：若该区段是进路终端内方的第一个占用区段，正常情况下应是可留车的终端外方区段（即离去区段）已占用时，调车车列压入终端内方第一区段后跳动或是折返退出所致；若该区段并非是进路终端内方的第一个占用区段，就是出现了进路两端的区段被占用而中间出清的错误情况。若链接时遇到空闲区段，则显然也是错误的。当程序在正常解锁层中能够正常（无错误）地链接至始端信号处时，检查信号关闭、接近区段未占用（接近不可留车时）、进路是正常压入的（接近可留车时），以此可确认正常解锁三点（或两点）检查条件中前两点之间的占用、出清顺序条件。

正常解锁程序在 3 s 解锁延时内持续确认上述条件正确，并只在计时到时那一刻给出分段解锁命令，通过链接方式将相关单元模块逐个解锁，并将进路的移动始端转移至下一个区段（范围）。

4. 折返解锁

由于牵出进路转为折返待解锁状态的判定及处理，都是由开放信号程序完成的，因而折返解锁程序的功能比较简单，只是对因折返作业所形成的两种待折返解锁的牵出进路，在确认相关的解锁条件成立后进行一次性解锁的处理。两者的区别在于，由车列原路退出而完整保留的牵出进路，还需要在车列退出其接近区段后才能一次性解锁；而对牵出时已部分解锁，车列是利用进路上反向回头的单置信号而折返的进路，在确认车列完全退出所余的牵出进路，全部压入折返进路时即可将该牵出进路一次性解锁。

在进路的保持和自动解除阶段，联锁程序主要是通过开放信号、关闭信号和正常解锁程序的相互配合，依据“三点检查”的原则对轨道区段的占用出清顺序作出判断，并进行相应的信号保持、分段解锁、折返解锁及错误占用等处理。实际上，6502 继电联锁对轨道区段的占用出清，尤其是占用顺序的三点检查并不是很严格；并且由于信号继电器，尤其是列车信号继电器较长的缓放作用，使其对进路上轨道继电器秒级以内的短时错误落下也并不敏感。理论上，以计算机的逻辑处理优势，可对区段占用出清的逻辑顺序实现比继电联锁更加严格和精准的“三点检查”判定，以减小错误解锁的可能性。但事实上，由于存在各种复杂因素的占用、出清情况（前已述及了部分情况），特别是新型智能（区间）轨道电路的分路特性变得更加迟缓，致使站内、区间轨道电路的分路特性差异增大，单机高速通过出站口处短区段所造成的“飞车”现象甚至可长达数秒，此外还有较多的分路不良、干扰抖动等情况，严格的三点检查将导致进路经常不能正常解锁，而且在某些特定情况下反而需要将三点检查的区段解锁条件再放宽些（如站界处发车方向的跨压检查实际上几乎已无法进行）。因此相关程序的处理原则，需要在许多细节方面尤其是对那些处在完全正常与完全不正常之间的情况，仔细斟酌、权衡，确定尽可能兼顾安全性和可靠性的、更合理的解锁判决原则和处理逻辑。

（三）进路的人工解除

人工解除进路的要点，是对已锁闭的进路特别是对已接近锁闭的进路的解锁处理；因此时若解锁不当而造成迎面解锁，严重危及行车安全。事实上，解锁程序才是联锁软件真正的核心，无论是从安全性的角度还是从逻辑复杂性的角度来说，都是如此。

以人为方式对已经建立或正在建立的进路进行解除操作，共有取消进路、人工延时解锁进路和区段故障解锁三种操作方式。为了防止误操作，人工解锁和区段故障解锁都纳入“铅封”的操作管理方式；在 6502 继电联锁中，区段故障解锁还必须由两人同时操作才能完成。

1. 取消进路和人工解锁

取消进路与人工延时解锁的区别主要在于，取消进路的操作只能解除未处于接近锁闭状态的进路，而对已接近锁闭的进路只起到关闭信号的作用；因若此时在信号关闭后就马上解锁进路，高速接近的列车可能会因刹车不及而越过禁止信号，闯入已经解锁的进路；这与列车驶入进路后，列车前方到进路终端的那部分进路发生错误解锁所造成的情况是相同的，都是最危险的迎面解锁；若恰在此期间前方的道岔被扳动或是排列了敌对进路，后果就可能非常严重。

人工解锁对已处于接近锁闭状态的进路采用延时解锁的方式解决上述问题。延时时间通常按照以接近区段最高允许速度行驶的列车或车列，在采取紧急制动措施的情况下能够停稳并留有足够余量（主要是司机对信号关闭的反应时间等）的原则计算，以在延时到时后进路仍未被占用作为确认压入接近区段的列车/车列已停车并可解锁进路的判定条件。普速铁路的列车进路接近区段长度通常大于 800 m，调车进路的接近区段应不小于 25 m；其人工解锁延时，一般都采用接车和正线发车进路为 3 min、侧线发车和调车进路为 30 s 的规定数值。信号开放后其接近区段被占用或开放时已占用，进路即由预先锁闭状态转为或直接进入接近锁闭状态。此时办理人工解锁，人工解锁软件即关闭信号并启动定时器，且在计时过程中持续对整条进路进行包括信号关闭、区段占用在内的相关条件检查；若在延时过程中发生区段被占用的情况，就立即中止延时，并取消本次人解命令的执行，以防止在列车冒进的情况下造成迎面解锁；在计时到时后程序才对进路及其各个单元模块实施解锁处理。与6502继电联锁的人工解锁计时电路为同一咽喉的进路所共用不同，计算机联锁系统的解锁软件可为每一条进路都设置独立的计时器，能够同时对多条进路进行人工解锁处理。另一点主要不同是，6502继电联锁受网络线连通条件的限制，对已有区段被占用的进路，只能进行区段故障解锁，而不能进行人工解锁；计算机联锁则不受此限，在解锁条件满足时，一般都采用可由进路始端一次性解锁至占用区段为止的解锁方式，以减少对区段故障解锁的使用次数（区段故障解锁一次只解一个区段），简化操作。

对未处于接近锁闭的进路（包括处于预先锁闭和尚未锁闭的进路）进行人工解锁操作时，程序的处理过程与取消进路的处理过程是完全相同的，与上述对接近锁闭状态进路的处理过程也基本相同，只是并不启动人工解锁计时器，而是在停止驱动信号后，持续检查区段未占用等条件并在确认信号关闭后，即实施解锁处理；这种情况下的持续检查时间很短；但即使信号没有开放，进行这个持续检查也很有必要，能够避免恰在接近区段瞬间分路不良或信号将开未开时将进路错误解锁或提前解锁。

近年来，随着列车运行速度的不断提升，进路接近区段的长度也不断增加。其中尤以高速铁路正线通过的接车进路为最，从最初普速铁路的不到一个区间闭塞分区的长度，增加到6个甚至更多个闭塞分区的长度。除了接近区段长度的增加，计算机联锁的接近锁闭与此前继电联锁的另一个显著区别是增加了"记忆"功能。"接近记忆"是在我国老一辈继电联锁专家的强力要求下，仅对列车进路增加的功能。6502继电联锁的接近锁闭，在接近区段出清后即自动取消；这就使得在接近区段分路不良时，存在着因误办取消进路操作而使进路迎面解锁的可能。而"接近记忆"就是即使接近区段出清也仍然保留进路的接近锁闭状态。但这也带来一个问题，尤其是对于开通前的联锁试验来说还是一个比较大的问题，即在每条列车进路的接近锁闭试验后，都必须使用人工延时解锁，从而使试验的时间大为延长。对此一个比较普遍采用的解决方法，是在办理重复开放信号后清除记忆，并重新判别进路是否转入接近锁闭状态；这样在接近区段因故障被排除而出清后，或是在联锁试验时，可以通过重开信号的方式取消记忆，提高解锁效率。

2. 故障解锁

故障解锁主要用于进路因轨道电路故障、道岔失去表示等原因而未能正常解锁的情况，是最后也是最高级别的解锁手段，需要在严格的管理下使用。

区段故障解锁，是6502继电联锁唯一的故障解锁方式，也是其所有解锁方式中唯一无法按照进路方式进行条件检查的解锁方式。这就使得其能够进行的解锁条件检查非常局部和有限，错误解锁的风险大于其他解锁方式；特别是当区段故障解锁（经常）被用于在进路内某一区段的轨道继电器因电路故障而不能吸起时，对受到影响的相邻区段进行解锁的情形。此时，须由人工确认故障区段内确实无车，以免造成迎面解锁。为了防止对正常进路上的区段进行故障解锁误操作，减少错误解锁的可能性，6502电气集中15条网络线中的第10线，专门设计用来对此进行安全防护，但在进路始端的人工解锁操作在某些情况下可以破坏这种防护，存在着在特定情况下两个误操作的叠加可以造成迎面解锁的安全隐患，所以6502继电联锁对故障解锁在"铅封"的管理方式之外，还设计了必须由两人同时进行的操作方式。

鉴于故障解锁处理逻辑对保障行车安全的重要性，在多名老一辈继电联锁专家的坚持下，在《计算机联锁技术条件》中将对故障解锁的安全要求提高到空前的程度，明确要求"列车、车列驶入进路内方后，任何操作不得使进路(除延续进路)中列车、车列运行前方的区段解锁”。显然，联锁软件对列车或车列驶入进路及其运行前方区段的判定原则是关键。判定的基本原则是：进路的接近区段和内方第一区段顺序占用即判定为有车驶入；此后，进路上的空闲区段均判定为列车或车列运行前方的区段而禁止其故障解锁。依此，解锁软件就能够避免在多个误操作叠加时可能导致错误解锁的情况发生，但其前提是轨道电路不发生影响判定原则有效性的叠加故障；因为在多个故障叠加的情况下，仅凭轨道区段的占用出清状态及其顺序，判定究竟是车前区段还是车后区段是一件很困难的事情，而且无论怎样也无法完全排除错判的可能。

实际上，对故障解锁的处理逻辑，是各种基本联锁功能中计算机联锁与继电联锁最大的不同之处，也是联锁软件的最为核心之处。联锁软件可充分发挥计算机逻辑处理的优势，对轨道电路的叠加故障也能在一定程度上进行安全防护，以更加安全的方式实现故障解锁。计算机联锁在保留按区段进行操作的区段故障解锁方式的同时，人工延时解锁通常也被赋予了不同程度的故障解锁功能。因为由联锁软件实现的人工解锁，在解锁时能够不受道岔失去表示的影响，且在区段因故障而使轨道继电器落下的情况下，也能够采用与正常人工延时解锁完全相同的进路检查方式；不同的只是检查条件有所差异，且在延时到时后只对进路始端到故障区段之间的“半条”进路实施解锁处理而已，这是继电联锁无法做到的。事实上，人工延时解锁的方式比孤立进行的区段故障解锁能够具有更高的安全保障。首先，接近占用检查及接近锁闭的解锁延时不会被遗漏；其次，延时过程中的持续检查可以进一步对区段的占用性质进行确认，任何移动就会导致解锁过程的中止；而即使是进行了误操作，占用的区段确实有车，但其在延时过程中没有移动到其他区段，就表明其车速已经很低，解锁所可能带来的风险已经明显地被降低了。实际上，对于余下的包含(故障)占用区段的那后半条进路，同样可以在进路的终端用向始端方向进行的人工延时解锁的方式来处理；只不过这种“终端人解”并不需要也无法对终端的接近区段进行占用检查；其延时的目的，完全是为了避免在可能有车移动的情况下实施故障解锁。这样，大部分的故障解锁功能，实际上都可以通过人工延时解锁的方式来更有安全保障地完成；对因故障占用而无法解锁的进路部分，待故障消除后再对其实施区段故障解锁；而在进路的终端部分已经解锁的情况下，区段故障解锁基本上也已无须再对进路的其他部分(如果还有其他未解锁的部分)进行任何检查了。

总体上，对进路进行人工解除的合理原则是：当进路的始端存在时，只能先从始端进行取消进路或人工延时解锁，区段故障解锁和终端人工解锁均不能生效，以避免把对接近锁闭的检查和应有的解锁延时遗漏；而对始端已解锁的故障进路进行故障解锁时，仍然采用进路的检查方式更加有利于安全保障。虽然终端人工解锁的方式因使用上的不便而未被普遍采用，但大部分联锁软件都在区段故障解锁的处理程序中，或多或少地增加了类似终端人工解锁的检查内容。

四、与应用相关的安全防护

联锁软件无疑是具有 SIL4 级安全完整性要求的安全苛求软件，除了要符合 EN 50128 等标准中包括许多具体的管理、文档以及开发方法、技术措施和工具在内的一般性要求，对自身的需求和功能安全给予充分的正确性保障之外，还应结合联锁系统的应用特点和系统总体设计的特点，进行系统级的危险故障检测与安全防护。这种在应用层面由应用设计和应用软件进行的安全防护，通常不但对硬件的随机故障起作用，而且也对系统性的危险故障起作用；而许多人为的系统性危险故障往往是安全平台自身不易或无法发现的。

从应用逻辑的角度，对现场设备可能发生的错误和故障，甚至安全平台自身的错误与故障进行安全防护，也是联锁软件需要重点考虑的一个方面。多年的运用实践证明，在应用层面实施的安全防护措施，通常都简单、易行，且有效覆盖范围广，能够对因安全平台的软、硬件错误和故障，联锁软件的错误以及施工配线的错误所引发的关键危险故障，进行有效的检测与防护。由于这些措施与联锁系统的具体应用直接相关，主要需由联锁软件来实现，以下列举几个重点（方面）。

（一）安全侧对应编码及判定原则

安全侧对应编码及判定原则的基本概念，以及二取二安全冗余对安全侧编码作用的指数级提升已在常见冗余技术一章中有所介绍，此处结合软件的特点作进一步的详述。

目前，各种编码技术的使用已极其普遍，尤其是在通信系统及可编程领域中利用对信息的冗余编码进行校验，以达到检错乃至纠错的目的已是不可或缺的技术手段。但在铁路信号这类安全苛求控制系统中，尚未见到有采用纠错编码的，包括以 EN 50159 为标准的一类安全相关通信协议，事实上均采用“只检不纠”的不容错编码原则。这是因为存在错纠的可能性，在同样的编码方式和相同的冗余度下，纠错码的安全性必然低于检错码的安全性。检错码同时也是 EN 50128 标准在软件体系结构条款中，针对 SIL3 和 SIL4 级安全完整性系统强力推荐的技术方法之一。

本处的“安全侧对应编码”，是指符合铁路信号安全侧对应原则的检错编码，即对程序中的关键变量和常量（包括轨旁设备的状态变量、运算的中间变量及基本对象单元的特征常量等）会导致非限制性处理（危险侧）的取值，采用唯一标识代码的编码方式。（安全）判定则以安全侧对应编码为基础，在进行安全相关的条件判定时，仅以该唯一标识代码作为转入非限制侧处理的条件判定值，非此值时均作安全侧处理。例如，若对道岔的定位表示采用 1 个字长的冗余度编码时，共有 32 768 个码字；最合理的安全编码方式是，只以其中 1 个表示该道岔有定位表示，另 1 个表示其无定位表示，其余 32 766 个皆为非法码字，均按无表示且校验错误处理。更进一步，还可使每个道岔这唯一的定位表示码互不相同。显然，安全侧对应编码能够非常有效地对硬件错误和软件错误（如溢出等）进行安全防护，极大地减小其错为危险侧的概率，将故障导向安全侧。

安全侧的确定，取决于具体应用和系统（平台）结构的基本设计原则。安全侧的正确选择很重要，6502 电气集中可以作为继电系统安全侧确定原则的标准：以道岔表示继电器、轨道继电器的前接点闭合作为确认道岔有表示、区段空闲或出清的依据；以信号继电器、轨道继电器的后接点闭合作为信号关闭、区段占用（进路正常分段解锁时需确认区段占用）的依据等等。对于采用继电接口方式的计算机联锁系统，这些原则都是可以适用的。安全判定实际上比安全侧的确定更加简单，但容易被疏忽，若被用错就将起到显著扩大危险侧概率的反效果。

（二）动态处理

动态处理原则及其原理，也已在安全计算机平台一章中详述过。这种主要需由软件对各种变量实施的处理方式，不但是解决可能构成安全隐患的各种“错误保留”的有效措施，而且对任何“静态故障”都具有比较理想的固有“失效—安全”特点。采用这一原则，对包括状态采集、信息传输、通信、缓存、逻辑运算及命令输出驱动等环节的全部流程进行动态处理，基本都需要联锁软件与安全平台软件的相互配合才能有效地实现；而联锁软件内部逻辑运算过程的动态处理，还需要其内部各相关的程序模块之间配合实施。

(三)针对现场设备故障的安全防护

在对值班员的误操作进行充分的安全防护之外，联锁软件还需要对现场轨旁等设备的故障情况给予充分考虑。

对道岔的驱动控制采用"双驱"(同时驱动两个继电器吸起道岔才能动作)启动防护、对信号继电器表示接点状态与驱动控制命令进行校核检验及错误处理，是目前在国内计算机联锁系统中采用最为普遍的两项安全防护措施。这两项措施都非常简单，前者几乎是照搬自6502继电联锁的道岔控制电路，但"双驱"最初的主要目的，只是为了对这种最为关键的驱动控制采用"双断"的混线防护措施；因为道岔的"锁闭"逻辑已由软件实现，理论上只需保留定、反操一侧的控制继电器即可，电路中在继电联锁中起"锁闭"作用的锁闭继电器SJ是完全可以取消的。而后者则是电子控制系统，尤其是计算机控制系统最基本的"闭环控制"原理在车站联锁系统中的具体体现，是继电联锁系统所不具备的。事实上，这两项措施能够非常有效地对设计错误，配线、混线错误，数据错误，乃至计算机安全平台的软硬件错误、联锁软件错误等系统性和随机性故障进行安全防护，尤其是在我国计算机联锁系统发展的初期起到了非常重要的作用。此外对道岔定、反位表示及轨道继电器前、后接点采集信息的逻辑校核及错误处理，也是计算机联锁系统采用比较普遍的安全防护措施。

基于EN 50129对叠加危险故障尽快检测并予以"拒绝"的要求，应更加充分地利用计算机的逻辑处理优势，通过联锁软件在联锁控制的过程中对关键的结合电路进行更多的校验检查。例如对上述道岔驱动电路"双断"防护的有效性，可通过适当的"错时"驱动方式(转岔时对两个继电器分先后驱动)进行检查。这种检查不但可对新开通站场提供有效的配线错误报警，而且不止一次地在运用过程中发现因混线而导致"双断"其中一侧防护失效的情况发生；不规范的施工导致焊锡脱落，且恰好卡在接点之间造成的短路、配线的复杂性错误，仅当某几组道岔同时动作时产生旁路作用等，这些通常很难想到的故障的确多次发生，而且这些都不是仅在开通前进行的配线检查所能发现的。但对联锁软件而言，进行此类检测并不困难，而且这些检测都是实时在线持续进行的，能够在整个寿命周期内同时也为系统的结合电路提供良好的安全保障。这也是计算机联锁系统优于继电联锁系统的一个主要方面。

(四)人为错误防护

按照系统生命周期阶段的不同，人为错误可分为系统研发人员的人为错误、工程应用(开发)人员的人为错误和使用人员的人为错误三类。

经验、标准、规范和管理都是减小或避免人为错误的有效因素和措施。在很大程度上可以说，EN 50128、EN 50129及其系列标准，主要是为研发人员提供一整套铁路信号安全相关系统的正确的软、硬件开发方法；而采用了错误的方法和标准，实际上也可归属于人为的错误。研发人员对人为错误的防护作用至关重要，在减少、避免自己发生错误的同时，还应尽量采用能够减少、避免或防护工程应用(开发)人员和系统使用人员发生错误的设计方法和技术措施。

联锁系统中比较普遍被了解的是对操作人员的误操作防护，因为我国铁路信号界历来极为重视对值班员误操作的防护。除去双按钮操作、"铅封"等操作层面的防护措施外，在核心电路中也尽可能地加强对误操作的安全防护功能，其中以6502继电联锁对区段故障解锁的误操作防护最为典型；且有些误操作防护要求已被纳入到联锁技术条件之中，成为联锁逻辑功能的一部分。在这方面，由于计算机在人机对话、逻辑处理，特别是软件逻辑处理方面的巨大优势，因而能够具有更强的误操作防护能力。在另一方面，6502继电联锁站场图形的网络结构、主要由定型组合依据站场信号平面图拼接的设计和施工方式，对减少工程设计和施工人员的人为错误也起到了极其重要的作用。这种方式从系统的架构体系上，为车站联锁系统主体联锁关系的正确性，提供了良好的工程保障；工程设计人员需要解决的，往往只是特殊零散电路的设计。

我国的计算机联锁系统，由于基本上完全继承了6502继电联锁的均以标准系统为基准，通过具体的站场配置构建某一车站联锁系统的工程实施模式，因而对系统设计而言，尤其是“标准站”全制式联锁软件的设计，开发人员不但需要保证软件具有良好的兼容性和可测试性，还应充分考虑程序结构和数据结构的合理性、安全性和易操作性，以尽量减少工程(开发)人员进行应用数据配置出错的可能性，以及出错后的危险性(甚至还可以在一定程度上做到对某些关键的配置数据可由程序在运行时进行校核检查)；特别是要减少其针对具体站场需要进行的逻辑编程，以降低人为错误的可能性。虽然这样做通常会在一定程度上增加联锁软件的复杂度和开发难度，但可以有效降低和减少工程实施时的复杂度、难度和发生错误的风险。因为前者只影响到系统的开发阶段，后者却是要由长期、大量的工程实施来承受；如果开发者仅从自身角度考虑，将本可由开发阶段的预防处理一次性解决的问题，推到次次都要面对的工程阶段处理，实际上是在某种程度上将工程人员逼到了“河边”上，也将持续给测试、检验人员造成本可减轻甚至避免的不必要的安全保障压力。

我国铁路信号这种以通过类似“类型认证”的通用软件，针对特定应用进行数据配置的应用系统构成方式，也为各国铁路信号控制和防护系统比较普遍地采用。EN 50128对此类系统明确要求：“应强制执行通用软件与应用数据/算法的严格分离，即应能重新编译和升级通用软件或应用数据/算法，而不需要对另一部分进行升级，除非是通用软件与应用数据/算法间定义的接口发生了变化。同样，特定应用数据/算法应与通用应用数据/算法分开。”采用程序与数据分离的结构，且程序和数据都具有足够的类型包容性和成熟度，才能够使仅仅通过数据的变更就能构建适应于不同站场的联锁系统成为可能。这里的“数据”应是不包含逻辑运算的，而仅是对各类对象单元的各种特征的标记、相关数据的地址(指针)等，其错误通常通过一般的联锁试验就能够被发现。而那些以布尔代数或梯形图等方式，直接将站场数据与运算逻辑“捆绑”在一起进行编写的方式，事实上已不只是编制数据而是同时编制程序了，这其实很类似于6502中特殊零散电路的设计方式；由于其复杂一些的程序编制或变更(包括笔误、误碰按键等意外情况)，往往不易、甚至无法完全通过联锁试验这类功能性的试验来对含有逻辑运算的“数据”进行全面有效的逻辑验证和确认，因而需要进行“白箱”测试等程序变更流程。

如果程序与数据的分离程度高，且无未能包容的特殊站场情况和需求，程序不需或只需很小的改动，因而这种方式能够节省大量的软件修改与测试过程的人工和时间成本，具有更高的工程实施效率和安全性。

第八章　计算机联锁系统在高速铁路的应用

本章扼要介绍了高速铁路列控系统地面设备的作用及其与计算机联锁系统的关系；重点介绍了计算机联锁系统接入信号安全数据网、与列控系统地面设备的结合及对高速铁路的信号控制等主要特点；并结合近年来高速铁路的发展情况，简要介绍了无配线车站、动车段、衔接站等新型站场以及多机牵引道岔控制的特殊联锁应用。

第一节　高速铁路计算机联锁系统的主要特点

以列车控制系统为核心的高速铁路信号技术的发展，使以地面信号为主体的传统铁路信号控制技术产生了巨大的变革：不但改变了原有车站联锁系统的部分基本控制逻辑，其列车运行控制及调度集中控制需要更大范围、更大数据量信息交互的需求特点，促使已经成熟于普速铁路的、独立性强的计算机联锁系统在网络通信技术，特别是在安全相关通信能力及技术水平方面也有了显著且深刻的变化和改进。而计算机联锁系统在高速铁路的应用，则更能够充分发挥其在通信、逻辑处理等方面的优势；我国目前可用于高速铁路的车站联锁系统都是计算机联锁系统。

一、高速铁路列控系统的主要地面设备、作用及与联锁系统的关系

目前，我国高速铁路列车的运行速度可达到 300 km/h 及以上，最小追踪运行间隔进一步缩短。传统的以地面信号为主体、主要依靠司机目视瞭望确认的信号系统，其有限灯位组合所能提供的控制信息量、可覆盖的防护距离，尤其是在高速情况下留给司机的反应时间等都极为有限，已完全无法满足列车高速、平稳、安全运行的需求；而以车载信号为控车依据，需要处理行车线路数据、轨道区段空闲/占用条件、进路状态及临时限速等多种大量信息、能够以目标距离模式连续速度控制曲线监控列车安全运行、从而使司机实现"精细"驾驶的列控系统成为列车运行安全保障的核心信号技术装备。目前，我国高速铁路列车运行控制系统的主要地面设备有：无线闭塞中心（RBC）及铁路专用 GSM-R 无线通信系统、车站列控中心（TCC）系统和轨旁有源应答器及其控制器 LEU、临时限速服务器（TSRS）、轨旁无源应答器等；其中 RBC、TCC 和 TSRS 与计算机联锁系统一样，都是具有最高安全完整性等级（SIL4）的、实现重大生命攸关功能的复杂可编程苛求系统。

现阶段，我国 300 km/h 及以上高速铁路采用基于 GSM-R 无线通信实现列车运行控制信息车—地双向连续传输的 CTCS-3 级列控系统。无线闭塞中心（RBC）是该系统的核心设备，列控车载设备将其精确的位置（由轨旁应答器提供定位校核）信息、运行状态等信息通过 GSM-R 实时上传至 RBC，RBC 再依据存储的线路数据，从计算机联锁系统获得的进路状态、站内及区间闭塞分区（区间的由 TCC 向联锁提供）的轨道区段状态（CTCS-3 级中只用于实现

列车占用及完整性检查)、异物侵限(灾害防护)等信息,以及由临时限速服务器 TSRS 转发的临时限速信息,实时计算并生成对所控列车在当时、当地的行车许可,相关的线路描述及临时限速等控制信息,经 GSM-R 发送给 CTCS-3 级列控系统车载设备。

此外,CTCS-3 级列控系统还按与 CTCS-2 级列控系统兼容的要求统一配置相关车载及地面设备,在以 CTCS-2 级列控系统为其后备模式的同时还兼顾了 CTCS-2 级列控系统动车组上 CTCS-3 级列控系统线路运行的需要。

我国不超过 250 km/h 的高速铁路主要采用基于轨道电路+点式应答器传输列车运行控制信息的 CTCS-2 级列控系统。CTCS-2 级列控系统通过连续传输的 18 信息轨道电路和提供补充信息的点式应答器相结合的方式为列车提供至目标点的行车许可。各种应答器布置在线路上不同的规定位置,以近距离感应传输无线报文的方式在动车经过时向车载设备[应答器信息接收单元(BTM)]传送相关信息:无源应答器的报文固定,主要用于传送与前方线路特征关联的固定数据,如区段长度、线路坡度、土建限速、级间转换等信息;有源应答器一般设置于车站进、出站信号机及区间中继站处,用于向车载设备传送固定的定位信息、线路参数以及变化的进路参数、临时限速信息等。

作为 CTCS-2 级列控系统地面核心设备的车站列控中心(TCC),其主要功能有:

(1)从轨道电路获得(通过接点采集和通信传输方式)站内和区间闭塞分区占用/空闲状态信息;从计算机联锁获得列车进路信息(包括进路号、信号显示、区段锁闭状态)、进站信号机红灯断丝信息、布置有有源应答器股道的调车信号开放/关闭状态信息以及区间闭塞改方控制命令、无配线站信号机控制命令等;从临时限速服务器(TSRS)获得临时限速命令。

(2)根据获得的进路信息和临时限速信息实时组帧生成报文,经 LEU 发送给设在轨旁的有源应答器,在动车通过时传送给列控车载设备;当侧线接车进路内有低于 80 km/h 临时限速时,控制接近区段发速度限制为 45 km/h 的双黄码 UU,并向联锁发送进站信号降级显示命令。

(3)根据站内/区间轨道区段的空闲/占用信息、进路状态,结合区间运行方向、临时限速信息控制轨道电路的发码,连续向列车提供预告前方轨道电路区段空闲/占用情况及限速要求的车载信号显示信息。目前使用的 18 信息轨道电路的编码及其对应含义见表 8-1。

表 8-1 18 信息轨道电路的编码及其对应含义

序号	低频值	分类	含 义
1	22.4 Hz	L6 码	未使用
2	21.3 Hz	L5 码	列车运行前方有 7 个经直向进路的空闲闭塞分区
3	23.5 Hz	L4 码	列车运行前方有 6 个经直向进路的空闲闭塞分区
4	10.3 Hz	L3 码	列车运行前方有 5 个经直向进路的空闲闭塞分区
5	12.5 Hz	L2 码	列车运行前方有 4 个经直向进路的空闲闭塞分区
6	11.4 Hz	L 码	列车运行前方有 3 个经直向进路的空闲闭塞分区
7	13.6 Hz	LU 码	列车运行前方有 2 个经直向进路的空闲闭塞分区
8	20.2 Hz	U2S 码	列车运行前方有 1 个经直向进路的空闲闭塞分区,并预告次一个闭塞分区所在进路满足发 UUS 码条件
9	14.7 Hz	U2 码	列车运行前方有 1 个经直向进路的空闲闭塞分区,并预告次一个闭塞分区所在进路满足发 UU 码条件

续上表

序号	低频值	分类	含　义
10	16.9 Hz	U码	列车运行前方有1个经直向进路的空闲闭塞分区
11	19.1 Hz	UUS码	(1)时速200 km以下铁路(仅运行动车组列车的铁路除外)： 表示列车接近的地面信号机开放经18号及以上道岔侧向位置的进路，且次一架信号机开通直向进路或开放经18号及以上道岔侧向位置的进路；或表示列车接近设有分歧道岔线路所的地面信号机开放经18号及以上道岔侧向位置的进路。 (2)时速200 km及以上的铁路和时速200 km以下仅运行动车组列车的铁路： 表示列车接近的地面信号机开通经18号及以上道岔侧向位置的进路，且进路允许速度不低于80 km/h
12	18.0 Hz	UU码	表示列车接近的地面信号机开放经道岔侧向位置的进路，但不满足发UUS码的条件
13	24.6 Hz	HB码	(1)时速200 km以下铁路(仅运行动车组列车的铁路除外)： 表示列车接近的进站、接车进路或接发车进路信号机显示引导信号，或通过信号机显示容许信号。 (2)时速200 km及以上的铁路和时速200 km以下仅运行动车组列车的铁路： 列车接近的地面信号机开通引导进路
14	26.8 Hz	HU码	列车接近的地面信号机处于关闭状态，要求及时采取停车措施
15	25.7 Hz	ZP码(转频码)	用于控制机车信号上下行载频自动切换
16	27.9 Hz	JC码(检测码)	无码
17	29.0 Hz	H码	要求立即采取紧急停车措施
18	15.8 Hz	LU2码	未使用

其中除L6和LU2尚未使用外，共有16种在用编码。

(4)向联锁发送包括接近、离去区段在内的本站列控中心管辖范围内全部闭塞分区的空闲/占用信息、异物侵限信息等；并与相邻车站的列控中心相互配合，实现区间闭塞功能，依据联锁的区间闭塞改方控制命令进行闭塞的控制处理，并向联锁发送区间闭塞方向表示及改方状态等信息。

(5)对设有区间通过信号机的线路，实时采集信号机的表示和灯丝信息，结合获得的区间轨道区段和进站信号的状态，按照规定的条件，通过直接驱动信号点灯电路中各相关继电器的方式对区间通过信号机的显示进行控制(包括依据断丝检查进行的红灯转移等功能)；向联锁发送相关离去区段通过信号机的红灯灯丝信息。

(6)按照联锁系统的命令控制相关无配线站的信号机，并采集信号机的表示和灯丝信息向联锁系统发送。

车站列控中心(TCC)和临时限速服务器(TSRS)，都是CTCS-2级和CTCS-3级列控系统正常工作所不可缺少的关键设备。TSRS集中管理经由CTC下达的临时限速命令，按要求拆分并择机转发给相关的TCC和RBC，并对TCC及RBC的限速执行情况进行监督处理。

二、高速铁路计算机联锁系统的主要功能特点

与普速铁路相比，适用于高速铁路的计算机联锁系统主要增加了与地面列控系统设备结合、对高铁信号显示及大号码道岔的控制等功能。

1. 与列控地面设备的接口

用于高速铁路的计算机联锁系统，需要增加与无线闭塞中心（RBC）和车站列控中心（TCC）系统的接口。由于高铁列控系统所需的信息传输量大，数据类型多、内容丰富、使用要求灵活，采用数字通信方式基本上是唯一而必然的选择。

我国高速铁路的总体技术方案采用基于工业级以太网设备构建专用的信号系统安全数据网实现大范围内的站间列控系统设备的互联。这一方案基于近年来以欧洲铁路为代表的安全相关通信技术的发展与成熟，特别是欧洲铁路标准 EN 50159（已等同采纳为我国国家标准）所明确的使用通用传输系统实现安全相关通信的方法与标准。因此，将计算机联锁系统按照同样的标准接入信号安全数据网就成为一个自然的选择，并且在实现其与列控设备接口的同时也可解决在相邻站计算机联锁系统之间实现通信站联的通道问题。

如图 8-1 所示，高速铁路的计算机联锁系统通过信号系统安全数据网实现与无线闭塞中心（RBC）、车站列控中心（TCC）以及邻站计算机联锁（CBI）系统的通信连接；同在该网上的临时限速服务器（TSRS）只与 TCC 和 RBC 通信，与联锁系统没有直接的数据交换关系。

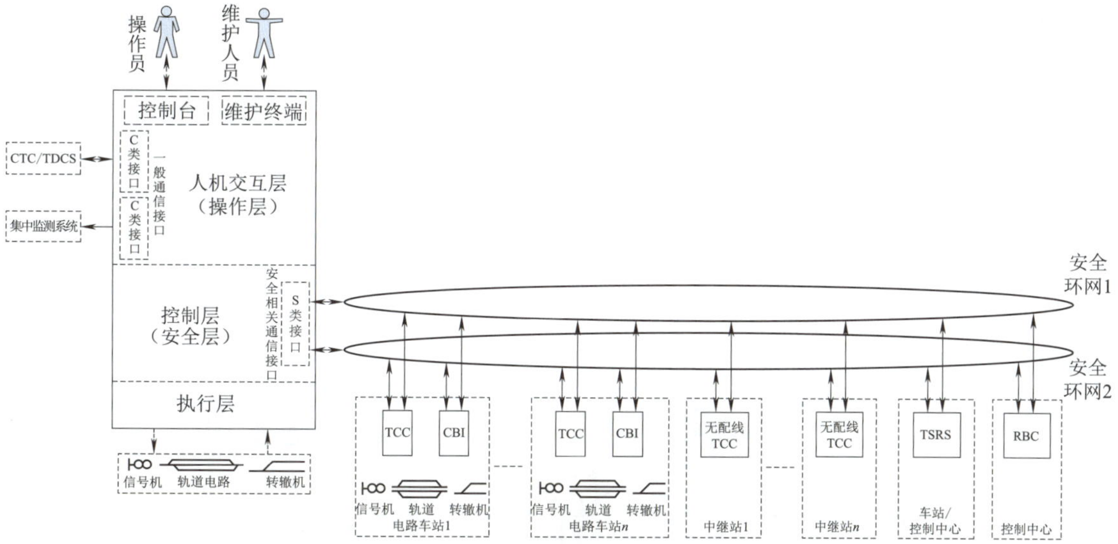

图 8-1 适用于高速铁路的计算机联锁系统的边界及接口示意

我国适用于高速铁路的计算机联锁系统与普速联锁系统在结构上的主要区别，就在于通过采用统一标准协议（包括安全相关通信协议和应用数据格式协议）的安全相关通信接口接入信号安全数据网。实际上，构建安全数据网所使用的都是通用传输系统，结构上采用的也只是双环冗余的可靠性冗余结构，即数据网自身并不具有功能安全性能。依据安全相关通信理论及 EN 50159 标准，在使用非（安全相关）信赖的通用传输系统时，需要使用符合功能安全标准的安全通信协议，且其安全防护功能需要在满足功能安全要求的安全设备内部实现。因此，计算机联锁系统必须在其安全计算机平台内实现与上述列控系统的通信接口，而不是像与

CTC/TDCS 或 CSM 系统那样通过人机交互层的一般通信接口实现。由于此前成熟于普速铁路的计算机联锁系统的安全相关通信能力一般不强、且多采用自有专用技术，相关各计算机联锁系统设备厂商均为此对其安全计算机平台进行了软、硬件功能扩展和/或性能提升。

2. 信号控制特点

列车运行速度的不断提升始终是推动铁路信号系统技术进步的主要原动力之一。高速铁路的运行速度给铁路信号带来的改变是巨大的，特别是仅开行动车组列车的高速铁路，最为显著的改变之一就是取消了区间通过信号机，并对进站、出站信号机增加了点、灭灯控制。

我国《铁路技术管理规程(高速铁路部分)》第 464 条规定："区间不设通过信号机、在闭塞分区分界处设置区间信号标志牌的 CTCS-2/CTCS-3 级区段车站的进站、出站、进路信号机以及线路所的通过信号机常态灭灯，仅起停车位置作用。"当动车组列车因列控车载设备故障转入隔离模式或未装备 CTCS-2/3 级列控系统车载设备的施工路用列车上线运行时，车站的进站、出站、进路信号机以及线路所的通过信号机需转为点灯状态，列车以地面信号为行车凭证，并按照站间闭塞方式运行。

除点、灭灯控制外，增加的信号控制功能还有发车引导、进站信号降级显示、无配线站信号控制等。

3. 对多机牵引大号码道岔的控制

高速铁路普遍铺设大号码道岔以提高线路的侧向通过速度，这些道岔需要由多组转辙机(目前最多可达 9 机)同步牵引，其控制电路及其对联锁系统的驱动处理要求与普速道岔有所不同，在操作方式上也有不同之处，可详见本章第八节。

第二节　计算机联锁系统接入信号系统安全数据网

一、高速铁路信号系统安全数据网

信号系统安全数据网，是我国铁路专用于高速铁路信号安全相关系统的，具有高可靠性、高安全性特点的高速、实时、多点、大容量、大跨度范围的计算机数据通信网络，其结构如图 8-2所示。

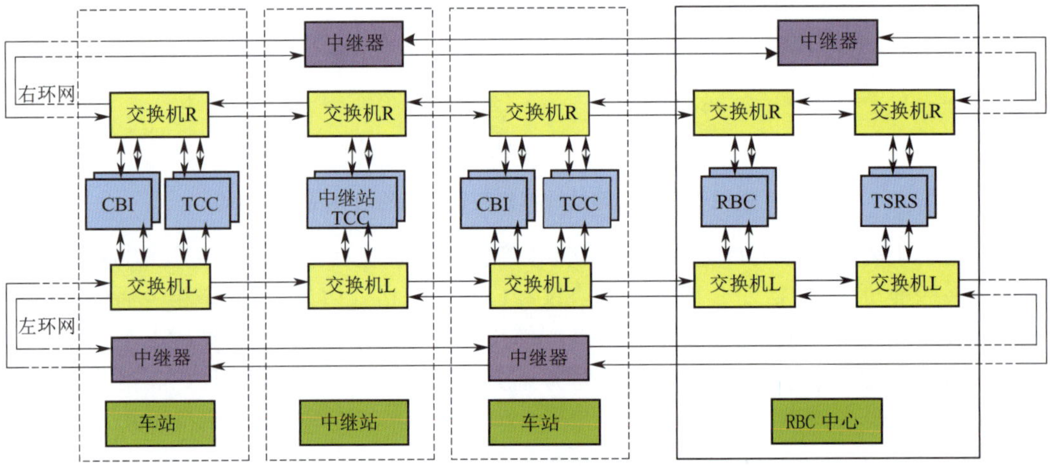

图 8-2　信号系统安全数据网基本网络结构示意

网络采用双环冗余结构，由称之为“左环网”和“右环网”的两个独立运行的环形以太网构成；使用敷设于线路两侧不同物理路径的两条干线光缆中的各 4 芯专用单模光纤实现对沿线各站的物理连接，并经中继器形成闭环迂回，以使任何一处的单故障均不会中断线路上任何两点间的通信连接。网络的其他主要设备有：用于对网络运行进行管理和监督的网管服务器，可异地、远程复示网管服务器相关信息的复示终端和组网并实现环网故障重构的关键设备——交换机；分布于全线各车站的计算机联锁(CBI)、各车站、中继站的列控中心(TCC)，以及临时限速服务器(TSRS)和无线闭塞中心(RBC)系统均通过交换机分别接入两个环网，实现计算机联锁(CBI)与 TCC 间、CBI 与 RBC 间、邻站 CBI 之间，车站列控中心(TCC)与 TSRS 之间、各站 TCC 之间，临时限速服务器(TSRS)与无线闭塞中心(RBC)间、相关的各 TSRS 之间及 RBC 之间所有安全相关信息的“透明”传输。传输的功能安全保障则完全依赖于这些接入系统的安全计算机平台，以及主要由其安全平台按照符合 EN 50159 标准的安全通信协议在两个安全相关系统之间实现的(安全)协议通信。

我国铁路由此实现的用于高速铁路的信号系统安全数据网，无疑是世界上规模最大的安全相关通信系统。

二、信号系统安全数据网的接入方式

不同于传统点对点串行接口的方式，以太网可通过同一个 IP 地址的物理端口实现与同在信号安全数据网上的 RBC、TCC 以及相邻车站的 CBI 等多个设备的一对多通信。因此，需对全路信号系统 IP 地址做统一的分配，并制定了相关的管理办法和规定。

目前我国高速铁路统一采用二乘二取二冗余结构的计算机联锁系统，其相互独立的主、备机结构方式与双环网在结构上十分匹配，很适合于(直接)接入采用双环冗余结构的信号系统安全数据网。具体接入方式为：主、备双机(系)各提供两个用于安全相关通信的以太网接口，两系共四个接口，通过四根以太网线连接到左右环网的两个交换机，实现每一系都与两个环网相通的交叉冗余连接，如图 8-3 所示(TCC、RBC、TSRS 的接入方式与计算机联锁的基本相同)。这种接入方式配合双环网可确保只要两个环网不同时出现导致单环两处以上中断的故障，就不会影响任意两个节点之间主、备双系的正常通信，具有很高的可靠性冗余度。

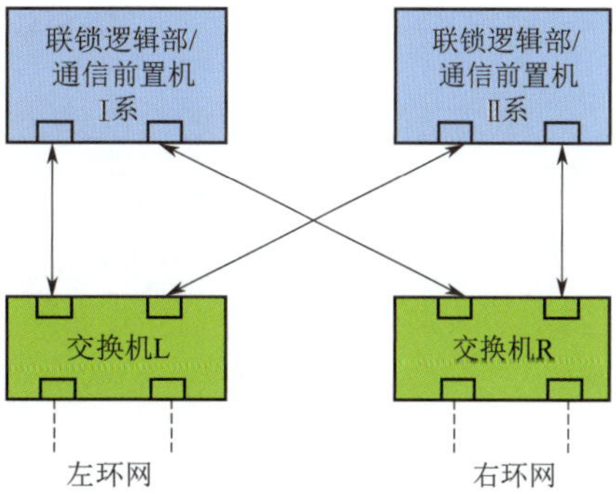

图 8-3 计算机联锁接入信号系统安全数据网的连接

计算机联锁系统必须通过其具有功能安全保障的安全计算机平台接入信号系统安全数据网；需要使用统一的、符合 EN 50159 标准的铁路信号安全通信协议 RSSP 进行安全相关数据的传输；该安全通信协议中对安全相关数据进行的安全防护处理，必须主要由达到 SIL4 级安全完整性要求的处理单元完成。

铁路信号安全通信协议 RSSP，分为适用于封闭式传输系统的 RSSP-Ⅰ，和适用于封闭式传输系统及开放式传输系统的 RSSP-Ⅱ两种；前者主要在 CTCS 2 级列控系统模式下用于 TCC、CBI、TSRS 的安全相关通信(TCC 与 TCC、CBI、

TSRS之间，以及CBI与CBI之间），后者主要在CTCS-3级列控系统模式下用于RBC、CBI、TSRS的安全相关通信（RBC与RBC、CBI、TSRS之间，以及TSRS与TSRS之间）。由于符合EN 50159标准的安全通信协议尤其是适用于开放式传输系统的协议，使用的算法比较复杂，对报文时序周期及请求/应答等交互要求严格，通常需要使用智能网卡甚至是专用的通信前置机（尤其是需对多点进行安全相关通信时）辅助主逻辑处理单元进行。由于此类辅助处理一般都会不同程度地超过使用通用设备传输安全相关数据的“透明传输”的限制，因而要求相关的智能网卡/通信前置机涉及协议安全防护处理及与主逻辑处理单元进行信息交互的部分，同样需要满足安全平台的功能安全要求，即必须将其作为安全计算机平台的核心部分来进行设计、开发。

三、安全通信协议

安全通信协议是安全相关通信系统的重要组成部分，相互进行安全相关通信的安全设备在对等的安全功能层（简称安全层）之间按特定的安全通信协议实现安全相关数据的传输，安全相关通信系统功能层次示意如图8-4所示。

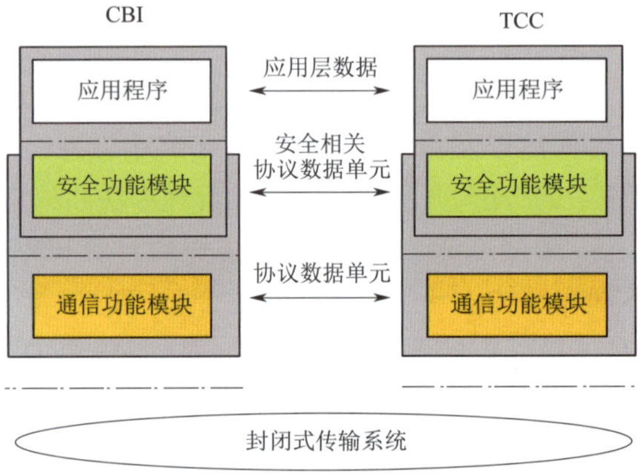

图8-4　安全相关通信系统功能层次示意

安全通信协议的主要作用是为抵御非信赖传输系统对安全相关数据的传输所可能带来的风险。不同类型的传输系统所面对的风险是不同的，EN 50159:2010标准将传输系统划分为三类：第一类是封闭传输系统，这类系统接入的设备数量明确已知且固定，传输系统的特性（如传输媒体、环境等）已知且固定；第二类属开放传输系统，这类系统接入设备的数量不能确定和固定、传输系统的特性也未知或可能变化，但能够排除非法接入；第三类是存在非法接入的开放传输系统。

表8-2列出了这三类传输系统可能遇到而应进行防护的威胁分类及程度。

表8-2　威胁分类及程度

分　类	重复	删除	插入	重排序	讹误	延时	伪装
第一类	+	+	+	+	++	+	−
第二类	++	++	++	+	++	++	−

续上表

分　类	重复	删除	插入	重排序	讹误	延时	伪装
第三类	++	++	++	++	++	++	++
注：－　威胁可被忽略； ＋　威胁存在，但罕见，采用一般措施即可； ＋＋ 威胁存在，需较强防御措施。							

图 8-5 示出了针对第二类、第三类传输系统的安全相关通信功能与结构，图中标记了传输系统的风险及应对的安全措施。

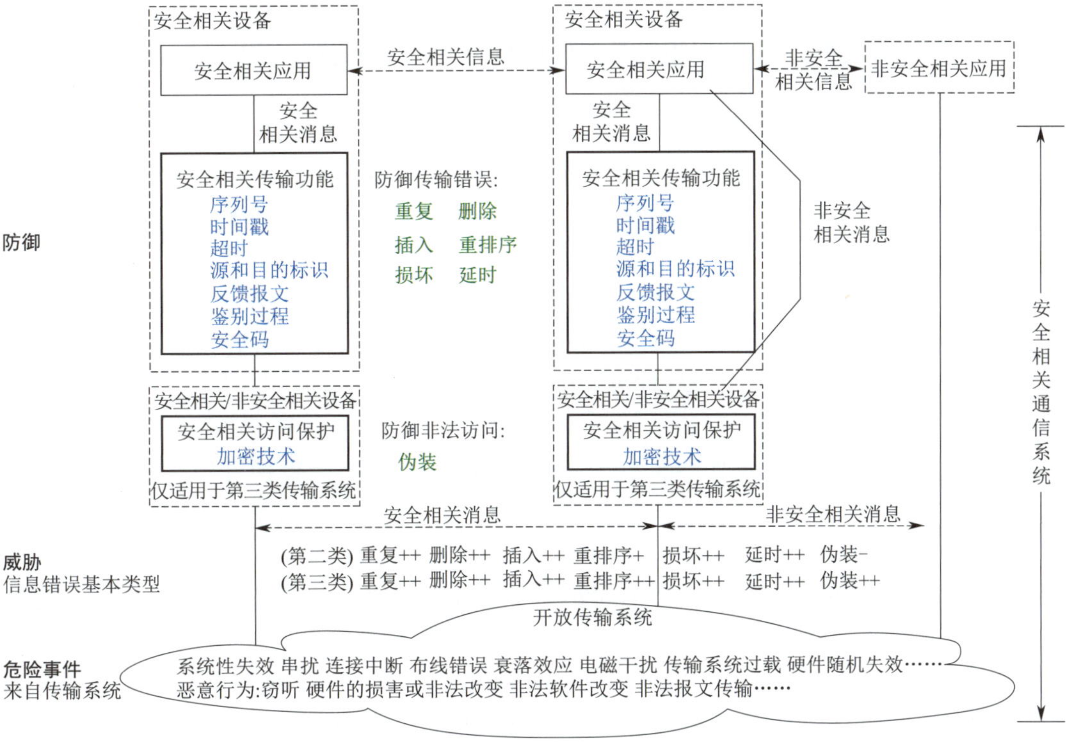

图 8-5　基于开放传输系统安全通信的功能结构示意

（一）RSSP 协议的主要安全防御措施及特点

1. RSSP-Ⅰ协议

适用于封闭式传输系统，一般基于 UDP 协议实现，比如在信号安全数据网内的应用，但不限于 UDP 协议。RSSP-Ⅰ协议的报文类型少，报文交互过程时序简单，安全编码及安全过程处理的运算量较小；RSSP-Ⅰ是一种面向连接的单向通信协议，当需要双向传输安全数据时需要在两个方向分别进行初始化过程，且仅允许周期性的安全数据报文发送，并对安全数据报文的最大长度有明确限制，因此对每周期传输的数据量限制较为明显。

RSSP-Ⅰ协议采用了源标识(SID)、序列号、时间戳 T(n)、超时、反馈报文、安全码 SVC、双重校验等防御措施来保护报文的真实性、完整性、顺序性和时效性：

(1)序列号

序列号是在通信双方交换的每条报文上加一个32位的流水号。这样接收端可以校验发送端提供的报文的顺序。序列号用于检测报文的顺序,可防御重复、丢失、插入以及乱序的威胁。

(2)时间戳T(n)

时间戳T(n)和序列号是RSSP-Ⅰ协议时间标记的两种形式,都以系统周期为单位。与序列号的简单递增不同,T(n)是基于特别定义的线性反馈移位寄存器(LFSR)产生的两个32位的伪随机数的序列;T(n)参与安全运算并被其算法所防护,只有通过对应的安全运算才能验证T(n)的有效性;而序列号则便于简单的代数比较,可用于时间戳运算之前的故障预检测。

在RSSP-Ⅰ协议中,安全数据报文是严格按照周期顺序发送的,所以时间戳和序列号保持同步递增,可用以防护重复,乱序以及延时错误。

(3)超时

计算机联锁等进行实时控制的安全苛求信号系统的通信报文,只在从生成时刻起的有限时间段内保持有效,必须对接收报文的延时进行超时校验并对延时超时的报文进行安全处理。

RSSP-Ⅰ协议同时使用序列号和时间戳对接收报文进行超时校核,若收到的报文时效校验超时,须启动时序校准机制,方可继续接收新报文。若存储的报文时效校验超时,应完全清除该报文数据(对存储报文的超时处理也有由应用层完成的)。

(4)源标识

所有通信方均设置有一对唯一的32位长ID,随通信数据一起发送,以此标识和区分消息源的地址信息,防御插入威胁。

(5)反馈报文

当接收方对收到的安全数据报文中的安全校验域进行的检查有误(报文序列号非预期内的增量、安全码SVC校验不通过、安全数据长度有误)时,需要启动时序校正机制向发送方发出时序校正请求;发送方按接收方的要求反馈时序应答后,接收方再据此重新计算时序同步位置。反馈报文机制可以防止对未建立连接的系统产生插入通信威胁。

(6)安全码SVC

为保护用户数据的完整性,RSSP-Ⅰ使用了两个32位长的CRC校验码来检测报文的讹误,在此基础上结合同样是成对配置的源标识ID、时间戳T(n)构成RSSP-Ⅰ协议的安全数据报文安全码SVC。接收端在对SVC的安全校验运算中,使对CRC、ID和T(n)的校验一次完成。

(7)双重校验

RSSP-Ⅰ中的双重校验技术采用两个不同参数的32位长CRC,确保安全传输所要求的漏检差错率。源标识ID、时间戳T(n)以及其他安全运算所需参数也是成对配置的,时序校正过程及SVC校验过程也都通过两个软件冗余的计算通道进行,以提高安全性。

2. RSSP-Ⅱ安全通信协议

RSSP-Ⅱ安全通信协议是一种采用了加密技术的安全通信协议,可适用于完全开放的传输系统。该协议在安全功能层内又划分出了提供报文顺序性和时效性防护的SAI层和提供报文真实性和完整性防护的 MASL 层，在 MASL 层使用加密技术增强对报文真实性防护功能的同时，其 SAI 层对报文的时效防护功能的定义也更加完整和严格。RSSP-Ⅱ基于 TCP 协议实现，在安全层之外还定义了适配 TCP 接口的 ALE 层，并提供对冗余 TCP 传输链路的良好支持。

RSSP-Ⅱ是一种面向连接的双向通信协议，一次连接建立过程后可开始双向的通信。RSSP-Ⅱ也采用周期计数作为时间戳，但不限制每周期发送报文的数量；但 RSSP-Ⅱ分层多、报文类型多，连接建立初始化过程复杂、用时长，加密算法相对较复杂、运算量大。

RSSP-Ⅱ协议采用的主要安全措施有：源标识、加密安全码（MAC）、序列号 Sn、时间戳 EC、反馈报文、鉴别过程。

（1）源标识

RSSP-Ⅱ采用设备的 CTCS-ID 作为其 MASL 层的源标识，由一个字节的 ID 类型和三个字节的 ID 构成，参与连接建立过程中的通信对象身份鉴别处理和数据传输过程中的 MAC 码的计算。

（2）加密安全码

基于加密算法单 DES 的 MAC（Message Authentication Code 报文鉴别码），码长 64 位，采用 IEC 9797-1 中标准的 MAC 算法 3（MAC algorithm3）的改进版。共有 3 组密钥参与运算，每组 8 字节。MAC 计算过程并不改变用户数据，仅对用户数据分组依次运算最终得到 64 位的 MAC 码附加在报文中与用户数据一起传输。接收端通过校验 MAC 实现对用户数据真实性和完整性的检查，因为有密钥的参与，加密安全码可保护用户数据避免被人为恶意篡改和仿造。

（3）身份鉴别过程

使用 RSSP-Ⅱ协议进行通信的双方，需要在安全连接建立阶段鉴别对方的密钥是否与己方的密钥一致。这是一个多个回合的交互过程，顺次分别使用 AU1、AU2、AU3、AR 四种报文类型。在这一系列的交互中，双方交换各自随机生成的特征值，并分别用两个特征值及各自的鉴别密钥生成一个临时的回话密钥，通过验证回话密钥是否一致间接验证了鉴别密钥的一致性（而且避免了鉴别密钥加密内容的暴露、减少被破解的机会），与此同时生成的回话密钥也标志着一次 MASL 层安全连接的建立，它将保护本次安全连接中随后传输的数据安全。

（4）序列号

RSSP-Ⅱ在 SAI 层报文附加了一个 2 字节的报文流水号，接收端以此校验报文序列的顺序性。

（5）反馈报文

在 MASL 层的鉴别过程和 SAI 层的 EC 机制时间戳对准过程中都使用了反馈报文。

（6）时间戳 EC

RSSP-Ⅱ协议使用的时间戳与 RSSP-Ⅰ协议的一样，都是执行周期的计数值，但RSSP-Ⅱ在 SAI 层基于 EC 技术设计了完整、明确的时效防护机制；对延迟威胁的检测通过对接收到的 SAI 层消息中的 EC 计数值和本地计算的 EC 计数期望值进行比较实现。连接建立时双方交互完成对时，使双方明确之间的相对时间差，后续的发送方报文就可以使用根据接收方时钟计算的期望值来衡量其时效性。EC 机制还包括对双方时钟误差产生问题的容忍及限制方面的考虑。

（二）协议的功能分层及报文基本结构

安全通信协议层在接口协议栈中处于应用层和传输层之间。RSSP-Ⅰ没有明确的分层，但也可从安全角度划分为非安全层和安全层：非安全层包含了报文类型、地址、16 位的 CRC 校验，只有一种帧格式；安全层则包括有三种报文格式，序列开始请求 SSE、序列开始应答 SSR、安全数据报文 RSD。其中 SSE 和 SSR 包含了安全信息 SID 和 T(n)，RSD 中包含了 SVC 及被保护的用户数据，如图 8-6 所示。

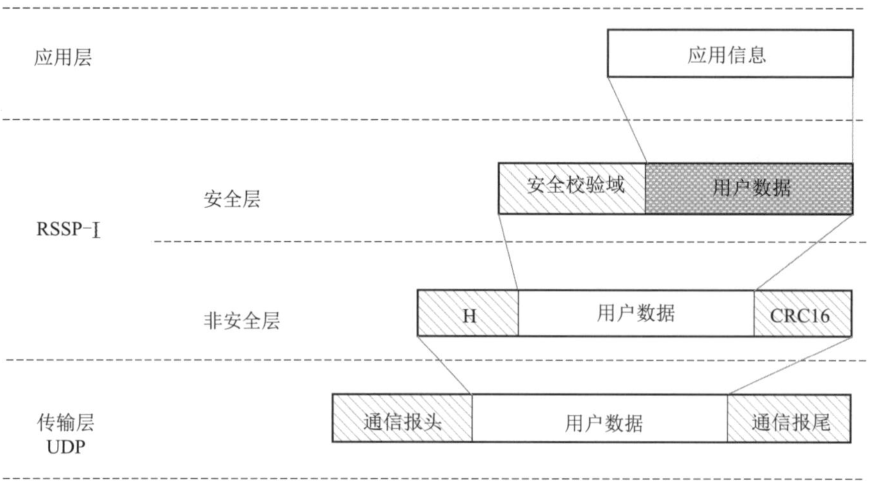

图 8-6　RSSP-Ⅰ分层及报文结构

RSSP-Ⅱ明确地分为 3 层，安全层有安全应用中间子层 SAI 和消息鉴定安全层 MASL，非安全层有适配及冗余管理层 ALE，如图 8-7 所示。

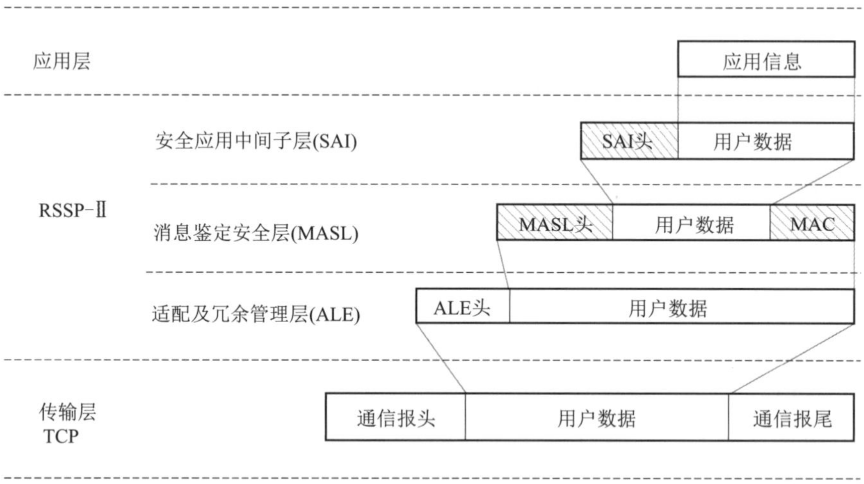

图 8-7　RSSP-Ⅱ分层及报文结构

安全通信是由下层到上层逐层对等建立的。首先是 TCP 层，TCP 连接建立好之后是消息鉴定安全层的连接过程，ALE 层的连接建立过程和 MASL 层同步进行，在消息鉴定安全层连接确认后，即上升到安全应用中间层 SAI。SAI 层连接建立好之后才可以开始应用层数据的传输。

MASL 层对报文的“完整性”和“真实性”提供防护，有 6 种报文类型：AU1、AU2、AU3、AR、DT、DI，其中 DT 为承载用户数据的数据帧，AU1、AU2、AU3、AR 为连接建立时的握手帧，DI 为连接中断时的中断连接帧。SAI 层对报文的“顺序性”和“时效性”提供防护，有 4 种报文类型：EC 初始化报文、EC 保护的用户报文、EC 保护并请求应答的用户报文、使用 EC 保护并含有应答确认的用户报文。

适配及冗余管理层 ALE 负责安全层和 TCP 层之间的适配，并同时负责传输通道的冗余管理；传输层和网络层主要用于以 TCP/IP 方式实现安全数据的传输。

（三）报文时序

RSSP-Ⅰ协议要求安全数据报文 RSD 严格周期发送，连接初始化时按 RSD 的发送端和接收端关系进行，通信开始时 RSD 的接收端收到 RSD 而无法正确校验，因此发起时序校正请求 SSE，RSD 的发送端响应时序校正应答 SSR，如图 8-8 所示，RSD 的接收端收到正确 SSR 后，后续 RSD 就可以通过校验。若通信双方互相发送 RSD，则 SSE/SSR 交互需要在两个 RSD 的传输方向上相互独立地分别进行。

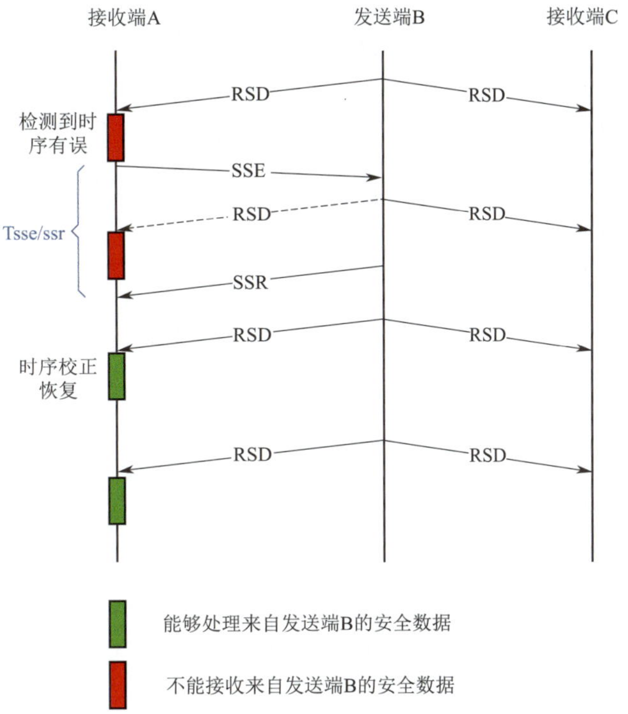

图 8-8 RSSP-Ⅰ时序校正请求过程报文交互时序

RSSP-Ⅱ协议的每一层都有各自的连接建立时序，连接建立从高层开始发起，但当低层连接未建立时首先通知低层建立连接，当低层的连接建立好后上层继续完成连接的建立，如图 8-9 所示。

RSSP-Ⅱ协议是面向连接的双向协议，连接建立时由一端作为发起方另一端作为响应方，一次连接建立好后即可进行双向通信。

（四）运算复杂度

RSSP-Ⅰ协议的主要运算耗时的过程是双通道的 CRC32 的计算过程，但常用的查表法的运算量也并不大。

RSSP-Ⅱ协议采用基于 DES 算法的安全码对数据进行保护，其基于 DES 的 MAC 计算运算量较大，考虑 DES 算法软件实现的优化程度，测算出的整体运算量约为 RSSP-Ⅰ的十到数十倍。

（五）对通道冗余数据的处理

信号系统安全数据网采用双网冗余配置，为安全设备之间提供了物理上的双路冗余连接；为提高通信的可靠性，RSSP-Ⅰ和 RSSP-Ⅱ协议都要求接入设备充分利用双网冗余，采用同时接入双网的方式在传输层双通道上发送相同的数据，以保证任何一个通道上数据的丢失不会影响通信的正常进行。这样在两个通道都正常工作的情况下，接收端会收到来自同一通信对象的两份相同的报文，即"通道冗余"的报文，需要在安全协议层处理之前将冗余的报文剔除掉，否则将影响安全层的处理，例如，若不进行冗余报文的处理安全层可能会报告"重复""乱序"等错误。传输层冗余报文处理是 RSSP-Ⅰ和 RSSP-Ⅱ必须解决的问题。

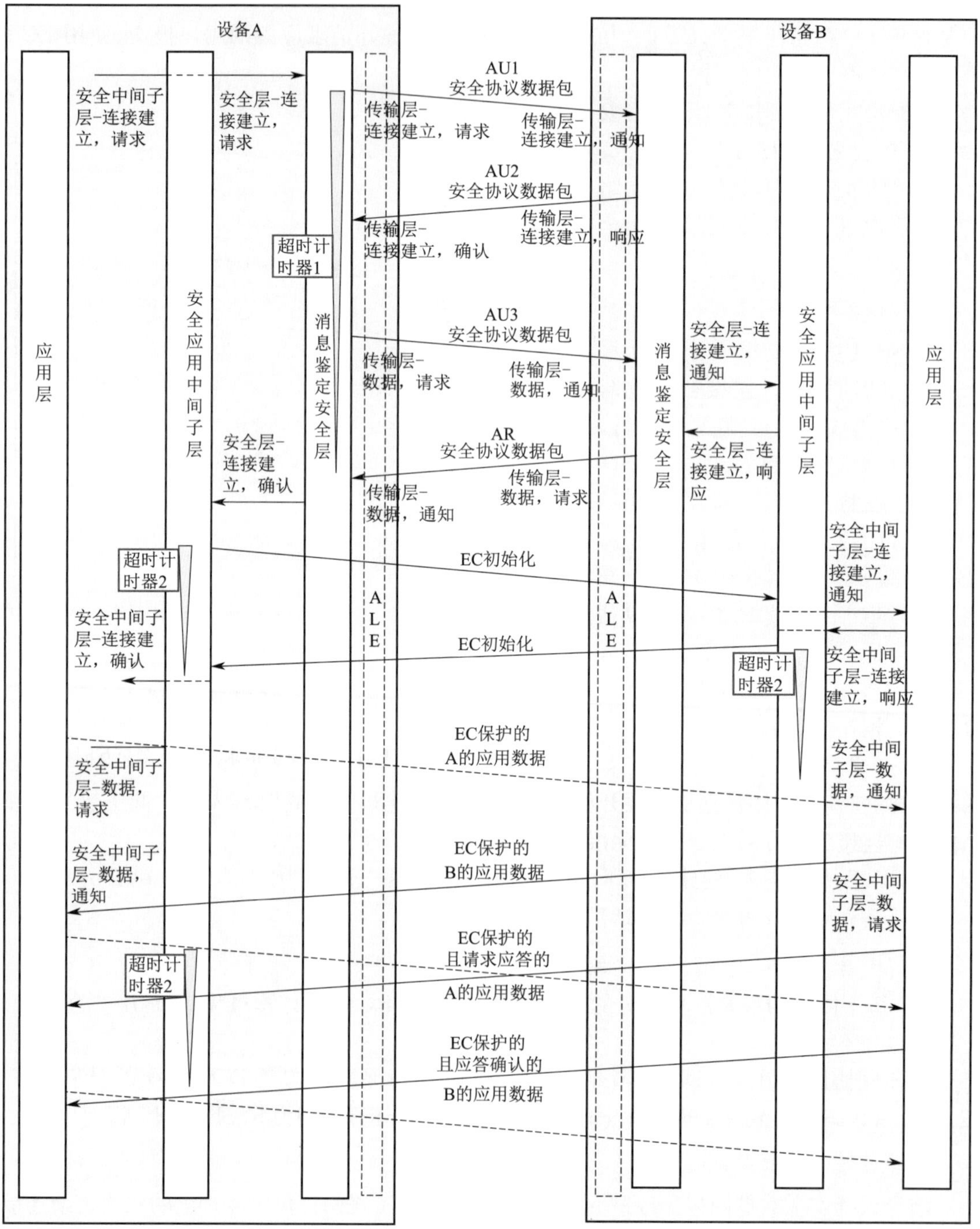

图 8-9　RSSP-Ⅱ连接建立过程报文交互时序

RSSP-Ⅰ通过在接收端解析 RSD 中的序列号(周期计数)来进行冗余处理,选择较新的序列号进行安全协议处理;RSSP-Ⅱ则在 ALE 层实现冗余 TCP 通道的处理,采用的原理仍然是选择 ALE 层序列号较新的报文送交安全层处理。

(六)主、备冗余系统的通信处理原则

对于采用主、备冗余结构的系统(包括由主备可靠性冗余和二取二安全性冗余组合而成的二乘二取二),按照上述通道冗余的原则,其 A、B 双系均需接入安全数据网的双网(即如接入方式一节所述的"交叉冗余连接"),此时为了保证控制权的唯一性,应确保只有由具有控制权的主系向对方的双系所发送的报文有效;备系通常只是保持连接,以使其工作及通信状态能够被实时检测。

备系保持连接的方式有多种。RSSP-Ⅰ协议是在安全数据报文 RSD 中加入主、备系标识,接收端对收到的备系 RSD 数据仅用来检验通道状态,不进行安全校验也不送交应用层使用。采用 RSSP-Ⅱ协议的设备的备系,可采用"透明"转发主系数据的方式;或不发送任何安全协议数据,这种情况下双方系统可利用 TCP 提供的标准的生命保持(Keep Alive)功能来执行连接和对物理链路的检测。

第三节　计算机联锁系统与列控系统的结合

一、计算机联锁与列控中心的结合

计算机联锁(CBI)系统应具备与多个车站列控中心(TCC)系统通信的能力。一般情况下,计算机联锁仅与本车站的 TCC 通信,而不与中继站的 TCC 通信;仅当中继站设置在无配线站时,才与中继站 TCC 直接通信,对该无配线站进行联锁控制。

(一)通信机制与接口方式

计算机联锁与 TCC 通过信号系统安全数据网的双网建立冗余的通信连接,传输层采用 UDP 协议,安全层采用 RSSP-Ⅰ协议。如图 8-10 所示,CBI 的Ⅰ系与 TCC 的Ⅰ系建立①、②两个通信链接,CBI 的双系和 TCC 的双系共建立八个通信链接。

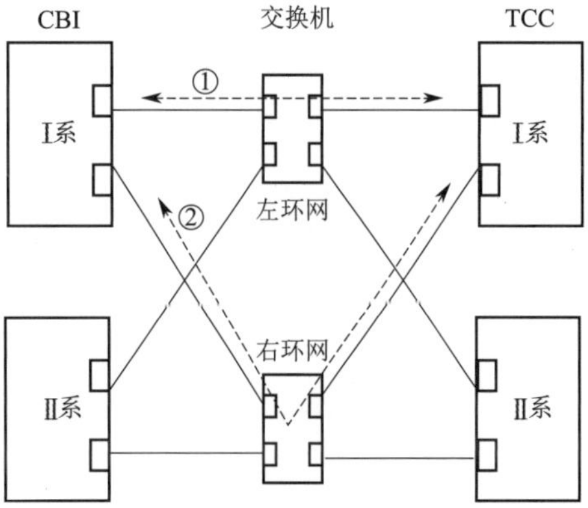

图 8-10　计算机联锁与 TCC 通信链接示意

链接的具体使用方式确定为:计算机联锁的Ⅰ、Ⅱ两系通过两个独立的网络同时向 TCC 的Ⅰ、Ⅱ两系发送、接收安全协议数据包,实现安全相关数据的冗余传输;仅主系传送的数据有效,备系的数据只用于通道检查。

(二)通信中断处理机制

由于采用了主、备冗余的系统结构和通道冗余措施,且各系统都是以主系的信息作为有效数据使用,主系持续的通信中断必将会影响到设备的使用,所以在确定主系通信中断之后的处理需要首先考虑进行主、备切换的可能,确定合理的主、备切换原则是关键,在不具备符合切换原则的切换条件或切换无效时再启动相应的安全处理;故对于决定启动因通信中断超时而对接收信息进行安全侧处理的、允许存储报文最大保持时间的阈值(存储报文的时效超时阈值)，要综合考虑收不到有效数据的判断确认时间 T_1、执行切换过程所需的时间 T_2 和重新建立连接的时间 T_3，因接收数据无法及时更新而保留原有信息的存储报文的时效超时阈值，应在满足安全要求的前提下适当大于上述 3 个时间之和。为应对可能的瞬时干扰、避免比较频繁的、因非确定性故障导致的切换，通常可以接受 2～3 次的通信不成功；但由于 RSSP-Ⅰ协议并无即时重发机制(故只能通过间隔较长的正常周期的通信次数来判断)、且基于目前各系统运行周期(也是通信周期)上限为 500 ms 的规定，T_1 应在 2 s 以内(对于信号系统这已是比较长的数值了)；计算机联锁系统的主、备切换时间一般需要 1 至 2 个运行周期，即 T_2 应在 1 s 以内；考虑到主、备切换会导致接收端接收数据时序的“跳变”(采用将序号/时间戳也加入同步机制的做法可避免这种“跳变”)，安全通信协议还需要 1 至 2 个周期来重新建立连接，即 T_3 应在 1 s 以内。目前确定并采用的阈值约为 6 s，约为之前用于普速线路计算机联锁系统的好几倍，是一个明显偏长、很不理想的一个阈值，其主要原因有以前计算机联锁系统的安全相关通信对象少、传输数据量小、运行周期短，而现有的 RSSP 安全通信协议的连接重建时间长等。

当联锁机与列控中心主机的通信中断(或不能正确接收)的持续时间超过存储报文的时效超时阈值后，须采取安全措施，将相关的接口信息全部置为安全侧，包括：

(1)CBI 将所有 TCC 控制的区间发车口信息导向安全侧处理。即区间无方向、禁止向区间发车、区间处于占用状态。同时，CBI 控制台的区间方向表示灯灭灯，并向 CTC、RBC 发送相关信息；

(2)所有取自 TCC 的闭塞分区均按占用处理；

(3)所有取自 TCC 的区间信号机的灯丝信息均按红灯断丝处理；

(4)所有取自 TCC 的每个限速影响的进站/进路信号机均需按有限速处理；

(5)所有取自 TCC 的异物侵限灾害信息均按灾害激活处理；

(6)所有接收自无配线站的方向、闭塞分区、信号断丝、异物侵限均按上述同类型信息原则处理。

与采用传统点对点串口通信的方式相比，计算机联锁系统接入信号安全数据网后，其每个通道都是通过同一个物理端口与接入安全数据网的相关 CBI、TCC、RBC 系统进行通信的，这种一对多的通信连接方式使得对公共通道部分的故障(导致与所有对象设备通信中断的故障)和某个对方设备的通信故障一般都能够得以区分，但也使切换的处理逻辑变得更为复杂；虽然这会使得各系统厂商的切换处理原则在细节上可能会有所不同，但当本方系统主系收不到任何对方主系的有效数据，而本方备系至少能够接收到某一对方主系的有效数据应是启动切换的基本原则。

(三)计算机联锁与列控中心交互的主要信息及其作用

1. 计算机联锁向列控中心(TCC)发送区间闭塞方向控制命令、列车进路信息、进站信号机红灯断丝信息、相关股道头部信号机调车信号的开放/关闭状态、无配线站信号控制命令等，各信息主要用途如下：

(1)区间方向控制命令是要求 TCC 改变区间闭塞方向的命令，包括区间空闲情况下的正常改方和区间故障情况下的辅助改方。

(2)进路信息用于 TCC 生成区间和站内的低频码信息以及控制对轨道电路的发码方向，

同时用于生成有源应答器的相关报文。

(3)进站信号机红灯断丝信息用于 TCC 生成进站信号机接近区段的低频码信息，实现红灯转移功能。

(4)股道头部信号机调车信号的开放/关闭状态用于 TCC 生成允许调车通过的有源应答器报文，对于设置了有源应答器股道的出站兼调车信号机需要提供此信息。

(5)无配线站信号控制命令是用于 TCC 输出驱动无配线站信号继电器的命令。

2. 列控中心向计算机联锁发送区间闭塞方向表示、闭塞分区状态、信号降级命令、离去区段防护信号机红灯灯丝断丝信息、异物侵限信息、无配线站信号状态采集信息等内容，各信息主要用途如下：

(1)区间闭塞方向表示是计算机联锁开放出站信号机的必要条件，并用于显示区间运行方向、辅助办理表示灯及监督区间空闲等。

(2)闭塞分区的空闲/占用状态用于计算机联锁进路的接近锁闭、进/出站口接近/离去区段的占用/出清检查、显示，以及在 CTCS-3 区段向 RBC 发送区间的信号授权信息。

(3)信号降级命令用于计算机联锁将进站信号机的黄闪黄信号显示降级为双黄显示。

(4)离去区段防护信号机红灯灯丝断丝信息用于控制计算机联锁的发车信号显示。当防护二离去的通过信号机红灯灯丝断丝时，出发信号机显示红灯；当防护三离去的通过信号机红灯灯丝断丝时，出发信号机显示黄灯，进站/进路信号机显示绿黄；当防护四离去的通过信号机红灯灯丝断丝，出发信号机显示绿黄灯。

(5)异物侵限信息用于计算机联锁系统的报警提示，以及在 CTCS-3 区段由计算机联锁向 RBC 发送紧急停车信息。

(6)无配线站信号状态采集信息用于计算机联锁实现无配线站联锁逻辑运算功能以及在控制台上显示无配线站信号机状态。

二、计算机联锁与无线闭塞中心结合

CTCS-3 线路上为列控系统车载设备提供行车许可的无线闭塞中心(RBC)，需要与其管辖范围内的所有计算机联锁系统进行通信。一般情况下，某一车站的计算机联锁系统与管辖该站的一个 RBC 通信；但在无线闭塞分界点处，一个车站的计算机联锁可能需要与相邻的两个 RBC 通信。

(一)通信机制与接口方式

计算机联锁(CBI)与 RBC 通过信号系统安全数据网的双网建立冗余的通信连接，传输层采用 TCP 协议，安全层采用 RSSP-Ⅱ 协议；建立连接时 CBI 作为主叫端，RBC 作为被叫端。

目前使用的无线闭塞中心产品有二乘二取二和三取二两种冗余结构，计算机联锁与这两种 RBC 的接口方式分别如图 8-11 及图 8-12 所示。

与二乘二取二冗余结构的 RBC 接口时，联锁与 RBC 的两系均各自通过两个以太网接口接入左、右环网实现相互间可交叉的冗余连接；由联锁主系同时向左右两个环网发送安全协议数据包，备系一般不发送信息，但通过 TCP 连接检测通信状态。

采用三取二冗余结构的 RBC 对双环网接口时，由于两种冗余结构并不相称而需要进行匹配。图 8-12 所示的 RBC 通过两个通信前置机进行转换匹配，两个前置机各以一个以太网口单点接入左、右环网；与此相对应，联锁的Ⅰ、Ⅱ两系也各以一个以太网口单点接入左、右环网，即联锁Ⅰ系通过信号安全数据网左环网与 RBC 的通信前置机 N 建立连接，联锁Ⅱ系通过信号安全数据网右环网与 RBC 的通信前置机 R 建立连接。工作时，联锁主系、备系同时向 RBC 发送安全协议数据包（备系转发主系的安全协议数据包）。

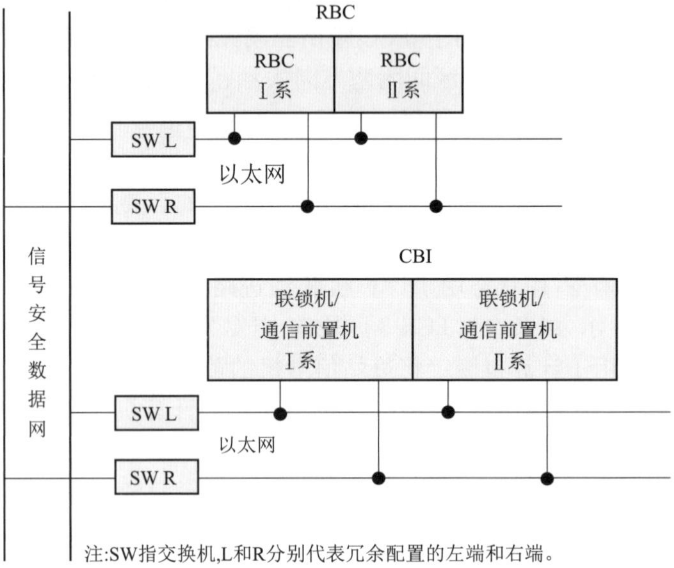

图 8-11　计算机联锁与二乘二取二冗余结构 RBC 的接口方式

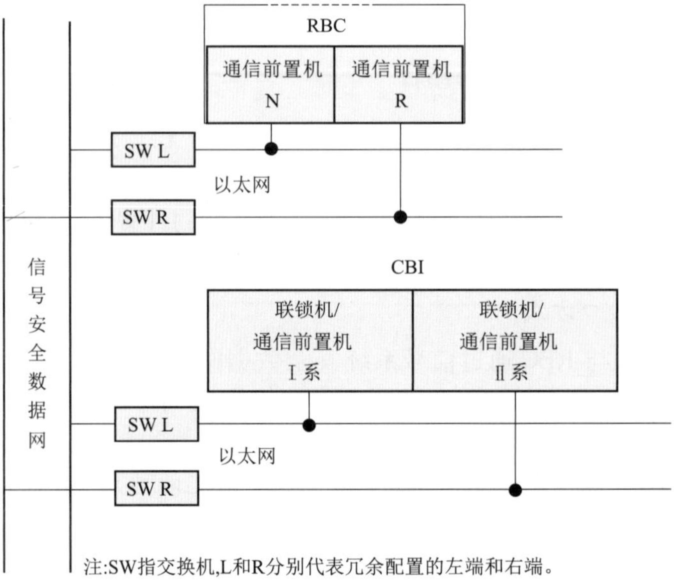

图 8-12　计算机联锁与三取二冗余结构 RBC 的接口方式

当计算机联锁在规定时间内未收到来自 RBC 的有效信息，则认为与无线闭塞中心的通信已中断，由应用层发出中断连接指令，在确认应用层以下各层断开连接后，重新发起连接。

（二）计算机联锁与无线闭塞中心交互的主要信息及其作用

CTCS-3 级列控系统的无线闭塞中心 RBC 需要依据车站进路和区间状态信息、临时限速服务器的临时限速命令、车载设备的列车位置报告等相关信息，实时计算列车允许的最大安全行车区间，向车载设备发送行车许可。

进路和站内轨道电路的占用/空闲信息显然应由联锁系统向 RBC 发送；而区间轨道电路的状态信息则因在现行的 CTCS-3 技术方案中 RBC 与属于 CTCS-2 级列控系统的列控中心之间没有直接的信息交互，也需要由联锁系统将从列控中心接收的区间状态信息（联锁主要用于从中获取接近和离去区段的信息）转发给 RBC。

与对列控中心的统一信息传输格式不同，由于引进 RBC 系统的制式不同，目前计算机联锁系统采用两种不同的协议格式向不同型号的 RBC 发送相关信息，这两种格式在传输信息的内涵方面并无本质不同，但在数据组织结构及处理等方面有不少相异之处（本章第四节中还有较详细的介绍）；不同类型的 RBC 向计算机联锁发送的信息也不相同，只是目前的联锁系统尚未使用这些信息。

计算机联锁和无线闭塞中心的通信协议在应用层对数据格式、配置参数等都进行了定义，以保证通信双方能够正确解析收到的应用层数据，实现不同型号设备的互联互通。

第四节　适用于高速铁路的计算机联锁系统与主要的相关功能扩展

一、信号机的设置特点及点、灭灯控制

（一）信号机设置及显示特点

高速铁路车站（含无配线站）都设进站信号机、出站信号机，根据需要设进路信号机、调车信号机和复示信号机。仅开行动车组线路上的列车信号机一般处于常态灭灯的无显示状态（动车组列车以车载信号显示为行车凭证）；车载设备故障或非动车组列车（指以隔离模式运行的动车组列车和施工路用列车等）以地面信号机显示为行车凭证，并视灭灯为红灯。进站信号机、接车进路信号机及调车信号机仍采用原有的 7 灯位和 2 灯位信号机构，其亮灯时的显示方式亦与既有线车站相同；出站信号机及发车进路信号机一般采用专用的“红、绿、白”三灯位矮型信号机，有“绿 L、引导 HB、白 B、红 H”四种显示，联锁系统通过对点灯电路中的安全型继电器 LXJ、YXJ 和 DXJ 的驱动进行控制。

各种信号机显示的具体含义以及衔接站等比较复杂的特殊情况，可参见本章第七节以及《铁路技术管理规程（高速铁路部分）》中的相关内容。

（二）信号机点、灭灯的基本控制原则

对每架常态灭灯的信号机增设一个开灯继电器（KDJ），并在控制台界面上增设“点灯”、“灭灯”按钮；联锁系统通过响应值班员的点/灭灯操作并按照相关的规定逻辑，控制 KDJ 的吸起/落下，实现对信号机的点灯和灭灯控制功能（因为信号机常态是灭灯状态，考虑节能环保，用 KDJ 的落下侧控制灭灯，吸起侧点灯）。

（1）通常情况下，计算机联锁系统控制 KDJ 落下，使信号机处于常态灭灯状态。

（2）常态灭灯的信号机不允许自动转为点灯状态。在没有办理以该信号机为始端的进路

时，须由人工办理“点灯”操作，且在信号机内方第一区段处于解锁状态时，联锁系统方可控制KDJ 吸起，转换成点灯状态。

(3)常态灭灯的信号机转为点灯状态后，在没有办理以该信号机为始端的进路时，须由人工办理“灭灯”操作，且在信号机内方第一区段处于解锁状态时，联锁系统方可控制 KDJ 落下，转换成灭灯状态。

(4)进站信号机点亮并办理了接车进路(含引导进路)或向股道的调车进路时，对应进路股道上起阻挡作用的同向出站信号机应自动点亮红色灯光；且在列车完全进入股道后40 s内，不准许人工将该信号机的红色灯光熄灭；若该信号机不能点亮时，进站信号机(不含引导)不应开放。

(5)当已建立灭灯状态的发车进路(含引导进路)时，不允许向该股道办理进站信号机点亮状态的接车进路(含引导进路)。

(6)办理通过进路时，应检查通过进路上的列车信号机点灯、灭灯状态一致。

(7)列车头部越过点亮允许灯光的信号机后，该信号机正常关闭显示红色灯光；当列车驶过进路，在进路第一个区段解锁后(发车进路还应检查股道空闲)，联锁系统控制 KDJ 落下，使该信号机的灯光自动熄灭。

(8)出站兼调车信号机用于调车时，调车进路建立后信号机正常开放点亮白色灯光；当调车车列全部越过信号机后信号正常关闭自动改点红色灯光，在调车进路内方第一区段解锁后联锁系统控制其 KDJ 落下，使其灯光自动熄灭；股道留有车辆时，在调车进路内方第一区段出清后信号机自动改点红色灯光并持续保持。

(9)折返作业的发车或调车进路内方第一区段解锁且股道出清后，原接车或调车时点亮的起阻挡作用的信号机红色灯光应自动熄灭。

(10)当取消、人工解锁以及按区段故障解方式解锁以点灯方式排列的进路(含以出站兼调车信号机为始端的调车进路)时，不应自动熄灭防护该进路信号机的红色灯光。

(三)点灯与灭灯状态列车进路的办理

(1)办理进路时，值班员首先要根据进路的类型对信号机进行点灯或灭灯操作。对CTCS-2/3 级列控系统车载设备工作正常的列车应办理灭灯进路；对车载设备因故障转入隔离模式或未装备 CTCS-2/3 级列控系统车载设备的施工路用列车，需办理点灯进路。

(2)除去需要先办理点、灭灯的操作之外，高铁车站列、调车进路的办理方式与普速铁路的相同。点、灭灯也采用双按钮的操作方式，需按压点灯或灭灯按钮与对应进路的始端信号按钮两个按钮，联锁系统据此操作命令控制该信号机 KDJ 的吸起和落下，控制室外信号机的点灯和灭灯。

(四)点、灭灯情况下信号机状态的控制台人机界面显示原则

在点灯状态下，控制台上进、出站信号机的显示应与室外保持一致；在灭灯状态下，控制台上进、出站信号机的显示比照四显示的原则处理，并在信号机对应的点灯显示图形上增加“×”显示，如图 8-13 所示。

图 8-13　点、灭灯状态下控制台列车信号机的显示示例

二、发车引导及引导总锁闭

与普速线路联锁系统仅有接车引导功能不同，在区间不设通过信号机的高速铁路车站，增加了办理发车引导进路的功能（包括线路所的通过信号机），以避免当发车进路上出现轨道区段等故障时无法通过办理进路的方式出站。发车引导还可以更充分地发挥调度集中系统的行车指挥作用，减少车站值班员的作业。引导发车进路除应检查道岔位置正确、敌对进路未办理等基本联锁条件外，还需检查区间闭塞方向正确。进路引导时列车以引导控车模式控车（引导模式是 CTCS-2/3 级列控系统的控制模式之一），以不高于 40 km/h 的速度行驶。

由于动车组要在能够提供充分进路信息的固定经路上才能正常行驶，以及出于更高安全要求的考虑，因而普速铁路的没有任何进路保障的引导总锁闭接车方式被取消；其对应的引导总锁闭功能实际上仅具有道岔总锁闭的作用，办理后一般不能再以任何方式开放本咽喉的引导信号。

三、信号降级显示功能

经 18 号及以上大号码道岔侧向的接车进路，其进站信号机的正常显示为黄闪黄，接近区段的码序为 UUS，指示列车可以以 80 km/h 的速度进站；列控中心在没有临时限速时，控制进站口外方的大号码道岔预告应答器发送大号码道岔信息包，列车可以按信息包中预告的最高过岔速度进站。当在此类接车进路或股道设置了低于 80 km/h 的临时限速时，为防止动车组超速运行，列控中心向联锁系统发送信号降级命令，并控制接近区段发双黄码 UU、进站口外方的有源应答器发送临时限速报文，控制大号码道岔预告应答器停发大号码道岔信息包；联锁系统在收到信号降级命令后，将进站信号机的显示由黄闪黄显示降为双黄（如果与列控中心的通信中断，按照“故障—安全”的设计原则，联锁系统也将使进站信号的显示由黄闪黄降级为双黄）。这样，通过联锁系统和列控中心的协同控制，确保动车组以不高于设置的临时限速值进站，以保证列车的行车安全。

四、对区间闭塞的通信接口

在普速线路上，区间自动闭塞的功能通常由继电电路实现，站间的闭塞条件由电缆传输。在高速铁路，区间自动闭塞的功能由列控中心完成，闭塞条件与其他的站间相关信息由信号系统安全数据网传输。计算机联锁与区间自动闭塞的接口由原来的继电接口方式转变为与列控中心设备的通信接口方式。计算机联锁需要按规定的逻辑要求向列控中心发送发车请求、发车锁闭、接车辅助、发车辅助等改方请求命令；列控中心检查改变区间运行方向的条件，控制区间运行方向的改变，并将允许发车条件、监督区间条件、区间方向、辅助办理等闭塞相关信息发送给计算机联锁。联锁办理向区间的发车进路需检查列控中心提供的允许发车信息，当发车允许条件不满足或与列控中心通信中断时禁止往区间发车。

五、异物侵限防护功能

高铁信号系统需要根据异物侵限监控系统提供的异物侵限灾害报警信息，采取相应的列车运行安全防护措施。信号系统的灾害防护功能由轨道电路、列控中心、计算机联锁、无线闭塞中心共同完成。

当异物侵限灾害监控系统报警时，将会导致受影响区段的轨道继电器失磁落下，将该区段强制置为占用状态，使经过该区段的进路无法排列、防护该区段的信号不能开放或立即关闭；其所属列控中心据此控制相应区段的轨道电路向列控车载设备发送紧急停车码 H(红码)，并将异物侵限灾害信息发送至计算机联锁。在 CTCS-3 线路，计算机联锁系统将灾害信息立即发送给无线闭塞中心(RBC)，RBC 通过 GSM-R 无线通信发送紧急停车区(EMA)信息至 CTCS-3 级车载设备。这些措施都将使列车得以及时制动停车，保证行车安全。

六、对 RBC 的应用层协议格式处理

目前，计算机联锁系统向不同型号的 RBC 发送信息时有两种不同的应用层协议格式，在 RBC-CBI 接口规范中分别称之为格式一和格式二。

两种格式都基于信号授权(SA)概念，向 RBC 提供其计算行车许可(MA)的关键信息。信号授权包括站内进路的授权和闭塞分区的授权两类。

(一)格 式 一

格式一采用周期性发送所有“活动对象”单元信息的应用层信息传输规则。“活动对象”是其信息单元中所有变量取值不全为默认值(安全侧)的“公共对象”。公共对象是该协议信息传输的基本单元，其单元内的信息格式如图 8-14 所示。

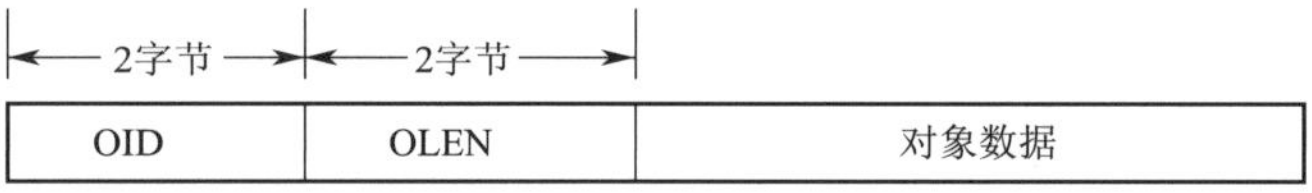

图 8-14　公共对象结构

其中对象标识(OID)是站场每一个公共对象的唯一标识，2 字节长(最多可标识 32 768 个对象)；对象长度(OLEN)是每个公共对象数据的字节长度，也是 2 字节长；按照格式一的规定，现共有三类对象(数据)：联锁向 RBC 发送的信号授权信息(SAM)和紧急(停车)区消息(EMAM)，RBC 向联锁发送的列车信息消息 TIM。

1. 信号授权信息(SAM)数据

SAM 是以“公共对象”中用以交互列车信息和进路信息的“终点信号”(包括站内相关的列车信号、区间通过信号和闭塞分区的停车牌)为基本对象，其信息传输单元的数据内容包括进路类型、进路状态、降级状态、进路标识、保护区段和溜入危险共 6 个字段(每段 1 字节)。其所定义的进路是以“终点信号”(称之为 SAO)为终点的、包括区间在内的广义上的进路。

每个“终点信号”SAO 对象由 1 个 2 字节的唯一对象标识 OID 进行区分，再通过其进路标识 SA_ID 字段以子进路号(1～255)的方式区分终点相同、起点不同的多条进路。进路类型分为无进路、正常进路和泊车区进路(因按照格式一对进路的上述定义，股道发车时已不存在以出站信号机为终点的进路，故需要以泊车区的方式处理)三种，共有无进路、降级、引导进路、列车进路、泊车区发车和占用 6 种进路状态。其中降级状态的定义是进路因人工取消或人工解锁关闭信号后但未完全解锁时的状态；占用状态的定义是列车或引导进路内任一区段被占用或任一道岔不在规定位置时的进路状态。

站内 SAO 对象的信号授权信息在其对应的进路锁闭、信号开放后才开始向 RBC 发送，进路完全解锁后取消(接车进路需要继续维持发送 40 s 以保持列车在股道内的行走)；区间 SAO 对象的信号授权信息在联锁收到列控中心给出的区间闭塞方向后向 RBC 发送；区间的信号授权信息虽然与站内的格式完全相同，但其只有"正常进路"的进路类型和对应闭塞分区空闲的"列车进路"和对应分区占用的"占用"两种进路状态。

如此，格式一通过进路、进路状态及是否有保护区段和其他车辆溜入的危险信息向 RBC 给出信号授权(SA)及其位置和范围，联锁系统需要按照其规定，依据有关进路的状态对相关的信息做组合及格式转换处理，逐个形成对应所有 SAO"活动"对象的信号授权信息(SAM)。图 8-15 以接车进路为例，示出了其信号授权产生和结束过程的主要场景示例。

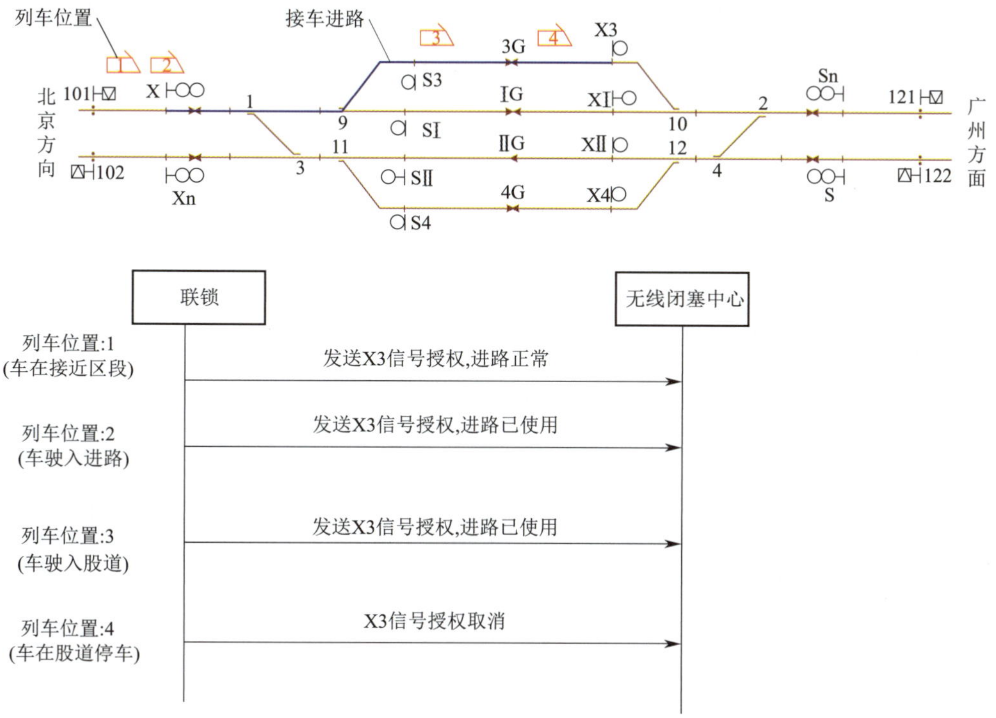

图 8-15　信号授权过程示例场景示意图

如图 8-15 所示，办理 X 至 X3 的接车进路时，在信号开放后，联锁系统开始持续将以 X3 为终点的一个 6 字节长的信号授权信息 SAM 加入对向无线闭塞中心发送信号授权的信息队列，其进路类型为"正常进路"，进路状态为"列车进路"、进路标识为 1(该站场至 X3 只有一条接车进路)，无降级、保护区段和溜入危险。列车驶入接车进路后，继续发送 X3 为终点的信号授权，进路状态转为"占用"(进路已使用)；当列车完全进入股道后，在 40 s 内仍维持向无线闭塞中心提供该接车进路的信号授权，进路状态为"占用"；40 s 后或列车完全出清股道后取消 X3 为终点的信号授权。

发车时，信号授权的起点是出站信号机，终点一般是区间第一个停车牌或信号机。发车信号机开放后，股道上需要再增加一个泊车区信号授权，起点、终点分别是股道两侧的出发信号机。

2. 紧急(停车)区消息 EMAM 数据

紧急区消息 EMAM 只有长度为 1 字节的一个数据字段，由计算机联锁系统在异物侵限报警时生成并将其状态置为“激活”；无线闭塞中心将据此向该区域内以及将要进入该区域的列车发送无条件或有条件紧急停车消息，并在联锁撤销该紧急区消息前不会对该区域下发新的行车许可。

3. 列车信息消息 TIM 数据

无线闭塞中心向计算机联锁发送的列车信息消息 TIM 数据，包括列车状态、行车许可状态、列车位置、列车长度、列车速度五个字段，每字段数据长度为 2 字节；目前这些信息尚未被联锁系统所使用。

图 8-16 是计算机联锁(CBI)对无线闭塞中心(RBC)发送的应用层信息帧格式。

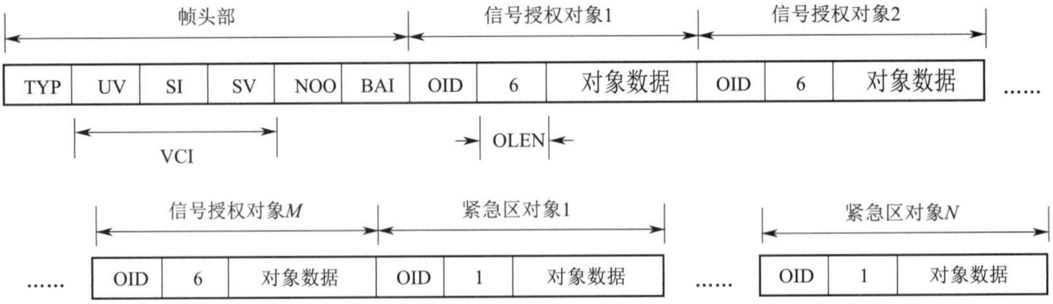

图 8-16 格式一定义的 CBI 向 RBC 发送的应用层信息帧格式

其中帧头部之后都是“活动对象”的数据。因为对象是否“活动”与相关进路是否建立、紧急区状态是否因异物侵限报警而激活相关，所以格式一的应用层信息传输规则本质上是一种变长的、每次传输的对象及对象数量都并不固定的传输方式，而不是铁路信号传统的定长、定位(各传输变量的数量和位置都固定)传输方式；需要根据帧头部中的数据长度变量(以活动对象数量 NOO 的形式给出)接收方应用层才能得到本次传输的数据长度。此外，帧头部中还有取固定值的设备版本 UV、用以区别不同站场的站场标志 SI 及站场数据版本号 SV 等信息。

(二)格 式 二

格式二采用周期性对 RBC 发送全部相关信息的应用层信息传输规则，是铁路信号典型的定长、定位(各传输变量的数量和位置都固定)的传统传输方式。图 8-17 是格式二定义的计算机联锁向 RBC 发送的应用层信息格式。

格式二将所需对象的相关信息划分为站内轨道电路、区间闭塞分区、区间闭塞方向和列车进路四类，所有相关对象都按分类位列其中并有固定的位置；每个站内轨道电路和区间闭塞分区的信息都各自以 1 bit 表示，0 为占用、1 为非占用；每个闭塞分区的闭塞方向(当前允许的列车运行方向)都各自以 2 bit 表示未取向(未获得和闭塞方向转换期间均为未取向)、下行方向、上行方向三种状态。每条进路都各自以 4 bit 表示未激活、不可用、正常、正在通过和引导五种状态，其对应含义见表 8-3。

格式二的帧头很简单，只包含数据协议格式版本号和配置数据版本号。

		Bit7	Bit6	Bit5	Bit4	Bit3	Bit2	Bit1	Bit0
帧头部	Byte0	数据格式版本号							
	Byte1	配置数据版本号							
站内轨道电路信息子域	Byte2	TC1	TC2	TC3	TC4	TC5	TC6	TC7	TC8
	Byte3	TC9	TC10	TC11	TC12	TC13	TC14	TC15	TC16
	…	TC…	TC…	TC…	TC…	TC…	TC…	TC…	TC…
	Byte X	TCn-1	TCn						
闭塞方向信息子域	Byte $X+1$	ORBL1		ORBL2		ORBL3		ORBL4	
	…	ORBL…		ORBL…		ORBL…		ORBL…	
	Byte Y	ORBLn-1		ORBLn					
闭塞分区信息子域	Byte $Y+1$	BC1	BC2	BC3	BC4	BC5	BC6	BC7	BC8
	…	BC…	BC…	BC…	BC…	BC…	BC…	BC…	BC…
	Byte Z	BCn							
站内列车进路信息子域	Byte $Z+1$	TR1				TR2			
	Byte $Z+2$	TR3				TR4			
	…	TR…				TR…			
		TRn							

图 8-17　格式二定义的 CBI 向 RBC 发送的应用层信息帧格式

表 8-3　取值与对应含义

取值	含义	描　　述
0	未激活	列车进路未建立，相应的信号授权不可使用
1	不可用	列车进路虽然已被锁闭，但由于信号故障、敌对进路、延时取消等原因，正常及引导信号均未开放，信号授权不可使用
2	正常	列车进路的所有条件已得到满足，信号已正常开放，信号授权可以使用
3	正在通过	列车正运行在进路上，进路正在被解锁，相应的信号授权对其他列车不可用
4	引导	列车进路以特殊方式建立，相应的信号授权在一定限制条件下可以使用

与格式一相比，格式二非常接近于计算机联锁对列控中心发送信息的格式，具有信息格式及发送处理简单可靠的优点，并且由于：

（1）固定的应用信息帧长度本身就往往可以起到相当的防护作用，因为在定长的传输方式下接收方是拒绝长度校验有误的信息的，而不同站场或是同一站场不同版本的数据长度通常都是不一样的，即使版本校验功能被关闭也能够发现大部分版本错误（格式一因只通过版本信息进行校验，在该校验未被有效使用时已发生过由于数据版本错误造成险性故障的情况）。

(2)其站内轨道电路类和列车进路类中的“正在通过”状态两类信息之间具有完整的双重冗余关系,可供 RBC 用来进行安全校验。

因此格式二的安全冗余度较大,但其所需的信息传输量也较大(特别是站场规模较大、进路很多时),而且其四类信息(只有 1 bit 至 4 bit 的表示容量)都已没有或只有很少的代码预留空间,在不增加类的情况下已基本没有扩展余地了;而格式一的 6 字段(每段一字节)表示容量还有很大扩展空间。

按照格式二协议,无线闭塞中心不向联锁系统发送应用数据;且也尚未考虑 RBC 在异物侵限时的紧急停车功能。

七、无配线站控制功能

无配线车站指不设置分歧道岔,但有客运业务的车站。城际铁路一般线路短,无配线车站较多。由于无配线车站的站形和联锁关系都非常简单,采集驱动对象很少,一般将其纳入邻近有配线车站的联锁系统集中控制,一并完成无配线车站的联锁逻辑运算,而不设置独立的无配线站计算机联锁系统。集中控制可采用在无配线车站设置远程采集驱动单元的方式,或是将对轨道区段和信号机进行采驱控制的执行功能交由无配线车站(中继站、线路所)所属的列控中心完成,这样可通过信号系统安全数据网实现两者间的安全数据传输,无需再为联锁系统设置独立的传输通道。本章第五节中介绍了无配线车站联锁的这种典型运用方式。

八、通信站间场间联系功能

联锁系统之间通常只在站间距离较近时才会有站间联系的需要。如:当构成本站接近和离去区段的部分远端闭塞分区属于邻站时,需要从邻站获得其占用/空闲状态(高速铁路因接近和离去区段很长,常有此种情况发生);当近至两站的信号显示也有关联时,还需要对方相关的信号显示和进路的状态等联锁条件。近至不需使用或无法使用闭塞系统的场间联系则更为复杂和多样,除上述的接近锁闭等条件外,照查条件也必不可少,还有需要传递衔接道岔、相关信号的控制和表示等条件的情况;尤其是当站场规模过大或因运输办理需要而将一个站/场划分为两部分由两个联锁系统共同进行控制时,在衔接处会形成大量的需要以场间联系的方式进行处理的联锁逻辑关系。

传统上,这些站/场间的联系,都是采用专门设计的继电电路通过电缆的连接实现的。目前国内主流计算机联锁系统在以软件逻辑替代相关的继电逻辑时,也都基本保留了电路末端关键的接口条件继电器及其电缆传输的既有方式。这种基于继电逻辑的电缆传输方式,具有安全、快速、简单、直观、便于维护等优点;但传输距离比较有限,传输的条件对象数量也明显受到电缆及其施工成本的限制。而以普遍采用光缆传输的计算机通信方式实现站间和场间联锁条件的传递,能够大幅度扩展传输的距离、大幅度增加传输的信息量和使用的灵活性、大幅度降低传输系统的成本。对这种通信场联/站联技术的使用,很早前就始于普速铁路的计算机联锁系统。只是在信号系统安全数据网出现之前,在 EN 50159 建立安全相关通信标准、解决使用非信赖的通用传输系统实现铁路信号安全相关通信的问题之前,具有通信站联/场联功能的计算机联锁系统都只使用其独有的安全通信技术和专用的协议和传输方式,通信能力有限也不具有通用性,不同型号的联锁系统之间更无法互通互联。

由高速铁路"催生"的我国铁路信号系统安全数据网及其统一规范的安全通信协议，在实现需要大范围、大信息量实时传输的高铁列控系统安全相关通信需求的同时，也解决了计算机联锁系统站间通信的上述主要问题。高速铁路建设的初期，在计算机联锁尚未接入信号安全数据网之前，是采用由必须和已经接入信号安全数据网的列控中心代传的方式实现联锁系统站间联系的，计算机联锁系统已通过串口与列控中心实现了通信连接，减少对联锁的改动并降低信号安全数据网的复杂度。

图 8-18 为由列控中心代传联锁系统站间信息的传输示意。联锁机的每一系设置两个端口通过以太网或 CAN 总线与列控中心交叉冗余连接。但由于这种方式的信息转发环节过多，数据延时较长，特别是在通信有误甚至接近超时的情况下，可能会造成数据时序差异过大而影响某些联锁功能的正常实现（如接近、离去区段占用/出清时机的延迟会影响进路的正常解锁等），以及 CTCS-3 级列控系统对联锁接入信号安全数据网实现与无线闭塞中心 RBC 连接的需要和技术的不断成熟，列控中心代传的方式被联锁"上网"直接通信的方式所取代。

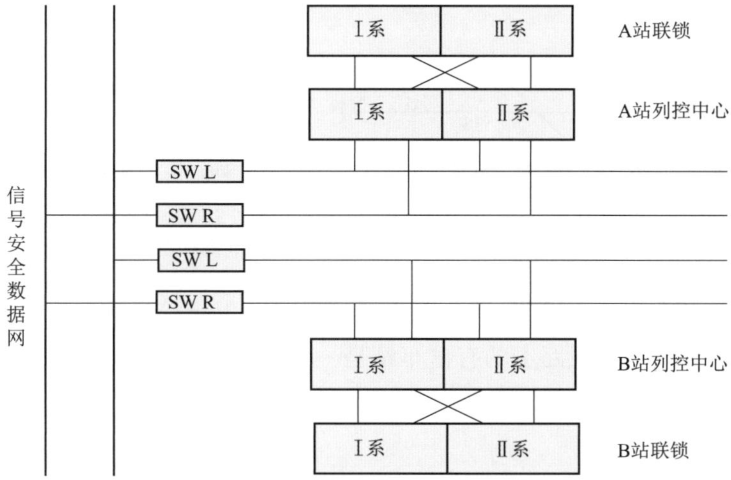

图 8-18　列控中心代传方式连接示意

对两个已接入安全数据网需要相互通信的联锁系统而言，只需使用网络分配给各自的一组物理端口（号）即可实现彼此之间及与列控中心和无线闭塞中心的通信连接。站间联锁系统之间的通信机制与联锁系统对列控中心的通信机制完全相同，传输层采用 UDP 协议，安全层采用 RSSP-Ⅰ协议；在双方各两系 4 个联锁计算机之间共建立 8 个通信链接（参见图 8-10）。链接的具体使用方式同样为双方的Ⅰ、Ⅱ两系都通过独立的两个环网同时发送、接收安全协议数据包，实现安全相关数据的冗余传输；但仅其中主系传送的数据有效，备系的数据只用于通道检查；联锁主系持续 6 s 不能正确接收到对方主系的信息时，即认为本系与对方的通信完全中断，执行安全处理；备系因涉及同步和切换，可能会因具体的处理方式而有所不同，但执行安全处理的基本原则应是相同的。

通信周期为 250～500 ms。应用层一般是以按大排队方式互传状态信息。

第五节　无配线车站应用

一、概　　述

城际铁路仅办理客运业务，一般站间距离较短，车站设置较密集。城际铁路有部分车站利用正线进行旅客乘降作业，无侧线股道，不设置道岔，这类车站称为无配线车站。车站须设置进、出站信号机，无配线车站也不例外，轨道电路一般为与区间同制式的 ZPW-2000 系列。图 8-19 为某城际铁路局部区段的平面布置示意图，其中××车站为有侧线股道和道岔的车站，××东站、××西站均为无配线车站。

无配线车站的进、出站信号机的布置有两种方式，一种是进、出站信号机并置方式，如图 8-19 中××东站，另一种是进、出站信号机中有无岔区段的差置方式，如图 8-19 中××西站。

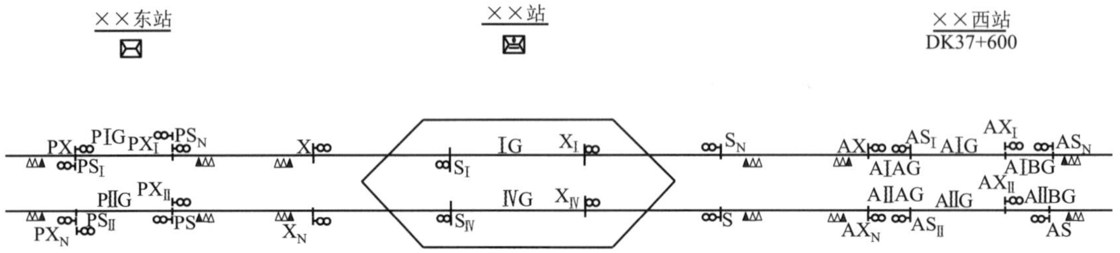

图 8-19　城际铁路局部区段平面布置示意

无配线车站具备办理接车进路、发车进路、通过进路、引导接发车进路的功能。无配线车站信号机构和点灯方式与其线路上的有岔车站是一致的，如信号机可选择点灯和灭灯显示，出站信号机具有引导发车功能。

二、联锁处理的一般原则

无配线车站一般不单独设置计算机联锁设备，而是纳入邻近有岔车站的计算机联锁集中控制。车务人员在有岔车站集中办理作业，无配线车站的人机界面一并显示在该站的操作显示终端上。

无配线车站的联锁逻辑关系比较简单、控制对象数量很少，为充分利用设备资源，对无配线车站信号机显示的驱动控制和状态采集、轨道区段状态的采集由管辖该处的邻近车站、中继站或线路所的列控中心代为完成；负责其联锁逻辑处理的计算机联锁设备与该列控中心通过信号安全数据网进行相关控制命令和表示信息的交互。

如图 8-20 所示，××站设置计算机联锁和列控中心，××东站设置中继站列控中心，××西站没有设备。××东站和××西站的联锁逻辑由××站联锁系统完成，××东站其驱动和采集由××东站的中继列控中心完成，××西站其驱动和采集由××站的列控中心完成，××西站的室外设备和××站的列控中心间通过长距离的电缆连接。

无配线车站不作为改变闭塞方向的控制点，无改方操作办理；其区间闭塞的方向与所属联锁主站的方向保持一致。如图 8-20 中××东站和××西站不能办理改方，改方的办理由××站和两侧有岔车站完成。

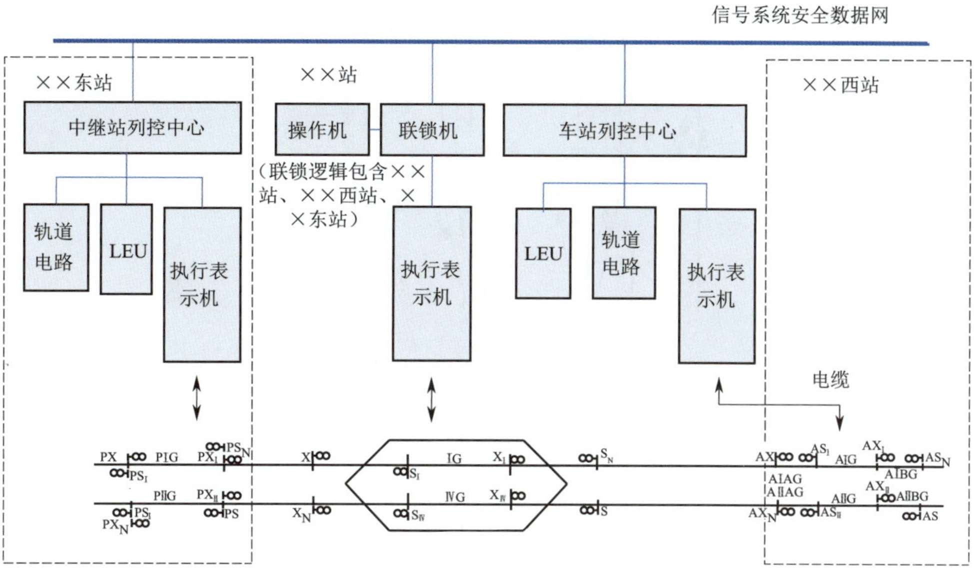

图 8-20 无配线车站控制关系示意

三、通信接口

无配线站所属车站的计算机联锁系统与车站列控中心的接口方式维持不变。对于无配线站属中继站辖区的情况，早期方案是由车站列控中心进行控制中转；计算机联锁系统接入信号系统安全数据网后可直接与中继站列控中心交换无配线站的驱采信息。

车站计算机联锁与车站 CTC 自律机的接口没有发生变化，中继站可不设 CTC 自律机。车站计算机联锁与车站 CTC 自律机交换车站及所属无配线车站的相关信息。

第六节 动车段应用

动车段的规模一般较大，功能复杂、作业形式特殊，除具备存放车辆功能外，还兼有车辆维修保养、动车试车、外皮清洗、排污吸污等众多辅助性功能。

动车段作业最大特点之一就是动车组的“早出晚归”，早间集中出段，晚间集中入段，且按列车方式开行。图 8-21 为某动车段的站场平面布置。与动车段衔接的出入段走行线一般设有两条，距离接轨车站较远，每条线常按双向自动闭塞设置，以保证走行线的通过能力。因此，动车段联锁的设计和设备设置要特别关注，一是进出段进路按列车进路设计，轨道电路、信号机、道岔设备设置和控制，进路的办理和解锁时间，平行进路的设定等，要与接发车能力需求相匹配；二是与区间、列控设备的结合，包括与进出动车段线路的闭塞联系（一般为双线双方向自动闭塞），需要与 CTCS-2 级列控设备接口等；三是进出段列车进路属于调度集中控制，需要纳入列车运行图管理。

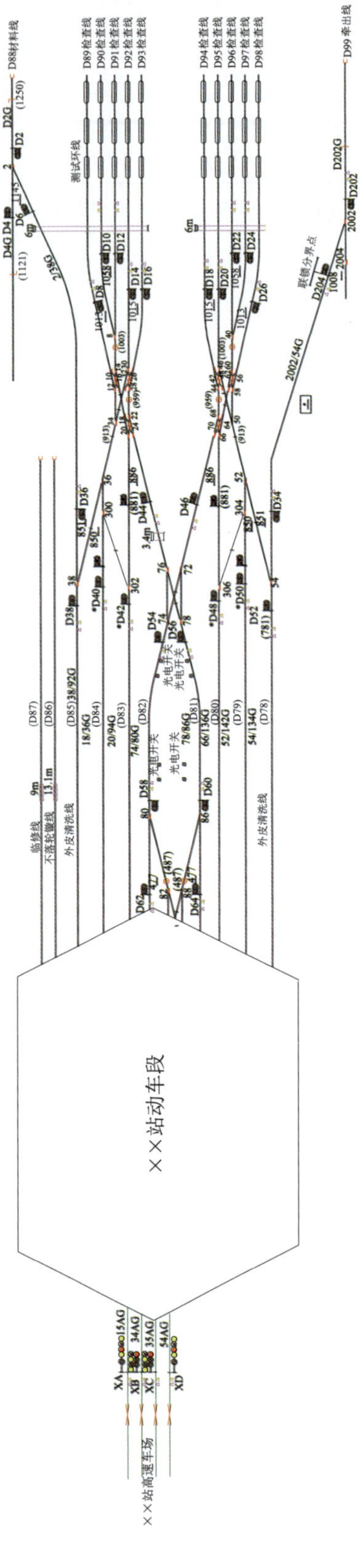

图 8-21 动车段站场平面布置图举例

为了实现动车摘挂、洗车、试车、维修及检修等功能，动车段增加了股道分割信号机控制、与试车线的联系、与综合维修段基地的联系、与洗车线的联系、与检修线的联系等联锁功能。

一、股道分割信号机控制

为了提高股道利用率，在部分股道上设置分割信号机，满足两列短编组动车组可以分别进入股道的需求。

如图 8-22 所示，XF_{20}、SF_{20} 信号机设置在股道的中间，为并置的三灯位信号机，色灯为红、蓝、白三色，股道分割信号机常态为红灯。

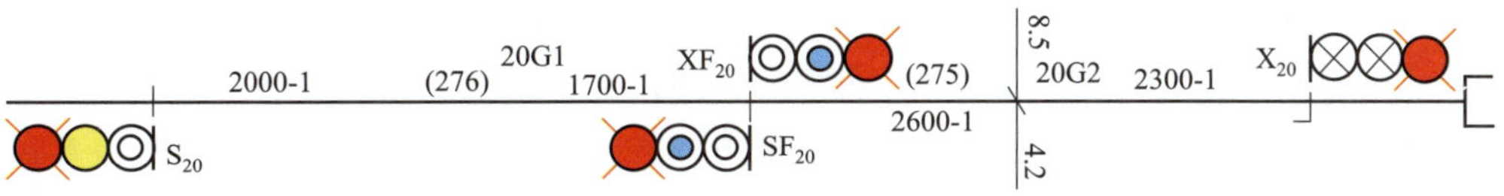

图 8-22　动车段、动车所股道分割信号机举例

向该股道的接车进路应设置两条不同的进路，分别为接车至远端（越过分割信号机）和接车至近端（至分割信号机）的列车进路，技术要求如下：

（1）办理至远端的列车进路后，股道分割信号机点亮蓝灯。进站信号开放要求检查分割信号机蓝灯点亮。当列车顺序压入进站信号机内方，分割信号机保持蓝灯，直到列车压入分割信号点内方的股道后分割信号机点亮红灯。

（2）办理至近端的列车进路，分割信号机为红灯状态，接车进路的解锁时机与一般股道接车进路的解锁时机一致。

（3）可以由分割信号机向股道办理调车作业。当办理以分割信号机为始端的调车进路时，该信号机点亮白色灯光。车列全部越过该信号机后，点亮红色灯光。

二、与试车线的联系

在动车段、动车所内，根据需要可设置机车试车线，也称动调线，如图 8-23 所示。一般在动调线两端设置阻拦信号机，阻拦信号机一般设为高柱红灯。由于动车段、动车所内的机车动调线主要功能是用于动车组的试验和调试，动车在同一条线路上往返行驶，因此动调线一般按非进路调车方式实现，并辅之以交接权手续。

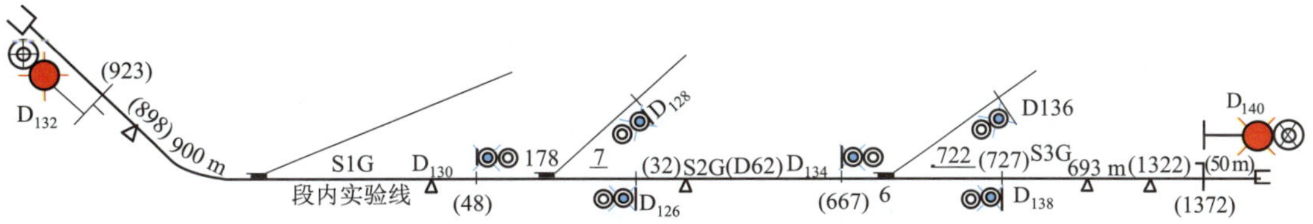

图 8-23　动车段、动车所内的机车试车线举例

信号楼值班员必须确认试车线上的各道岔区段（不包括无岔区段）空闲，以及未利用这些

区段排列任何进路后，方可办理动调线的试车进路。试车进路办理后，试车线上的有关道岔都要自动地转换到规定位置并锁闭。道岔锁好后，试车线上的正向和反向调车信号机全部开放，试车由手信号指挥调车。

取消试车进路时，试车线上的调车信号机立即关闭，试车进路经 30 s 后自动解锁。对于背向信号机间有两个或两个以上道岔区段时，值班员取消试车进路后，必须检查有关道岔区段空闲，进路才能解锁，防止车列从一个道岔区段向另一个道岔区段移动时发生事故的可能。

三、与综合维修段基地的联系

综合维修段的设计有归动车段控制和单独设置两种情况。对于综合维修基地不归本站控制，由另一套控制系统进行控制的情况，动车段与综合维修段基地站间设联系电路。动车段与综合维修段基地间走行需进行综合维修的动车组列车，一般在两站间设置类似于机务段同意的电路，即向综合维修基地办理进路时必须先由维修基地同意。

动车段、动车所与综合维修段基地的一种用于计算机联锁系统的联系电路如图 8-24 所示。其中 PIO-OUT、PIO-IN 分别表示计算机联锁系统的驱动对象和采集条件，此电路使用一个由联锁计算机依据相关控制逻辑驱动的继电器 WJTJ 和一个完全由继电布线逻辑控制的继电器 JTJ 构成；在综合维修段基地一侧设有同意按钮 JTA 及表示灯 JT。

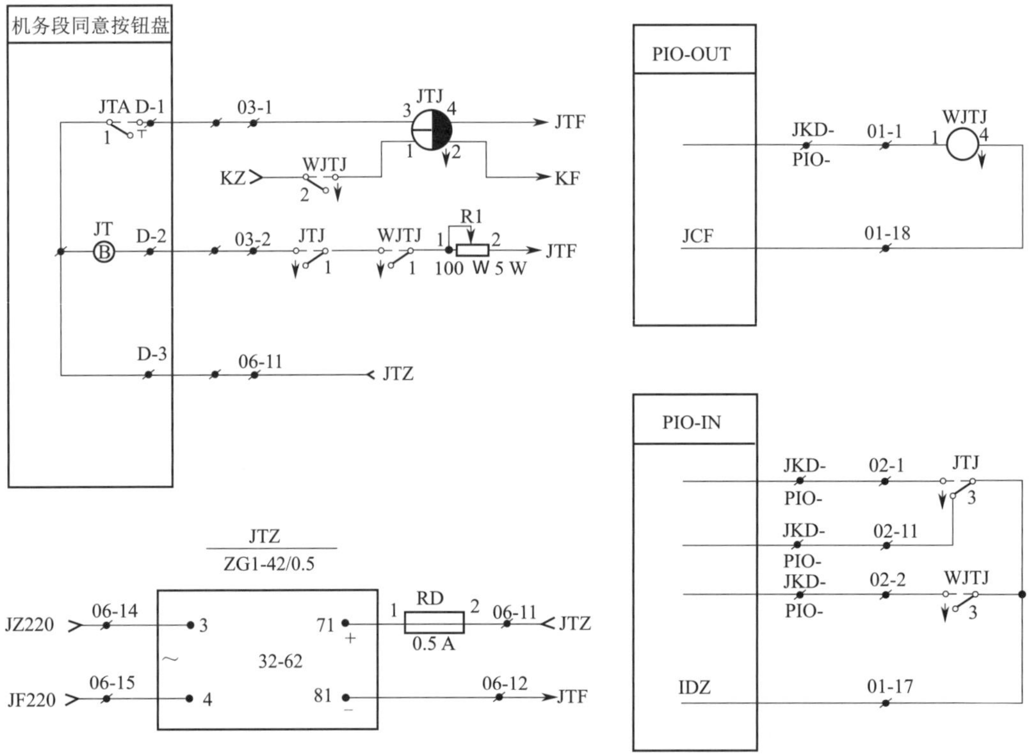

图 8-24　动车段、动车所与综合维修段基地的联系电路

四、与洗车线的联系

大部分动车段、动车所均设置有清洗线，用于动车组外皮清洗作业。清洗线一般不设轨道电路，由清洗线两端向线内进行调车作业须办理相关同意操作。与洗车线的联系主要有两种实现方式。

（一）洗车库牵车作业和洗车作业不分的方式

如图 8-25 所示的洗车库，一般洗车线两端各设一套同意电路（两端都可以入库的）或只设一套同意电路（单端入库），该电路类似于机务段同意，防护洗车线的调车信号开放需检查相应的同意继电器吸起且前方无岔区段的空闲。此方式的联系电路如图 8-26 所示。

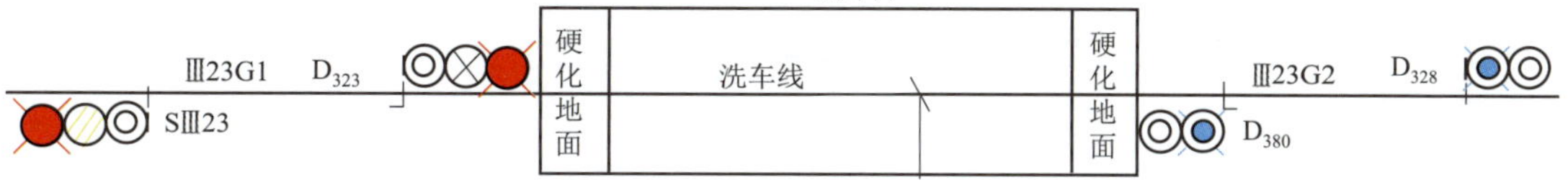

图 8-25　洗车库牵车作业和洗车作业不分的站场举例

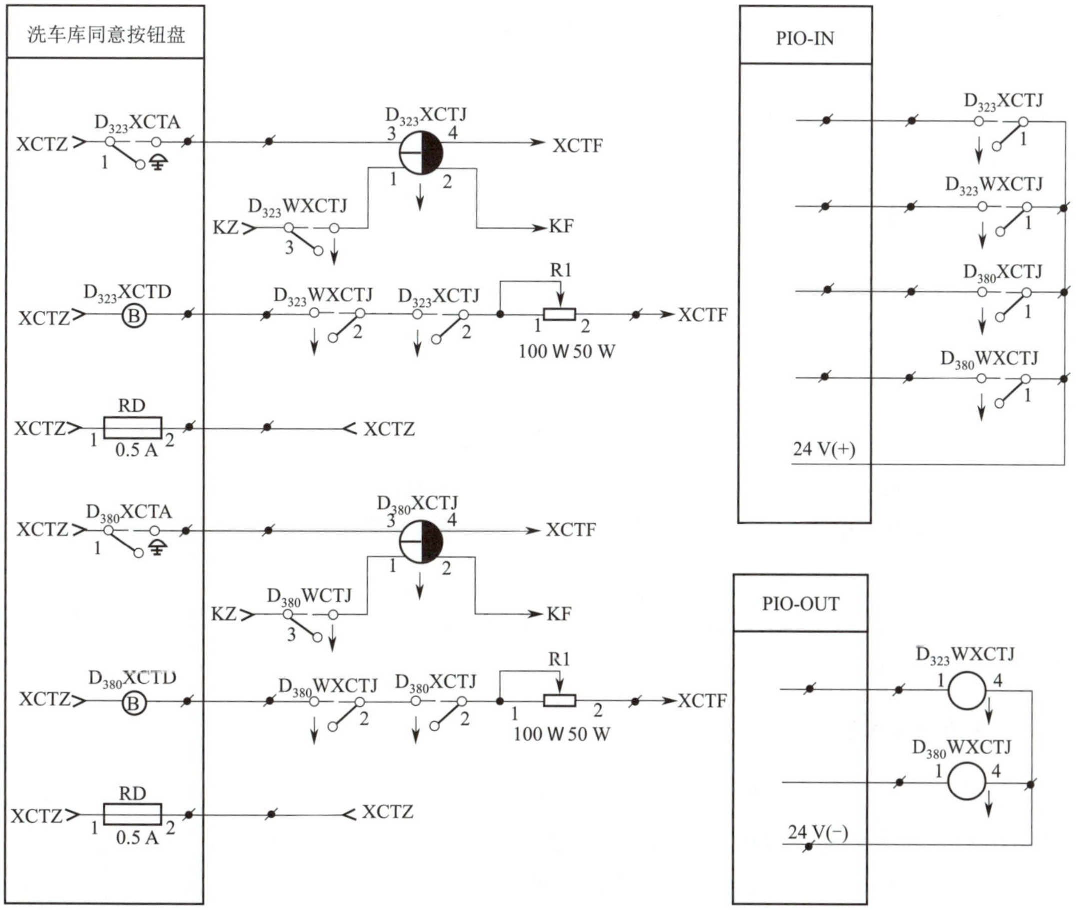

图 8-26　洗车库牵车作业和洗车作业不分的联系电路

另外，有时取消、人解出库进路增加检查洗车库同意取消条件。

（二）洗车库分牵车作业和洗车作业的方式

如图 8-27 所示的洗车库，一般两侧都允许向清洗线办理调车进路，一侧可以办理洗车作业。

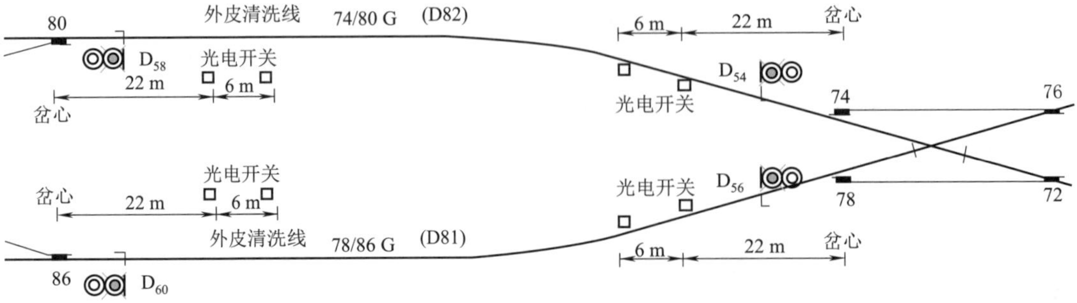

图 8-27　洗车库分牵车作业和洗车作业的站场举例

1. 牵车作业

需要牵车时，在洗车机控制室按下请求牵车按钮 QQCA 发出牵车请求后，信号楼的请求牵出按钮继电器 QQCAJ 吸起；信号楼值班员办理牵车防护进路，在信号开放后按下同意牵车按钮，联锁系统驱动对应的同意牵车按钮继电器 TQCAJ 吸起，通知洗车机控制室同意牵车。牵车完成后，洗车机控制室将牵车完成信号反馈给信号楼即牵出完成继电器 QCWCJ 吸起，信号楼 TQCAJ 落下。信号故障关闭时 TQCAJ 落下，信号重复开放后，TQCAJ 恢复吸起。

信号楼值班员发出同意牵车通知后不能单方取消牵车防护进路，必须经洗车机控制室同意，接到牵车完成信号才能取消，即取消进路或人工解锁时，需要检查 QWCJ 吸起。

2. 洗车作业

信号楼联锁系统采集到洗车线同意洗车按钮继电器（TXAJ）吸起后，驱动本站同意洗车继电器（TXJ）吸起，在列车完全进入洗车线后（或者按压取消按钮＋向洗车线的进路终端按钮来办理取消，或按下单设的“取消洗车”按钮办理取消）控制其落下，洗车线同意后则无权取消同意。

对于每条清洗线，联锁系统需要驱动 TQCAJ（两端各一个）和 TXJ。图 8-28 为 D_{58} 和 D_{54} 之间的洗车线的联系电路。

五、与检修线的联系

有些检修线设置在动车段、动车所之外，检修线不归动车段、动车所控制。动车组进入检修线或由检修线进入动车段按调车作业。与检修线衔接的调车信号机外方无轨道电路。动车段与检修线连接处设应答器，办理经过检修线的调车进路时，联锁向列控中心发送进路信息作为应答器发送报文的条件。动车段与检修线连接处的踏面检测无联锁关系。

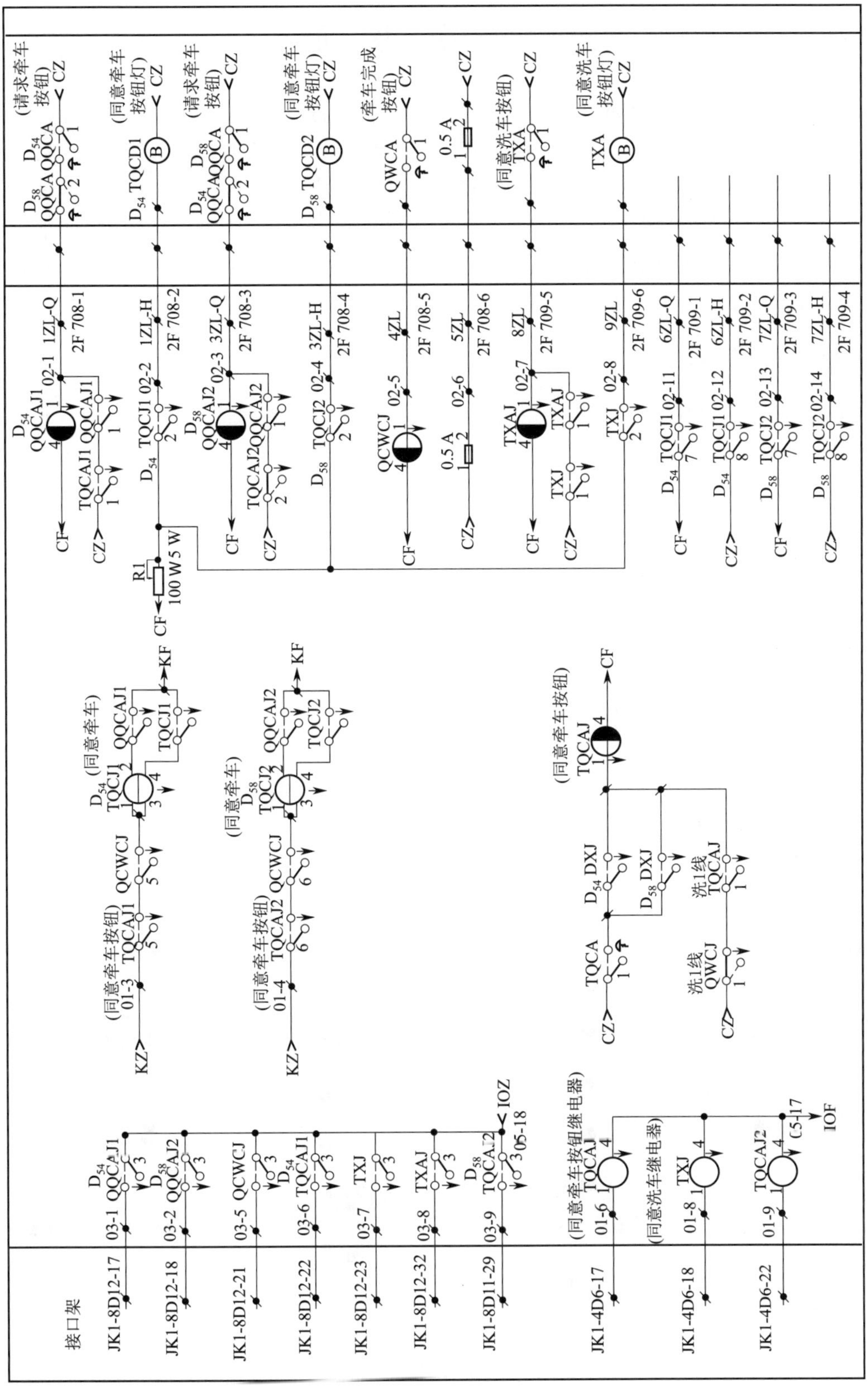

图 8-28　洗车库分牵车作业和洗车作业的联系电路

第七节　衔　接　站

衔接站为区间不设通过信号机的高速铁路与区间设通过信号机的线路相衔接的车站；是以列控车载系统为主和以地面信号为主两种不同信号体系“接轨”的交汇处，其进出站信号机的设置及其点灯/灭灯控制，是此类车站特有联锁功能的关键所在。

衔接站涉及线路和站场平面布置、列车开行和行车作业方式、信号显示体制、列车进路设置、各类列车控制模式等，因此一般都需结合具体工程情况，进行详细信号工程设计，明确信号机设置、信号显示状态和显示关系、信号联锁关系。

一、衔接站的衔接方式

衔接站涉及的因素很多，情形一般都比较复杂。当衔接站选定后，其衔接类型一般可归纳为如下四种：

(1)本站两端皆为区间设通过信号机和区间不设通过信号机的线路；多为由同标准(按相同标准建设的)线路贯通本站，如图 8-29(a)所示。

(2)本站一端为区间设通过信号机和区间不设通过信号机的线路，另一端为区间设通过信号机的线路；一般为区间设通过信号机的线路正线贯通本站，区间不设通过信号机的线路在本站接轨，如图 8-29(b)所示。

(3)本站一端为区间设通过信号机和区间不设通过信号机的线路，另一端为区间不设通过信号机的线路；一般为区间不设通过信号机的线路正线贯通本站，区间设通过信号机的线路在本站接轨，如图 8-29(c)所示。

(4)本站一端为区间设通过信号机的线路，另一端为不设通过信号机的线路，且正线贯通，如图 8-29(d)所示。

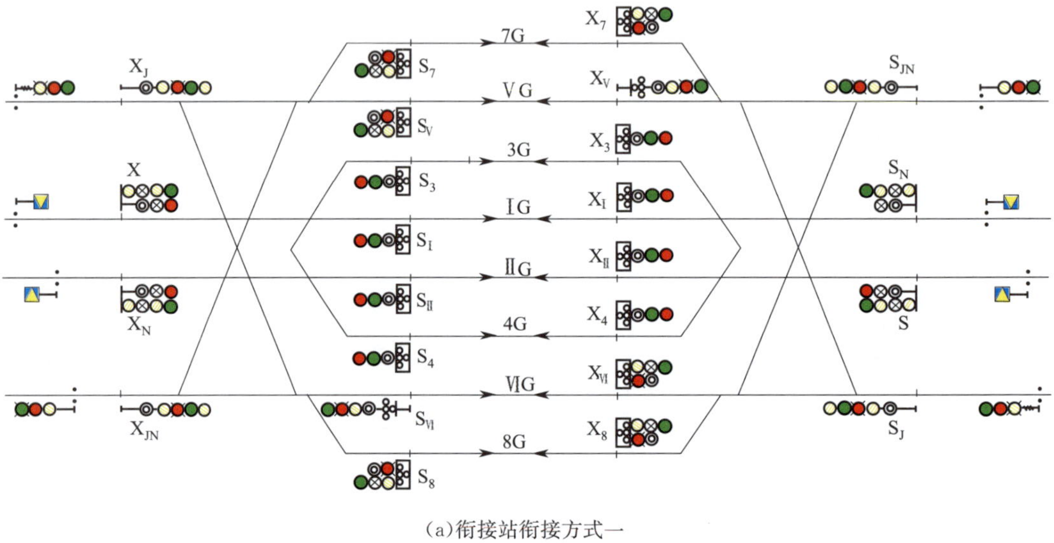

(a)衔接站衔接方式一

图　8-29

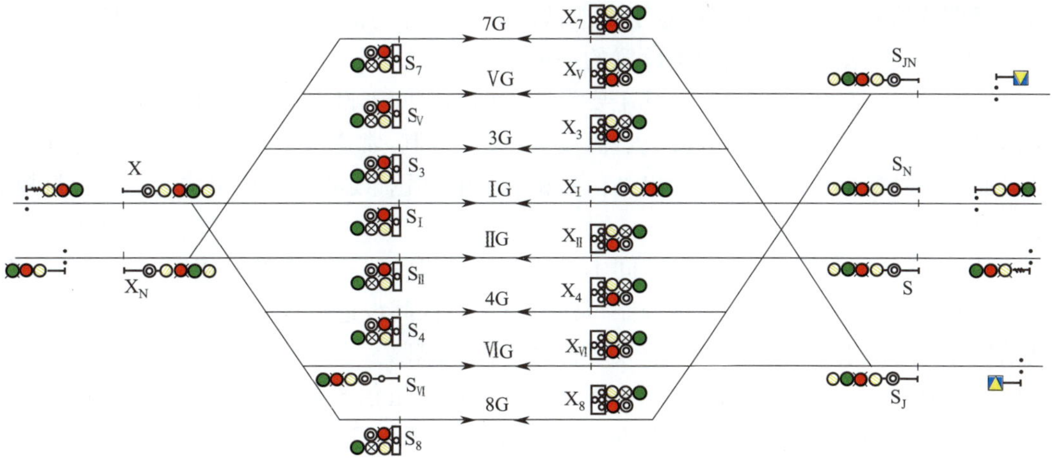

(b)衔接站衔接方式二

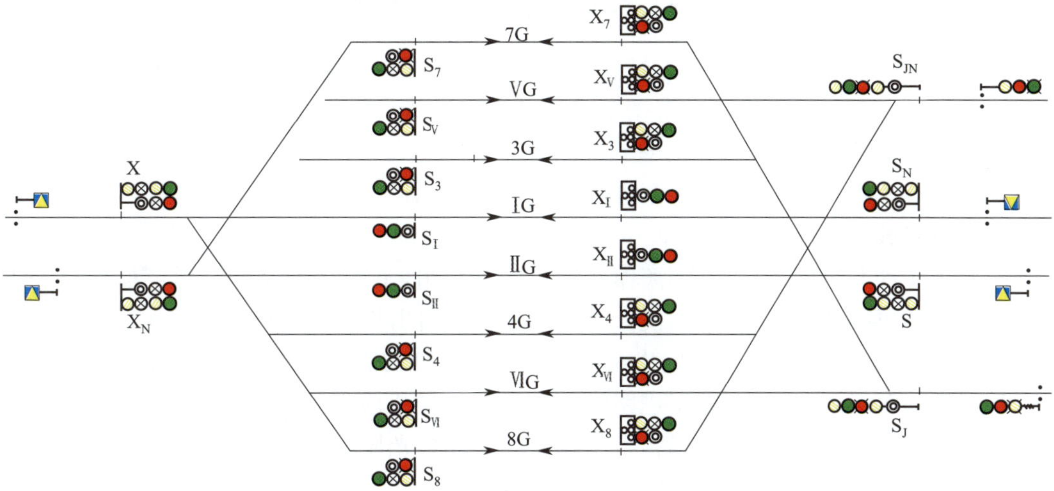

(c)衔接站衔接方式三

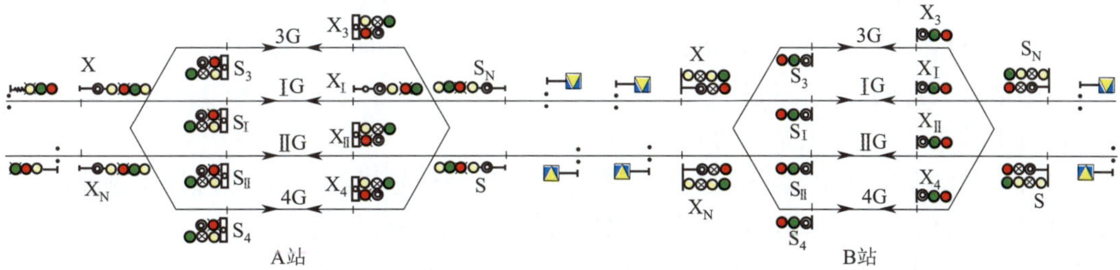

(d)衔接站衔接方式四

图 8-29 衔接站衔接方式

二、衔接站的信号机设置和其点/灭灯状态

衔接站信号机的机构和其点/灭灯状态的设置，兼具既有线与高速铁路的特点；除既有线

“常态点灯”的信号外，同时还有对应于高速铁路常态灭灯的信号。本节主要介绍衔接站列车信号机，重点是进、出站信号机相关设置的一般原则。

(1)同标准线路贯通的车站，在其主要发车方向为区间不设置通过信号机的股道所设置的出站信号机，采用“红、绿、白”三灯位机构，设点/灭灯控制，常态灭灯；在其主要发车方向为区间设置通过信号机的股道所设置的出站信号机，采用同既有线的五灯位机构，无点/灭灯控制，常态点灯。

(2)同标准线路贯通的车站，由区间不设通过信号机的线路向衔接站接车的进站信号机的机构与既有线的相同，但设点/灭灯控制，常态灭灯；由区间设通过信号机的线路向衔接站接车的进站信号机与既有线的相同，无点/灭灯控制，常态点灯。

(3)非同标准线路贯通的车站，即一端为区间不设通过信号机、一端为区间设通过信号机的车站，其进站、出站信号机的设置按现行规范执行，常态点灯。

(4)与动车走行线衔接的进站信号机常态点灯。

三、衔接站接、发车进路的办理及其信号机点/灭灯的控制

主要是下列几种涉及具有点/灭灯控制、常态灭灯的信号时的进路办理和信号开放方式与一般的进路有所不同，需要值班员根据是否是动车组进路采取不同的办理方式：

1. 由常态灭灯的进站信号机办理接车进路

(1)对于动车组列车，办理其接车进路无须进行“点灯”操作，进站信号机始终保持灭灯状态，动车组依车载列控信号凭证行车。

(2)对于非动车组列车(含以隔离模式运行的动车组，下同)，需先经“点灯”操作点亮进站信号机红灯后，再办理接车进路，以使计算机联锁系统给出相应的允许灯光显示。

2. 由常态点灯的进站信号机向出站信号机常态灭灯的股道接车

(1)对于动车组列车，对应接车进路终端的出站信号机应保持灭灯状态，无须进行“点灯”操作；进站信号机在办理接车进路后，给出相应的允许灯光显示。

(2)对于非动车组列车，需先经“点灯”操作点亮对应接车进路终端出站信号机红灯后，再办理接车进路，开放信号。

3. 由常态灭灯的出站信号机向区间设通过信号机的线路发车

一般为三灯位机构；当站间距离近，出站信号机点灯发车时无法按四显示方式给出规定显示时，采用常态灭灯的五灯位机构。

(1)对于动车组列车，出站信号机保持灭灯状态。

(2)对于非动车组列车，需先经“点灯”操作点亮出站信号机红灯后，办理发车进路，当自动闭塞条件满足后信号(绿灯)开放，发出并保持与信号显示一致的码序。

4. 由常态点灯的出站信号机向区间不设通过信号机的线路发车

对衔接站的这种发车情况，还没有形成比较合理的解决方案，目前实际应用的做法如下：

(1)对于动车组列车，出站信号机仍然按四显示原则显示。

(2)对于非动车组列车，须经人工确认站间区间空闲后方可办理发车进路，列车凭出站信号机开放显示进入区间。

采用这种方案，当前行列车顺序驶过一、二、三离去区段时，四显示出站信号机对应的红、黄、绿黄这 3 个显示对于动车组、非动车组的含义都是一样的；但当前行列车驶出三离去后，出

站信号机点绿灯，此时对于动车组列车来说，该信号的含义是前方至少三个闭塞分区空闲，之后的区间空闲/占用信息由列控车载系统提供；而对于没有车载列控系统的非动车组列车来说，由于又没有区间信号机提供指示，该信号显示的含义应按照站间闭塞的方式来理解，是直至前方车站进站口均无车占用，但实际上又并没有站间闭塞电路来保障(因如果再使用站间闭塞，对效率的影响将使常态也按大区间运行的动车组列车显得荒唐，无法接受)，需要由值班员或调度员人工确认，存在较大安全隐患。

解决上述问题的关键在于需要增加该出站信号的显示信息，以对动车组和非动车组列车进路进行区分，例如引入黄闪显示，或是允许对常态点灯的信号机也设置点/灭灯控制，在为动车组列车排列进路时灭灯，但这都需要对现行的信号显示规范作相应修改。

第八节　多机牵引道岔的控制

一、多机牵引道岔的基本控制原理

转弯半径大、列车通过速度高的大号码道岔，因其大尺度的尖轨(和心轨)需要多台转辙机在不同的牵引点同步协调牵引，需要采用多机控制电路。用于多机牵引的转辙机控制电路，是在各牵引点转辙机标准(单机)控制电路的基础上组合而成的，各转辙机分别具有独立的、主要由 1DQJ 和 2DQJ 两个启动继电器、DBJ 和 FBJ 两个表示继电器等构成的控制表示电路，并由同一组定位操纵继电器(DCJ)、反位操纵继电器(FCJ)和允许操纵继电器(YCJ 或 SFJ)及总的 1DQJ 和 2DQJ 共五个继电器进行控制；设置总的定位表示继电器(DBJ)和反位表示继电器(FBJ)，分别由各牵引点所有 DBJ 前接点、FBJ 前接点串接条件控制，即各牵引点均有定位或反位表示时才有总定位或总反位表示，任何一个牵引点未到位时均无总表示。

多机牵引道岔通常采用尖轨和可动心轨分动结构，并分为两组独立进行牵引及控制：尖轨各牵引点的转辙机为一组、心轨的为另一组，动作时各牵引点的转辙机需要按顺序错峰启动，以免对电源屏的冲击电流过大。以 3 台尖轨、2 台心轨的 5 机牵引的转辙机动作顺序为例，启动时尖轨组和心轨组的第一台转辙机同时开始动作，两组的第一台转辙机动作开始后再由其 1DQJ 接通下一台转辙机的控制电路，并以此类推，使组内全部的转辙机依次顺序开始动作。以下针对计算机联锁系统与主要由高速铁路配置的多机牵引三相交流转辙机控制电路的结合进行说明。

由于三相交流转辙机在电源缺相时转动可能会损坏电机，故每台转辙机均设有断相保护器，该保护器通过其控制的保护继电器(BHJ)提供进行保护的控制条件：BHJ 在道岔不动作时，处于落下状态(常态落下)，在道岔正常动作时吸起并在道岔转换完成后落下；若在其转辙机启动时电源缺相则 BHJ 不会吸起，在转换过程中发生负载断相时，BHJ 也会落下。BHJ 的前接点串接于其转辙机 1 启动继电器(1DQJ)的 1-2 线圈回路(自闭回路)中，故 BHJ 落下或不吸起将使 1DQJ 无法自闭而落下，以切断对转辙机电机供电的方式实现保护。延时断相保护器还将对道岔转换超时的监控功能也纳入其中，当道岔在 13 s 或 30 s(超大号道岔需要更长的时间)内未能转换到位时，亦通过令 BHJ 落下的方式最终切断转辙机的电机供电而实现防护。

多机牵引道岔动作时，如尖轨或心轨组中任一台转辙机因缺相、断相等故障不能转换时，还要求切断该组所有牵引点转辙机的供电电路。故在多机牵引的转辙机控制电路中，对其尖轨组和心轨组的各牵引点转辙机，按组各设一个总保护继电器（1ZBHJ、2ZBHJ）和切断继电器（1QDJ、2QDJ），其相关基本电路如图 8-30 所示。

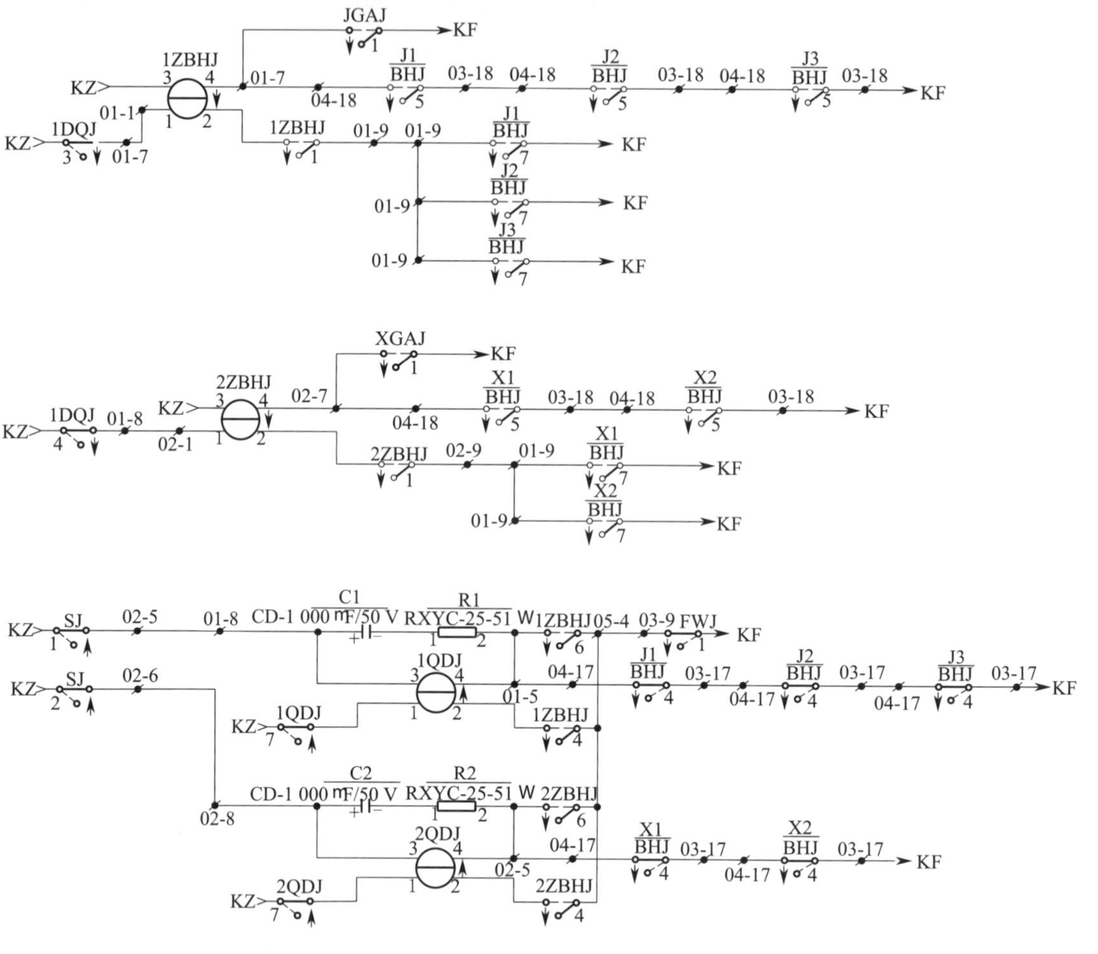

图 8-30　ZBHJ 和 QDJ 电路示例

图 8-30 中的各主要继电器的作用及基本动作逻辑如下：

1. 总保护继电器（ZBHJ）及切断继电器（QDJ）

当由某个转辙机断相保护器控制的保护继电器（BHJ）（J1/J2/J3，X1/X2）在道岔启动时不能吸起，则该组的总保护继电器（ZBHJ）因无 KF 电源，亦不能通过其 3-4 线圈励磁吸起；同组的切断继电器（QDJ）因 3-4 线圈失去 KF 电源（其他牵引点的 BHJ 正常吸起）而在阻容电路的缓放时间后落下。与 BHJ 的作用类似但控制范围更大，QDJ 的前接点串接于同组各牵引点转辙机 1DQJ 的 1-2 线圈回路（自闭回路）中，QDJ 落下就切断了本组（尖轨或心轨）所有牵引点转辙机 1DQJ 的自闭电路，使该组所有转辙机因电机失电而停转。

2. 尖轨按钮继电器（JGAJ）和心轨按钮继电器（XGAJ）

JGAJ 和 XGAJ 用于在故障处理时使 QDJ 重新吸起。对多机牵引道岔转换不到位而中途停转的故障处理，需由室内外人员共同配合，由室内车站值班员在确认后按下对应道岔的尖轨或心轨故障(恢复)按钮(JGA/XGA)使(JGAJ 或 XGAJ)吸起后,相应的 ZBHJ、QDJ 即随 JGAJ 或 XGAJ 的吸起而吸起;当值班员再办理该道岔的单操时,对应的定操继电器(DCJ)或反操继电器(FCJ)及允许操纵继电器(YCJ)继电器吸起,使各牵引点的 1DQJ 顺次吸起、2DQJ 顺次转极;在正常牵引点的各保护继电器(BHJ)吸起后,其 1DQJ 即可正常自闭,保持刚刚接通的电路向转辙机电机持续供电直至其牵引到位;故障的牵引点则由维修人员现场进行恢复处理。

3. 复位继电器(FWJ)

为了避免多机牵引道岔在(因联锁试验或故障等原因)快速往返扳动时由于断相保护器的转换时间累计超时而中途停转,设置 FWJ 在道岔尚未到位(无表示)又向相反方向操动时,通过在反向操纵开始前令 FWJ 短时吸起,断开切断继电器(QDJ)的 KF 电源使其落下,进而使 1 启动继电器(1DQJ)落下切断转辙机电机电路,在反向供电前将断相保护器的计时电路复位归零。

4. 锁闭继电器(SJ)

锁闭继电器(SJ)是 6502 继电联锁系统中最重要的继电器,当道岔区段处于进路锁闭和区段锁闭状态时其对应 SJ 落下,切断道岔的启动电路、锁闭道岔。由于计算机联锁系统以联锁软件实现锁闭,其逻辑锁闭方式的运用范围更广,理论上可完全体现于操纵继电器(DCJ 和 FCJ)的控制逻辑中而无须再单独设置 SJ。实际上也基本如此,计算机联锁在道岔启动电路中原锁闭继电器(SJ)的位置上取而代之的允许操纵继电器(YCJ,或称锁闭防护 SFJ)主要是为了实现对道岔控制电路的双断防护;常落的 YCJ 的驱动逻辑比常吸的 SJ 更为严格,只在需要驱动并能够驱动道岔时才吸起。对多机牵引所需的切断继电器(QDJ)而言,YCJ 的吸起时机过晚,可能会因充电时间不足,无法维持足够的缓放时间而在正常的道岔转换过程中错误地提前落下,因此需要使用 SJ。

在上述一般多机牵引道岔的各相关继电器之外,具有下拉装置的多机牵引道岔,在转动时还需要先驱动下拉继电器(XLJ)以松开道岔的下拉夹具。其原理电路如图 8-31 所示。

二、需由联锁计算机完成的基本处理逻辑

多机牵引道岔的基本控制方式与单机道岔的控制是大致相同的。对于计算机联锁系统,正常的操作控制仍然是通过对定位操纵继电器(DCJ)、反位操纵继电器(FCJ)及允许操纵继电器(YCJ 或 SFJ)三个执行继电器进行驱动控制[其余各牵引点电路的(依次)动作均由继电电路实现];此外还需根据上述多机牵引的需要、特别是多机牵引电路在故障切断及特殊情况下的需要,增加对 JGAJ、XGAJ、FWJ、SJ 及 XLJ 的控制及操作处理。

1. 尖轨按钮继电器(JGAJ)和心轨按钮继电器(XGAJ)的处理

在操作机控制界面上为每组多机牵引道岔(双动按两组)分别设置尖轨故障按钮(JGA)和心轨故障按钮(XGA);由联锁计算机依据车站值班员的操作,按照一般的按钮继电器驱动逻辑对相应的 JGAJ 和 XGAJ 进行驱动控制即可。

现有如下两种按钮设置和驱动方式:

(1)设置非自复式"铅封"的故障(恢复)按钮,破封操作后按压 JGA 或 XGA 时即驱动相应的 JGAJ 或 XGAJ 吸起;再次按压(相当于拉出)后停止驱动,令 JGAJ 或 XGAJ 落下。

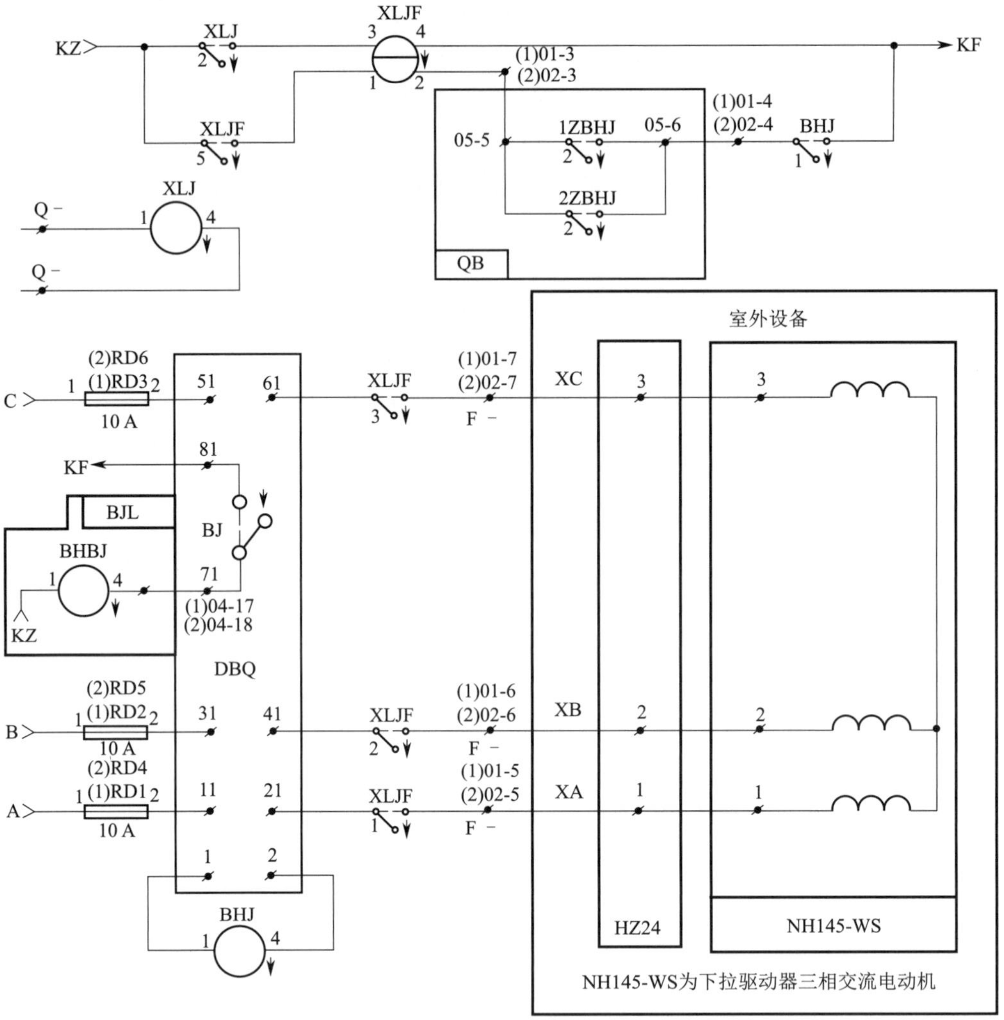

图 8-31　XLJ 电路示意图

(2)采用双按钮操作方式，设置总尖轨故障(恢复)按钮和心轨故障(恢复)按钮，操作时先按压总尖轨故障按钮或总心轨故障按钮，再按压既有的道岔按钮；驱动逻辑同上。此方式在多机牵引道岔较多时可减少按钮的数量。

2. 复位继电器(FWJ)的处理

每组多机牵引道岔(双动按一组)设置一个复位继电器(FWJ)，常态落下；联锁软件的相关处理逻辑为：当道岔在失表示状态下向定位或反位扳动时，需先驱动(道岔有表示时不需驱动)FWJ 约 3～4 s 后停驱，再按一般的道岔驱动逻辑驱动相应的 DCJ 或 FCJ 及 YCJ 即可。

3. 锁闭继电器(SJ)的处理

每组多机牵引道岔(双动按一组)设置锁闭继电器 SJ，其驱动逻辑类同于 6502 继电联锁：常态吸起，当道岔锁闭后(包括进路锁闭、区段锁闭、引导总锁闭、上电锁闭)落下，解锁后复原吸起。

4. 下拉继电器(XLJ)的处理

对有下拉装置的道岔，操纵道岔时联锁计算机应先驱动 XLJ 吸起，若干时间(如 2 s)后再驱动其 DCJ 或 FCJ、YCJ 等继电器吸起；可在采集到道岔表示或若干时间(如 30 s)后使 XLJ 落下。

参 考 文 献

[1] EN 50129 铁路应用-通信、信号和处理系统-信号用安全相关电子系统[S].

[2] EN 50128 铁路应用-通信、信号和处理系统-铁路控制和防护系统软件[S].

[3] EN 50159-1/2 铁路应用-通信、信号和处理系统-1/2:封闭/开放式传输系统中的安全相关通信[S].

[4] EN 50126 铁路应用-可靠性、可用性、可维护性和安全性(RAMS)的规范和示例[S].

[5] IEC 61508 电气/电子/可编程电子安全相关系统的功能安全[S].

[6] 赵志熙. 微机联锁系统技术[M]. 北京:中国铁道出版社,1995.

[7] 赵志熙,等. 计算机联锁系统技术[M]. 北京:中国铁道出版社,2003.

[8] 郦萌,吴芳美. 铁路信号可靠性安全性理论及证实[M]. 北京:中国铁道出版社,2008.

[9] 中国铁道信号史编委会. 中国铁路信号史[M]. 北京:中国铁道出版社,1989.

[10] 刘朝英,林瑜筠. 铁路信号概论[M]. 北京:中国铁道出版社,2010.

[11] 史学玲. 功能安全标准的历史过程与发展趋势[J]. 仪器仪表标准化与计量,2006,2.

[12] 姜兴渭,宋政吉,王晓晨. 可靠性工程技术[M]. 哈尔滨:哈尔滨工业大学出版社,2005.